安徽省高等学校"十四五"省级规划教材

普通高等教育 电气工程／自动化 系列教材

本书配有：
☆ 电子课件
☆ 习题答案
☆ 程序源代码

计算机控制技术

潘天红　陈　娇　编著

U0182511

机 械 工 业 出 版 社

本书以培养大学生解决复杂工程问题能力为出发点，以满足新工科背景下社会对工程技术人才的需求为目标，着重强化大学生解决实际工程问题的能力。全书共6章，包括：计算机控制系统概述、计算机控制系统的理论基础、过程通道设计、数字控制器设计与应用、网络控制系统、计算机控制系统设计。本书内容丰富，以大量翔实的案例贯穿相关知识点的学习，强调专业知识与工程实践相结合，具有较强的应用性。

本书既可作为高等院校自动化、测控技术、电气工程及其自动化、计算机应用、电子信息、机电一体化等相关专业的教材，也可供有关教师、科研人员和工程技术人员学习参考。

本书配有电子课件及源程序，欢迎选用本书作教材的教师登录www.cmpedu.com注册下载，或加微信13910750469索取（注明教师姓名和学校）。

图书在版编目（CIP）数据

计算机控制技术/潘天红等编著. —北京：机械工业出版社，2021.1（2025.1重印）

普通高等教育电气工程 自动化系列教材

ISBN 978-7-111-67168-8

Ⅰ.①计… Ⅱ.①潘… Ⅲ.①计算机控制 – 高等学校 – 教材 Ⅳ.①TP273

中国版本图书馆 CIP 数据核字（2020）第 268655 号

机械工业出版社（北京市百万庄大街22号 邮政编码100037）

策划编辑：吉 玲 责任编辑：吉 玲

责任校对：李 杉 封面设计：张 静

责任印制：李 昂

北京捷迅佳彩印刷有限公司印刷

2025年1月第1版第6次印刷

184mm×260mm·16.5印张·409千字

标准书号：ISBN 978-7-111-67168-8

定价：45.00元

电话服务　　　　　　　　　　网络服务

客服电话：010-88361066　　机 工 官 网：www.cmpbook.com

　　　　　010-88379833　　机 工 官 博：weibo.com/cmp1952

　　　　　010-68326294　　金 书 网：www.golden-book.com

封底无防伪标均为盗版　　机工教育服务网：www.cmpedu.com

前 言

　　计算机控制系统是将计算机技术与自动化控制系统融为一体，以计算机技术为核心，综合电子技术、自动控制技术、计算机网络技术、程序设计，从而实现生产过程的自动化、生产设备的信息化、生产管理的网络化。本书循序渐进地介绍了计算机控制系统的基本概念、分析方法和设计策略，以案例分析贯穿相关知识点的教学，突出工程特色。本书以工程教育为理念，围绕培养创新型工程人才这一目标，着重培养学生解决复杂工程问题的能力，将工程教育人才培养模式与教学内容改革成果体现在教材建设中，满足新工科背景下社会对工程技术人才的需求。

　　全书共6章。第1章介绍计算机控制系统，包括计算机控制系统的特征与组成、典型结构、未来发展趋势。第2章介绍计算机控制系统的理论基础，包括离散系统的表示方法、稳定性分析、过渡响应分析、稳态准确度分析、根轨迹分析法等。第3章介绍计算机控制系统的硬件设计技术，主要包括模拟量输入/输出通道、数字量输入/输出通道、数字滤波与抗干扰设计等。第4章介绍数字控制器设计与应用，主要包括数字控制器的模拟化设计、直接设计、时滞系统设计、极点配置设计，以及二次型性能最优设计等。第5章介绍网络控制系统，主要包括数据通信基础、集散控制系统、现场总线控制系统、工业以太网、EtherCAT总线及其案例设计等。第6章介绍计算机控制系统设计，并通过3个案例（分别以工业控制计算机、嵌入式系统、PLC为核心）剖析计算机控制系统的具体设计过程。

　　本书建议授课学时为48学时，实验学时10学时，并要求先学习PLC、单片机原理与应用、模拟电子技术、数字电子技术、自动控制原理、C语言等课程。

　　本书的第1~4章、第6章由潘天红编写，第5章由陈娇编写。盛占石、吴龙奇、舒杰、范志曜、孙雪雁、蔡洋等课题组成员为本书编写付出了大量的劳动，在此一并表示感谢。

　　由于编者水平有限，书中的错误和不妥之处，敬请读者批评指正。

　　此外，若需书中程序与课件，请直接联系作者：thpan@ live. com。

编　者

目　录 Contents

第 1 章

计算机控制系统概述

本章知识点：
◇ 计算机控制系统的特征
◇ 计算机控制系统的组成
◇ 计算机控制系统的典型结构
◇ 计算机控制系统的发展概况

基本要求：
◇ 了解计算机控制系统的特点、任务和目标
◇ 掌握计算机控制系统的组成、分类及通用控制器的特点

能力培养：

通过计算机控制系统的发展过程、特点、任务、目标、组成、分类及通用控制器等知识点的学习，能够明确计算机控制技术课程的学习目的、内容与要求，初步建立计算机控制系统的概念体系。

计算机控制技术是一门新兴的综合性技术。它是计算机技术（包括软件技术、接口技术、通信技术、网络技术、显示技术）、自动控制技术、电子技术、自动检测和传感技术有机结合、综合发展的产物。它主要研究如何将检测和传感技术、计算机技术和自动控制技术应用于工业生产过程，并设计出所需要的计算机控制系统。计算机控制系统作为当今工业控制的主流系统，已取代常规的模拟检测、调节、显示、记录等仪器设备和大部分操作管理的人工职能，并具有较高级、复杂的计算方法和处理方法，以完成各种过程控制、操作管理等任务。随着科学技术的迅速发展，计算机控制技术的应用领域日益广泛，在冶金、化工、电力、数控机床、工业机器人、柔性制造系统和计算机集成制造系统等工业控制领域已取得了令人瞩目的研究与应用成果，在国民经济中发挥着越来越大的作用。

1.1 计算机控制系统概念

计算机控制系统由工业控制计算机和工业对象两大部分组成。在工业领域中，自动控制技术已获得了广泛的应用，如图 1.1 所示，常规仪表组成的自动控制系统根据不同的控制要求，一般分为闭环控制系统与开环控制系统。

在图 1.1a 闭环控制系统中，测量元件对被控对象的被控量（如温度、压力、流量、转速、位移等）进行测量；变换发送单元（测量变送器）将被测量变成电压（或电流）信号，反馈给控制器；控制器将反馈回来的信号与给定值进行比较，如有偏差，控制器就产生控制信号

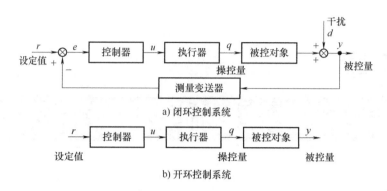

a) 闭环控制系统

b) 开环控制系统

图 1.1 控制系统的一般形式

驱动执行器工作，使被控参数的值达到预定值。这种信号传递形成了闭合回路，因此称其为按偏差进行控制的闭环反馈系统。

开环控制系统与闭环控制系统不同，如图 1.1b 所示。它不需要被控对象的测量反馈信号，控制器直接根据设定值驱动执行器去控制被控对象，被控量在整个控制过程中对控制量不产生影响，所以这种信号的传递是单向的。通常所说的程序（顺序）控制系统，就属于这类开环控制系统。显然，开环控制系统不能自动消除被控量与设定值之间的偏差，控制性能不如闭环控制系统。

大多数控制系统（即所谓定值控制系统）均采用闭环控制系统，因此通常意义下的自动控制系统也是指闭环控制系统。自动控制系统的基本功能是信号的传递、加工和比较。这些功能是由测量元件、变换发送单元、控制器和执行器来完成的。控制器是控制系统中最重要的部分，它决定了控制系统的性能和应用范围。

为了简单和形象地说明计算机控制系统的工作原理，图 1.2 为典型的计算机控制系统框图。在计算机控制系统中，由于工业控制计算机的输入和输出是数字信号，而测量变送器输出的，以及大多数执行机构所能接收的都是模拟信号，所以需要能把模拟信号转换为数字信号的 A/D 转换器和把数字信号转换为模拟信号的 D/A 转换器。在实际的工业生产过程中，一般不采用图 1.1a 所示的单回路控制系统，而是利用计算机高速运算处理能力，采用分时控制方式同时控制多个回路。它是把图 1.1a 中的控制器用控制计算机（即微型计算机）及 A/D 转换接口与 D/A 转换接口代替，如图 1.2 所示由于计算机采用的是数字信号传递，而一次仪表多采用模拟信号传递，所以需要有 A/D 转换器将模拟量转换为数字量作为其输入信号，以及 D/A 转换器将数字量转换为模拟量作为其输出信号。

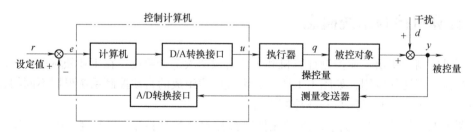

图 1.2 典型计算机控制系统框图

计算机控制系统的监控过程有以下3个步骤：

1）实时数据采集。对来自测量变送器的被控量的瞬时值进行采集和输入。

2）实时数据处理。对采集到的被控量进行分析、比较和处理，按一定的控制规律运算，并进行控制决策。

3）实时输出控制。根据控制决策，适时地对执行器发出控制信号，完成监控任务。

上述过程不断重复，使整个系统按照一定的品质指标正常稳定地运行，一旦被控量和设备本身出现异常状态，计算机能实时监控并迅速处理。

计算机控制系统与普通计算机系统的主要区别在于系统的实时性。实时性是指工业控制计算机系统应该具有的、能够在限定的时间内对外来事件做出反应的特性。通俗地讲，所谓"实时"是指信号的输入、运算处理和输出能在一定的时间内完成，超过这个时间，就会失去控制时机。"实时"是一个相对概念，如大型水池的液位控制，由于时间惯性很大，延时几秒乃至几十秒仍然是"实时"的；而彩色印刷机的电动机控制，"实时"一般指几毫秒或更短的时间。实时的概念不能脱离具体过程，一个在线的系统不一定是一个实时系统，但一个实时控制系统必定是在线系统。

1.2 计算机控制系统组成

一个完整的计算机控制系统是由硬件和软件两大部分组成的，如图1.3所示。

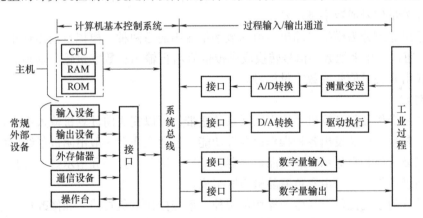

图1.3 计算机控制系统组成框图

1.2.1 计算机控制系统硬件

计算机控制系统的硬件一般由主机、常规外部设备、过程输入/输出(I/O)通道、操作台和通信设备等组成。

1. 计算机主机

由CPU(中央处理器)、RAM(随机存储器)、ROM(只读存储器)和系统总线构成的主机是计算机控制系统的指挥部。主机根据过程输入通道发送来的、反映生产过程工况的各种信息，以及预定的控制算法，做出相应的控制决策，并由过程输出通道向生产过程发送控制命令。

主机所产生的各种控制命令是按照人们事先安排好的程序进行的。这里，实现信号输入、运算控制和命令输出等功能的程序已预先存入内存，当系统启动后，CPU 就从内存中逐条取出指令并执行，以达到控制目的。

2. 常规外部设备

实现主机和外界信息交换功能的设备称为常规外部设备，简称外设。它主要由输入设备、输出设备和外存储器组成。

输入设备用于输入程序、数据和操作命令，常用的有键盘、光电输入机和扫描仪等。输出设备用来把各种信息和数据提供给操作者，常用的有打印机、绘图机和显示器等。外存储器用于存储系统程序和数据，常用的有磁盘装置、磁带装置和光驱装置，兼有输入和输出两种功能。

这些常规的外部设备与主机组成的计算机基本控制系统，即通常所说的通用计算机。

3. 过程输入/输出通道

过程输入/输出通道是计算机和生产过程（工业对象）之间信息传递和信号变换的通道。它的作用有两方面：一方面将工业对象的生产过程参数取出，经传感器（一次仪表）变换成计算机能够接收和识别的代码；另一方面将计算机输出的控制命令和数据，经过变换后作为操作执行机构的控制信号，以实现对生产过程的控制。

过程输入通道分为模拟量输入通道和数字量输入通道两种。模拟量输入通道，简称A/D通道或 AI 通道，用来把模拟量输入信号转换为数字信号；数字量输入通道，简称 DI 通道，用来输入开关量信号或数字量信号。

过程输出通道分为模拟量输出通道和数字量输出通道两种。模拟量输出通道，简称D/A通道或 AO 通道，用来把数字信号转换成模拟信号后再输出；数字量输出通道，简称 DO 通道，用来输出开关量信号或数字量信号。

4. 操作台

操作台是操作员与计算机系统之间联系的纽带，可以完成向计算机输入系统程序、修改数据、显示参数，以及发出各种操作命令等功能。普通操作台一般由阴极射线管（CRT）显示器、发光二极管（LED）显示器或液晶显示器（LCD）、键盘、开关和指示灯等各种物理分类器件组成；高级操作台也可由彩色液晶触摸屏组成。

操作员分为系统操作员与生产操作员两种。系统操作员负责建立和修改控制系统，如编制程序和系统组态。生产操作员负责与生产过程运行有关的操作。为了安全和方便，系统操作员和生产操作员的操作设备一般是分开的。

5. 通信设备

现代化工业生产过程的规模比较大，其控制与管理也很复杂，往往需要几台或几十台计算机才能分级完成。这样，在不同地理位置、不同功能的计算机之间就需要通过通信设备连接成网络，以进行信息交换。

1.2.2 计算机控制系统软件

上述硬件只能构成裸机，仅为计算机控制系统的躯体。要使计算机正常运行，并解决各种问题，必须为它编制软件。所谓软件，是指完成各种功能的计算机程序的总和，它是计算机控制系统的神经中枢，整个系统的动作都是在软件程序的指挥下协调工作的。因此，软件的优劣直接关系到计算机的正常运行和推广应用。

软件通常分为系统软件和应用软件两大类：系统软件是面向计算机硬件系统本身的软件，可解决普遍性问题；而应用软件是面向特定问题的软件，可解决特殊性问题，是在系统软件的支持下运行的。

如图 1.4 所示，系统软件一般包括操作系统、语言处理程序、数据库管理系统和实用工具软件。操作系统是系统软件的核心，它提供了软件的开发环境和运行环境；语言处理程序的作用是把人们编写的源程序转换成计算机能识别并执行的程序；数据库管理系统能有效地实现数据信息的存储、更新、查询、检索、通信控制等；实用工具软件主要用于对程序进行编辑、装配链接、调试以及对系统程序进行监控与维护等。

控制系统中的应用软件是用户针对生产过程要求而编制的各种应用程序，可分为过程监视程序、过程控制程序、公共服务程序等。目前也有一些专门用于控制工程的组态软件，如国外的 Intouch、Cimlicity、WinCC 等，以及国内的组态王、MCGS、力控、Synall 等组态软件。这些应用软件的特点是功能强大、使用方便、组态灵活，可节省设计者大量时间，因而越来越受到用户的欢迎。另外，在大型控制系统中，数据库开发软件得到了迅速发展，如 FoxPro、Visual Basic（VB）、Visual C（VC）、Microsoft SQL Server 等。一般而言，采用 VB 作为平台和数据库管理工具、VC 作为面向对象程序、汇编语言作为 I/O 接口处理的编程方式是比较流行的设计方法。

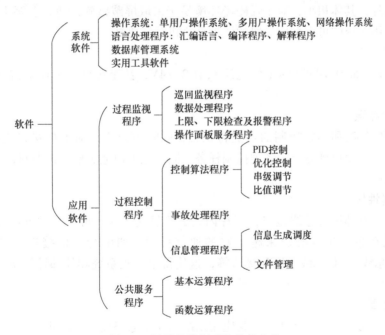

图 1.4　计算机控制系统软件分类

1.3　通用控制器及其特点

主机是计算机控制系统的核心，其类型差异决定了计算机控制系统的组成形式、控制规模，以及应用场合。一般而言，主机主要包括：单片微型计算机、可编程序控制器、工业控制计算机 3 种。在工程实际中，应根据被控对象、控制规模、控制特点、工艺要求等来确定选择何种控制器。

1.3.1 单片微型计算机

单片微型计算机，简称单片机，它是把中央处理器(CPU)、随机存取存储器(RAM)、只读存储器(ROM)、I/O 接口、定时器/计数器等主要功能部件都集成在一块半导体芯片上的微型计算机。单片机是集成电路技术与微型计算机技术高速发展的产物。单片机的发展和普及也给工业自动化领域带来了一场重大革命和技术进步。由于单片机本身就是一个微型计算机，所以只要在单片机的外部适当增加一些必要的外围扩展电路，就可以灵活地构成各种应用系统，如工业自动检测监视系统、数据采集系统、智能仪器仪表等。单片机能被如此广泛地应用，主要是单片机具有以下特点。

1. 集成度高、体积小

单片机将 CPU、存储器、I/O 接口、定时器/计数器等各种部件集成在一块半导体芯片上，能满足很多应用领域对硬件的功能要求，因此由单片机组成的应用系统结构简单、体积小，节省空间。

2. 可靠性高、抗干扰性强

单片机把各种部件集成在一块芯片上，内部采用总线结构，这样大大提高了单片机的抗干扰能力。另外，其体积小，对于强磁场环境易于采取屏蔽措施，适合在恶劣环境下工作，所以单片机应用系统的可靠性比一般的微型计算机系统要高。

3. 功耗低

很多单片机(如 MSP430)的工作电压只有 2 ~ 4V，甚至更低，工作电流也只有几百微安，功耗很低。

4. 控制功能强

单片机面向控制和实时控制的功能特别强，CPU 可以直接对 I/O 接口进行各种操作，有针对性地完成从简单到复杂的各类控制任务，同时能方便地实现多机控制，使整个系统的控制效率大大提高。

5. 可扩展性好

单片机具有外部扩展总线接口，当片内资源不够使用时，可以非常方便地进行片外扩展。另外，现在单片机具有越来越丰富的通信接口，如串行通信接口、串行外设接口(SPI)、CAN 总线、I^2C 总线、USB 接口等，这使得单片机系统和外部计算机系统的通信变得非常容易。

6. 性价比高

由于单片机功能强、价格便宜，其应用系统的印制电路板小，接插件少，安装调试简单等一系列原因，使单片机应用系统的性能价格比高于一般的微型计算机系统。由于单片机被广泛使用，因而销量极大，各大公司的商业竞争更使其价格十分低廉，其性能价格比优异。

目前单片机供应商主要有 Atmel、Motorola、Microchip、TI、Epson、NS、STC、三星、凌阳、华邦等公司。其中，Atmel 公司的 AVR 单片机是增强型 RISC 内载 Flash 的单片机，在计算机外部设备、通信设备、自动化工业控制、宇航设备、仪器仪表和各种消费类产品中都有着广泛的应用前景。Motorola 单片机特点之一是在同样的速度下所用的时钟较 Intel 类单片机低得多，高频噪声低，抗干扰能力强，更适用于工控领域以及恶劣环境。Microchip 单片机市场份额增长很快，它强调节约成本的最优化设计，是使用量大、价格敏感产品的首选。TI 公司的MSP430 系列单片机，其突出特点是超低功耗，非常适合各种功率要求低的场合，其典型应用是流量计、智能仪表、医疗设备和保安系统等方面。Epson 单片机主要为该公司生产的 LCD 配套，其单片机的 LCD 驱动做得特别好，在低电压、低功耗方面也很有特色。NS 公司的 COP8 单片机内部集成了 16 位的 A/D 转换器，而且内部使用了抗电磁干扰电路，其"看门狗"电路以及在挂起方式下的唤醒方式有独到之处，其程序加密也做得非常好。凌阳单片机具有超强的抗干扰能力，广泛应用于家用电器、工业控制、仪器仪表、安防报警、计算机外围等领域。

为了降低开发成本与开发时间，很多厂商都推出相应的单片机开发板(即单片机加上一些所必需的外围器件组成的印制电路板)，便于计算机控制系统原型系统的开发。图 1.5 是一款以 ATmega328 为核心的 Arduino 集成板，具有丰富的接口资源，可满足一般的工业需求。

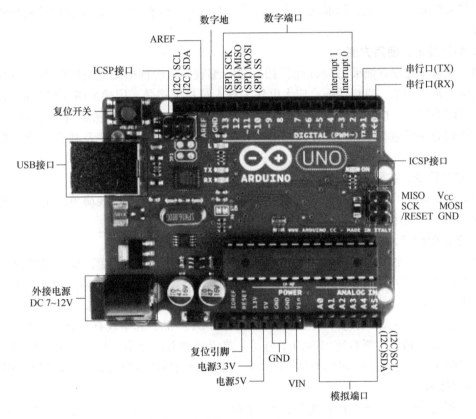

图 1.5　Arduino 集成板(ATmega328)

1.3.2　可编程序控制器

可编程序控制器(Programmable Logic Controller，PLC)是一种数字式的电子装置，它使用可编程序的存储器来存储指令，并实现逻辑运算、顺序控制、计数、计时和算术运算功能，用来对各种机械或生产过程进行控制。

可编程序控制器是以微处理器为基础，综合了计算机技术、半导体集成技术、自动控制技术、数字技术和通信网络技术发展起来的一种通用自动控制装置。可编程序控制器与其他计算机相似，也具有中央处理器(CPU)、存储器、输入/输出(I/O)接口等，但因其采用特殊的输入/输出接口电路和逻辑控制语言，所以它是一种用于控制生产机器和工业过程的特殊计算机。可编程序控制器非常适合在工业环境下工作，主要是其具有面向工业控制的鲜明特点。

1. 可靠性高，抗干扰能力强

在硬件设计制造时充分考虑应用环境和运行要求，如优化电路设计。采用大规模或超大规模集成电路芯片、模块式结构、表面安装技术，采用高可靠性低功耗器件，以及采用屏蔽、滤波、光电隔离、故障诊断、自动恢复和冗余容错等技术，使 PLC 具有很高的可靠性和抗干扰、抗机械振动能力，可以在极端恶劣的环境下工作。

2. 功能完善，灵活性好，通用性强

PLC 是通过软件实现控制的，即使相同的硬件配置，通过编写不同的程序，就可以控制不同的被控对象，而且修改程序非常方便，因此 PLC 的功能完善，灵活性好。目前，PLC 产品已经系列化、模块化、标准化，能方便灵活地组成大小不同、功能不同的控制系统，通用性强。

3. 编程简单，使用方便

PLC 在基本控制方面采用"梯形图"语言进行编程，这种梯形图是与继电器控制电路图相呼应的，形式简练、直观性强，广大电气工程人员易于接受。用梯形图编程出错率较低。PLC 还可以采用面向控制过程的控制系统流程图和语句表方式编程。梯形图、流程图、语句表之间可以有条件地相互转换，使用极其方便。这是 PLC 能够迅速普及和推广的重要原因之一。

4. 安装简便，扩展灵活

PLC 采用标准的整体式和模块式硬件结构，现场安装简便，接线简单，工作量相对较小，而且能根据应用的要求灵活地扩展 I/O 模块或插件。

5. 施工周期短，操作维护简单

PLC 编程大多数采用工程技术人员熟悉的梯形图方式，易学易懂，编制和修改程序方便，系统设计、调试周期短。PLC 还具有完善的显示和诊断功能，便于操作和维护人员及时了解出现的故障。当出现故障时，可通过更换模块或插件迅速排除故障。

目前，世界上有 200 多家 PLC 厂商，400 多种 PLC 产品，其中较有影响、在中国市场上占有较大份额的 PLC 主要有德国西门子公司、美国罗克韦尔公司、日本欧姆龙公司、美国通用电气公司、日本三菱公司的产品。图 1.6 为北京表控科技有限公司的一款可编程序控制器 TPC8-7TDSL。

德国西门子公司生产的 PLC 主要有 S5 系列和 S7 系列产品，机型涵盖了大型、中型和小型机，其中大型机的控制点数可达 6000 多点，模拟量可达 300 多路。S7 系列产品的性能比 S5 系列大有提高。罗克韦尔公司生产的 PLC 主要是 ABMicroLogix1500。日本欧姆龙公司生产的 PLC 主要有 CPM1A 型机、P 型机、H 型机、CQM1、CVM、CV 型机等，机型涵盖了大型、中型、小型和微型机，特别在中、小、微型机方面更具特长。美国通用电气公司生产的 PLC 产品有小型机 90-20 系列，型号为 211；中型机 90-30 系列，型号有 344、331、323、321 等多种型号；大型机 90-70 系列，型号有 781/782、771/772、731/732 等多种型号。美

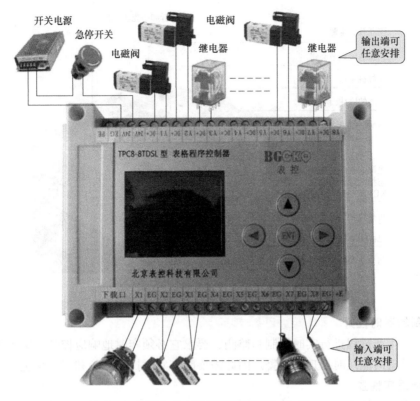

图 1.6　可编程序控制器

国 AB 公司生产的产品有 PLC-5 系列，还有微型 PLC，如 SLC-500。日本三菱公司生产的小型机 F1 系列前期在我国应用较多，后又推出 FXZ 机型，性能有很大提高，还有 A 系列的中型、大型机。

1.3.3　工业控制计算机

工业控制计算机（简称工控机）是一种面向工业控制、采用标准总线技术和开放式体系结构的计算机，如图 1.7 所示。它配有丰富的外围接口产品，如模拟量输入/输出模板、数字量输入/输出模板等。工控机在硬件上，由生产厂商按照某种标准总线，设计制造符合工业标准的主机板及各种 I/O 接口模块，设计者和使用者只要选用相应的功能模块，即可像搭积木一样灵活地构成各种用途的计算机控制装置；在软件上，利用成熟的系统软件和工具软件，编制或组态相应的应用软件，就可以非常便捷地完成对生产流程的集中控制和调度管理。

工控机与通用计算机相比，不仅在结构上而且在技术性能方面都有较大差别，具有如下特点。

1. 可靠性高，可维修性好

工控机通常用于控制连续的生产过程，它发生任何故障都将对生产过程产生严重后果，因此要求工控机具有很高的可靠性和很好的可维修性。可靠性的简单含义是指设备在规定的时间内运行不发生故障，为此，需要采用可靠性技术来解决；可维修性是指工控机发生故障时，维修快速、方便、简单。

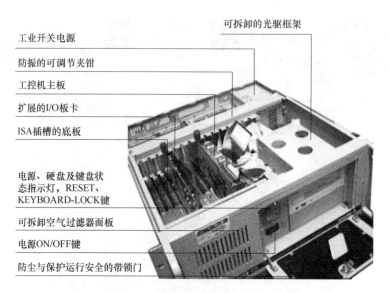

可拆卸的光驱框架

工业开关电源

防振的可调节夹钳

工控机主板

扩展的I/O板卡

ISA插槽的底板

电源、硬盘及键盘状态指示灯，RESET、KEYBOARD-LOCK键

可拆卸空气过滤器面板

电源ON/OFF键

防尘与保护运行安全的带锁门

图 1.7　工控机的结构图

2. 控制的实时性好

工控机对生产过程进行实时控制和监测，要求它必须实时地响应控制对象各种参数的变化，当发生异常时能及时处理和报警。因此需要配有实时操作系统和中断系统。

3. 环境适应性强

一般来说，工控机都安装在控制现场，所处的环境往往比较恶劣。这就要求工控机具有防尘、防潮、防腐蚀、耐高温以及抗振动等能力。

4. 输入和输出通道配套好

工控机要具有丰富的输入和输出通道配套模板，如模拟量、开关量、脉冲量、频率量等输入和输出模板。具有多种类型的信号调理功能，如各类热电偶、热电阻信号的输入调理等。

5. 系统的扩充性和开放性好

随着工厂自动化水平的提高，控制规模不断地扩大，要求工控机具有灵活的扩充性。采用开放性体系结构，便于系统扩充、软件升级和互换。

6. 控制软件包功能强

工控软件包要具备人机交互方便、画面丰富、实时性好等性能；具有系统组态和系统生成功能；具有实时和历史的趋势记录与显示功能；具有实时报警及事故追忆功能；具有丰富的控制算法程序等。

7. 系统通信功能强

有了强有力的通信功能，工控机便可以构成更大规模的控制系统，所以要求工控机具有串行通信和网络通信功能。

8. 冗余性

在对可靠性要求很高的场合，要求有双机工作及冗余系统，包括双控制站、双操作站、双网通信、双供电系统、双电源等，具有双机切换功能、双机监视软件等，以保证系统长期不间断工作。目前，设计和生产工控机的专业厂家很多，如研华、凌华、中泰、康拓、华控、浪潮等，而且形成了完整的产品系列。在选择工控机时应遵循经济合理，留有扩充余地的原则，主要考虑以下几个方面：

1) 应根据实际系统对采样速度的要求来选择主机的档次和具体配置，主机、CPU、总线形式的选择要考虑主机的稳定和总线速度，没有必要一味追求主机的高档化。

2) 应根据应用场合的不同，选择合适的工控机类型。有些应用系统对工控机的体积有一定要求。当然，体积小的工控机可扩展的插槽数目和 I/O 接口点数也较少。总线式工控机的插槽数多，可容纳较多的 I/O 接口模板，但要考虑所用母板的总线驱动能力和供电电源功率是否满足要求和使用环境。

3) 应根据系统对运行速度和精度的要求配置存储器。

1.4 计算机控制系统特点

与常规控制系统相比，计算机控制系统具有如下显著特点。

1. 技术集成和系统复杂程度高

计算机控制系统是计算机、控制、通信、电子等多种高新技术的集成，是理论方法和应用技术的结合。由于信息量大、速度快和精度高，所以能实现复杂的控制规律，从而达到较高的控制质量。计算机控制系统实现了常规系统难以实现的多变量控制、智能控制、参数自整定等功能。

2. 实时性强

计算机控制系统是一个实时系统，可以根据采集到的数据，立即采取相应的动作。例如，检测到化学反应罐的压力超限，就立即打开减压阀，这样就避免了爆炸的危险。实时性是区别于普通计算机系统的关键特点，也是衡量计算机控制系统性能的一个重要指标。

3. 可靠性高和可维护性好

由于采取有效的抗干扰、冗余、可靠性技术和系统的自诊断功能，计算机控制系统的可靠性高且可维护性好。例如有的工控机一旦出现故障，能迅速指出故障点和处理办法，便于立即修复。

4. 环境适应性强

工业环境恶劣，要求工控机能适应高温、高湿、腐蚀、振动、冲击、灰尘等工业环境。

5. 控制的多功能性

计算机控制系统具有集中操作、实时控制、控制管理、生产管理等多种功能。

6. 应用的灵活性

由于软件功能丰富、编程方便，硬件体积小、重量轻，以及结构设计的模块化、标准化，使系统配置有很强的灵活性。例如一些工控机有操作简易的结构化、组态化控制软件，硬件的可装配性、可扩充性也很好。另外，技术更新快、信息综合性强、内涵丰富、操作便利等也都是计算机控制系统的一些特点。

1.5 计算机控制系统分类

根据计算机在控制中的应用方式，可以把计算机控制系统划分为：操作指导控制系统、直接数字控制系统、监督计算机控制系统、分布式控制系统，以及现场总线控制系统等。

1.5.1 操作指导控制系统

如图 1.8 所示，在操作指导控制系统中，计算机的输出不直接用来控制生产对象。计算机只是对生产过程的参数进行采集，然后根据一定的控制算法计算出参数值供操作人员参考、选择的操作方案和最佳设定值等，操作人员根据计算机的输出信息去改变调节器的设定值，或者根据计算机输出的控制量执行相应的操作。操作指导控制系统的优点是结构简单，控制灵活安全，特别适用于未摸清控制规律的系统，常常被用于计算机控制系统研制的初级阶段，或用于试验新的数学模型和调试新的控制程序等。由于最终需人工操作，所以不适用于快速过程的控制。

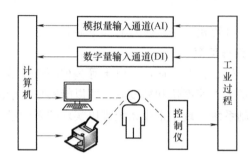

图 1.8　操作指导控制系统

1.5.2 直接数字控制系统

直接数字控制(Direct Digital Control，DDC)系统是计算机用于工业过程控制最普遍的一种方式，其结构如图 1.9 所示。计算机通过输入通道对一个或多个物理量进行巡回检测，并根据规定的控制规律进行运算，然后发出控制信号，通过输出通道直接控制调节阀等执行机构。

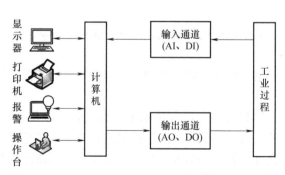

图 1.9　直接数字控制系统

在 DDC 系统中的计算机参加闭环控制过程，它不仅能完全取代模拟调节器，实现多回路的 PID(比例、积分、微分)调节，而且不需改变硬件，只需通过改变程序就能实现多种较复杂的控制规律，如串级控制、前馈控制、非线性控制、自适应控制、最优控制等。

1.5.3　监督计算机控制系统

在监督计算机控制(Supervisory Computer Control, SCC)系统中, 计算机根据工艺参数和过程参量检测值按照所设计的控制算法进行计算, 计算出最佳设定值直接传送给常规模拟调节器或者 DDC 系统, 最后由模拟调节器或 DDC 系统控制生产过程。SCC 系统有两种类型, 一种是 SCC + 模拟调节器; 另一种是 SCC + DDC 控制系统, 其结构如图 1.10 所示。

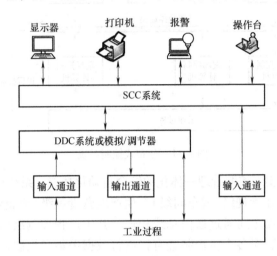

图 1.10　监督计算机控制系统

1. SCC 加上模拟调节器的控制系统

在这种类型的系统中, 计算机对各过程参量进行巡回检测, 并按一定的数学模型对生产工况进行分析、计算, 得出被控对象各参数的最优设定值送给调节器, 使工况保持在最优状态。当 SCC 计算机发生故障时, 可由模拟调节器独立执行控制任务。

2. SCC 加上 DDC 的控制系统

这是一种二级控制系统, SCC 系统可采用较高档的计算机, 它与 DDC 系统之间通过接口进行信息交换。SCC 计算机完成工段、车间等高一级的最优化分析和计算, 然后给出最优设定值, 送给 DDC 系统的计算机执行控制。

通常在 SCC 系统中, 选用具有较强计算能力的计算机, 其主要任务是输入采样和计算设定值。由于它不参与频繁的输出控制, 所以有时间进行具有复杂规律的控制算式的计算。因此, SCC 系统能进行最优控制、自适应控制等, 并能完成某些管理工作。SCC 系统的优点是不仅能进行复杂控制规律的控制, 而且其工作可靠性较高, 当 SCC 系统的计算机出现故障时, 下级仍可继续执行控制任务。

1.5.4　分布式控制系统

分布式控制系统(Distributed Control System, DCS)是运用计算机通信技术由多台计算机通过通信总线互连而成的计算机控制系统, 也称为集散控制系统, 其典型结构如图 1.11 所示。

DCS 采用分散控制、集中操作、分级管理, 分而自治和综合协调的设计思想, 将工业企业的生产过程控制、监督、协调与各项生产经营管理工作融为一体, 由 DCS 中各子系统

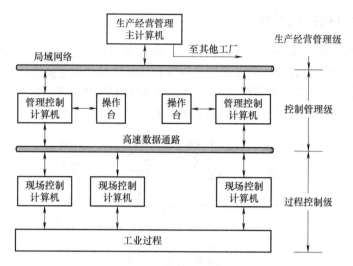

图 1.11　分布式控制系统

协调有序地进行，从而实现控制管理一体化的综合自动化功能。系统功能自下而上分为过程控制级（或装置级）、控制管理级（或车间级）、生产经营管理级（或企业级）等，每级由一台或数台计算机构成，各级之间通过通信总线相连，其中过程控制级由若干现场控制计算机（又称现场控制单元或站）对各个生产装置直接进行数据采集和控制，实现数据采集和 DDC 功能；控制管理级对各个现场控制计算机的工作进行监督、协调和优化；生产经营管理级执行对企业各个生产管理部门监督、协调和综合优化管理，主要包括生产调度、各种计划管理、辅助决策以及生产经营活动信息数据的统计综合分析等。

　　DCS 具有以下优点：整体安全性好，可靠性高，系统功能丰富多样，系统设计、安装、维护、扩展方便灵活，生产经营活动的信息数据获取、传递和处理快捷及时，操作、监视简便等。DCS 可以实现工业企业控制管理一体化，提高工业企业的综合自动化水平，增强生产经营的灵活性和综合管理的动态优化能力，从而使工业企业获取更大的经济和社会效益。

1.5.5　现场总线控制系统

　　现场总线控制系统（Fieldbus Control System，FCS）是新一代分布式控制系统，其结构如图 1.12 所示。现场总线是用于过程自动化和制造自动化等领域中最底层的通信网络，具有开放统一的通信协议。该系统改进了 DCS 成本高和由于各厂商的产品通信标准不统一而造成的不能互连等弱点。FCS 与 DCS 不同，它的结构模式为"工作站-现场总线智能仪表"二层结构，FCS 用二层结构完成了 DCS 中的三层结构功能，降低了成本、提高了可靠性，国际标准统一后，可实现真正的开放式互连系统结构。每个现场仪表（例如变送器、执行器）都作为一个智能节点，都带 CPU 单元，可分别独立完成测量、校正、调节、诊断等功能，靠网络协议将它们连接在一起统筹工作。这种彻底的分散控制模式使系统更加可靠。

　　FCS 的核心是现场总线，它将当今网络通信与管理的概念引入工业控制领域。从本质上说，现场总线是连接智能现场设备和自动化系统的数字式、双向传输、多分支结构的串行通信网络。以现场总线为纽带构成的 FCS 是一种新型的自动化系统和底层控制网络，承担着生产、运行、测量与控制的特殊任务。

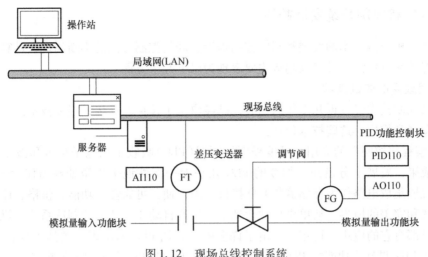

图 1.12　现场总线控制系统

1.6　计算机控制系统发展概况与趋势

1.6.1　计算机控制系统发展概况

计算机的出现使科学技术产生了一场深刻的革命，同时将自动控制推向了一个新水平。纵观工业控制的发展，可将其归结为过程控制技术、自动检测技术、自动化仪表技术与计算机网络技术的交叉发展和相互渗透。

第一阶段是 20 世纪 50 年代以前的人工控制阶段（即基地式仪表控制系统）。在这个阶段，企业的生产规模小，设备陈旧，采用的是安装在生产现场、只具备简单测控功能的基地式气动仪表，其信号仅在本仪表内使用，不能传送给别的仪表或系统，即各测控仪表处于封闭的状态，无法与外界沟通信息，操作人员只能通过生产现场的巡视，才可以了解生产过程的状况。必要的调节主要依靠简单的测量仪表，并由人工操作。

第二个阶段是 20 世纪 60 年代的模拟式仪表控制阶段（即电动单元组合式仪表控制系统）。随着企业的生产规模进一步扩大，操作人员需要综合掌握多点的运行参数和信息，需要同时按多点的信息实行操作控制，因此出现了气动、电动单元组合式仪表，形成了仪表集中控制室。生产现场的各种参数通过统一的模拟信号送往集中控制室。操作人员可在控制室内观察生产现场的状况，可以把各单元仪表的信号按需要组合成复杂控制系统。

第三个阶段是 20 世纪 70 年代的计算机集中控制阶段。人们在测量、模拟和逻辑控制领域率先使用了计算机，从而产生了计算机集中控制。这时可利用一台计算机控制数十甚至上百个回路，部分取代了传统的控制室仪表。但是，因当时电子器件与计算机本身的可靠性较差，计算机的参与使得控制集中了，"危险"也随之集中。

第四个阶段是 20 世纪 80 年代的集散式控制阶段（即分布式控制系统）。它以计算机为核心，控制功能相对分散，同时通过高速数据通道把各个分散点的信息集中起来，进行集中的监视和操作，并实现复杂的控制和优化。

1.6.2 计算机控制系统发展趋势

随着计算机控制技术的发展和新的控制理论、新的控制方法的不断涌现，计算机控制系统的应用将越来越广泛。其发展趋势主要表现为以下几个方面。

1. 应用成熟的先进技术

计算机控制技术经过近几十年的发展，已经取得了长足的进步，很多技术已经成熟，今后应大力发展和推广。这些技术包括：

1）可编程序控制器的应用。可编程序控制器（PLC）吸收了微电子技术和微型计算机技术的最新成果，发展十分迅速。如今的 PLC 几乎无一例外地采用微处理器作为主控制器，而采用大规模集成电路作为存储器与 I/O 接口，因而使其可靠性、功能、价格、体积都达到了比较成熟和完美的境界。从单机自动化到全厂生产自动化，从柔性制造系统、机器人到工业局部网络都有它的应用。近年来，由于许多中、高档 PLC 的出现，尤其是具有 A/D、D/A 转换器和 PID 调节等功能的 PLC 的出现，使得 PLC 的功能有了很大的提高，它可以将顺序控制和过程控制结合起来，实现对生产过程的控制，并且有很高的可靠性，可以广泛的普及和应用。

2）智能化调节器的应用。智能调节器不仅可以接受 4～20mA 标准电流信号，还具有 RS-232 或 RS-422/485 异步串行通信接口，可与上位机连接成主从式测控系统。

3）分布式控制系统（DCS）和现场总线控制系统（FCS）的应用。DCS 和 FCS 以位总线（Bitbus）、现场总线（Fieldbus）等先进网络通信技术为基础，采用先进的控制策略，可以向低成本综合自动化系统方向发展，实现计算机集成制造系统（CIMS）。特别是现场总线系统越来越受到人们的青睐，它突破了 DCS 系统中通信由专用网络的封闭系统来实现所造成的缺陷，把基于封闭、专用的解决方案变成了基于开放、通用标准化的解决方案，把集散系统结构变成了新型全分布式结构，把 DCS 控制站中基本且可独立的功能块彻底下放到现场智能仪表中，从而构成虚拟控制站，更好地体现了 DCS 思想的精华，成为今后计算机控制系统发展的一个重要方向。

2. 智能控制技术

经典的反馈控制、现代控制和大系统理论在应用中遇到不少难题。首先，其分析和设计都是建立在精确的系统数学模型基础上，而实际系统一般难以获得精确的数学模型；其次，为了提高控制性能，整个控制系统变得极其复杂，增加了设计的难度和设备的投资，降低了系统的可靠性。人工智能的出现和发展，促进了自动控制系统向更高层次即智能控制的发展。智能控制是一种无需人的干预就能够自主地驱动智能机器实现其目标的过程，是用机器模拟人类智能的一个重要领域。智能控制技术主要包括以下几个方面：

1）分级递阶智能控制技术。由 Saridis 提出的分级递阶智能控制方法，是从工程控制论的角度出发，总结了人工智能与自适应、自学习和自组织控制的关系之后而逐渐形成的。作为一种认知和控制系统的统一方法论，其控制智能是根据分级管理系统中十分重要的"精度随智能提高而降低"的原理而分级分配的。分级递阶智能控制系统由组织级、协调级、执行级 3 级组成。

2）模糊控制技术。模糊控制是一种应用模糊集合理论的控制方法。它一方面提供了一种基于知识(规则)的,甚至语言描述的控制规律的新机理;另一方面又提供了一种改进非线性控制器的替代方法,可用于控制含有不确定和难以用传统非线性控制理论处理的装置。目前还有多种模糊控制器问世,如 PID 模糊控制器、自组织模糊控制器、自校正模糊控制器、自学习模糊控制器、专家模糊控制器,以及神经网络模糊控制器等。

3) 专家控制技术。专家控制技术以模仿人类智能为基础,将工程控制论与专家系统结合起来,形成了专家控制系统,其对象一般都具有不确定性。专家控制系统与模糊控制系统至少有一点是共同的,即两者都要建立人类经验和人类决策行为的模型。此外,两者都有知识库和推理机,而且其中大部分至今仍为基于规则的系统。因此,模糊逻辑控制器通常又称为模糊专家控制器。

4) 机器学习技术。学习是人类主要智能之一。机器学习研究如何用机器来代替人类从事脑力劳动,使机器能像人那样思维。机器学习控制系统能在运行过程中逐步获得有关被控对象及环境的非预知信息,积累控制经验,并在一定的评价标准下进行估值、分类、决策和不断改善系统品质。

3. 嵌入式系统的应用将更加深入

由于嵌入式控制系统具有集成度高、功能强、可靠性高、体积小、功耗低、价格廉、灵活方便等一系列优点,各类单片机将更加广泛地应用于国防、航空航天、海洋、农业、地质、气候、科技、教育、生活等各个领域,并发挥巨大的作用。单片机组成控制系统时,按功能来区分主要有以下 3 种:

1) 嵌入式控制系统。由于微处理器接口线路较多,位操作指令丰富,逻辑操作功能强,所以特别适合生产过程控制,如锅炉或加热炉的煤气燃烧、温度控制,电动机或步进电动机的正转、反转、制动控制,机器人仿真操作控制,汽车启动、变速、方向灯、刹车、排气控制,数控机床加工过程控制,导弹飞行轨迹、速度、制导控制等。尽管被控的参量和过程不尽相同,但由于其参量都属于模拟量或开关量,变换过程或操作过程都具有确定的顺序,或规律性很强,所以都可采用数值控制、开关量控制、顺序控制或逻辑控制方式来实现。

2) 智能化仪器。由于微处理器控制功能强、体积小、功耗低,并具有一定的数据处理能力,所以将更广泛用于仪器仪表,使仪器仪表进一步智能化。智能化仪器主要由传感器及微型计算机或单片机组成,其最大特点就是将单片机或微型计算机融于测试仪器中,将计算机具有的数据采集、数字滤波、标度变换、非线性补偿、零位修正和误差补偿、数字显示、报警、数值计算、逻辑判断和控制等能力直接赋予测量仪器,使仪器具有准确度高、可选择显示方式、自诊断能力强、便于人机对话、体积小、功耗低、便于扩展、处理故障和报警等一系列优点和功能。目前,智能化仪器有高频多线示波器、激光测距仪、红外线气体分析仪、B 超探测仪、智能流量计、数字万用表、智能电度表等。

3) 微机集散控制系统。在许多复杂的生产过程中,虽然设备分布很广,但是工艺流程要求各工序和各个设备同时并行工作,以提高生产效率和产品质量。对于这样的系统,过去一般采用大中小型计算机分级控制方式,而随着微型计算机的发展及其性能价格比的提高,由微型计算机及多微处理器组成的分布式控制系统已发展起来,被称为"微机集散控制系统""微处理器集散控制系统""计算机分布式控制系统",是当前计算机控制系统的重要发展趋势之一。

4. 网络化

当今互联网技术与无线网络的高速发展使网络技术在计算机控制系统领域应用更加广泛。计算机网络技术的发展使它成为现代信息技术的主流，特别是 Internet 的发展和普及应用使它成为公认的未来全球信息基础设施的雏形。采用 Internet 成熟的技术和标准，人们提出了 Intranet 和 Extranet 的概念，分别用于企业内部网和企业外联网的实现，于是便形成了以 Intranet 为中心，以 Extranet 为补充，依托于 Internet 的新一代企业信息基础设施（企业网）。随着企业信息网络的深入应用与日臻完善，现场控制信息进入信息网络实现实时监控是必然的趋势。为提高企业的社会效益和经济效益，许多企业都在尽力建立全方位的管理信息系统，它必须包括生产现场的实时数据信息，以确保实时掌握生产过程的运行状态，使企业管理决策科学化，达到生产、经营、管理的最优化状态。信息控制一体化将为实现企业综合自动化（Computer Integrated Plant Automation，CIPA）和企业信息化创造有利条件。

5. 工业 4.0

工业 4.0 即第四次工业革命，是指利用物理信息系统（Cyber Physical System，CPS）将生产中的供应、制造、销售信息数据化、智慧化，最后达到快速、有效、个性化的产品供应。其主要内容概括为"一个核心""两重战略""三大集成""八项举措"。"智能 + 网络化"是德国"工业 4.0"的核心。基于 CPS 系统，德国"工业 4.0"利用"领先的供应商战略"和"领先的市场战略"来增强制造业的竞争力。在具体实施过程中起支撑作用的三大集成分别是：关注产品的生产过程，在智能工厂内建成生产的纵向集成；关注产品在整个生命周期不同阶段的信息，使信息共享，以实现工程数字化集成。采取的八项措施分别是：实现技术标准化和开放标准的参考体系；建立模型来管理复杂的系统；扩大宽带互联网基础设施建设；建立安全保障机制；创新工作的组织和设计方式；注重培训和持续的职业发展；健全规章制度；提升资源利用效率。德国"工业 4.0"的发展目标一方面是消除工业控制与传统信息管理技术之间的距离；另一方面是建设智能工厂并进行智能生产。这意味着未来工业的发展将进入一个智能通道，机器人将代替人工操作，从原料到生产再到运输的各个环节都可以被各种智能设备控制。云技术则能把所有的要素都连接起来，生成大数据，自动修正生产中出现的任何问题。

2015 年 5 月，我国政府发布了《中国制造 2025》，通过"三步走"实现制造强国的战略目标：第一步，到 2015 年迈入制造强国行列；第二步，到 2035 年中国制造业整体达到世界制造强国中的中等水平；第三步，到新中国成立一百年时，综合实力进入世界制造强国前列。

《中国制造 2025》以信息化与工业化深度融合为主线，以推进智能制造为主攻方向，重点关注三大主题方向：

1）智能工厂。重点研究智能化生产系统及过程，以及网络化分布式生产设施的实现。

2）智能生产。主要涉及整个企业的生产物流管理、人机互动，以及 3D 技术在工业生产过程中的应用等。该计划将特别注重吸引中小企业参与，力图使中小企业成为新一代智能化生产技术的使用者和受益者，同时成为先进工业生产技术的创造者和供应者。

3）智能物流。主要通过互联网、物联网、务联网，整合物流资源，充分发挥现有物流资源供应方的效率，而需求方能够快速获得服务匹配，得到物流支持。

1.7 本章小结

本章从计算机控制系统的组成与应用角度，讨论了计算机控制系统的分类；结合计算机新的控制技术、控制理论，以及新的控制方法，讨论了计算机控制系统的发展趋势。

习题与思考题

1. 典型计算机控制系统是由哪几部分组成的？请画框图说明各部分的作用。
2. 计算机控制系统中的在线方式与离线方式的含义各是什么？
3. 计算机控制系统可分哪几类？各有什么特点？
4. 试比较 DCS 和 FCS 的异同。
5. 谈谈你所了解的计算机控制系统及其发展趋势。

第2章

计算机控制系统的理论基础

本章知识点：

◇ 差分方程与 z 变换
◇ 脉冲传递函数的表述
◇ 线性离散控制系统的稳定性条件
◇ 计算机控制系统的动态特性分析
◇ 计算机控制系统的稳态误差
◇ 离散系统的根轨迹法

基本要求：

◇ 理解连续系统与离散系统的主要区别
◇ 掌握 z 变换定义、特性及其求解方法
◇ 掌握不同系统结构的脉冲传递函数表述
◇ 掌握离散系统稳定性判据及其应用
◇ 掌握稳态误差的分析方法
◇ 掌握离散系统在采样间的动态特性
◇ 理解离散系统的根轨迹分析方法

能力培养：

通过对计算机控制系统的表达、稳定性分析、动态特征分析和稳态误差分析等知识点的学习，培养学生理解与分析计算机控制系统的基本能力。学生能够根据工程应用背景和技术指标要求，对计算机控制系统进行正确分析，能够通过分析得到系统的性能指标，同时具备一定的工程设计能力。

2.1 概述

一般来说，把所有信号都是时间连续函数的控制系统称为连续系统。随着计算机技术的迅猛发展，计算机参与控制已日趋广泛，因为数字计算机只能处理离散时间的数码形式的信息，大多数计算机控制系统都属于数模混合系统，即系统中既有数字部件，也有模拟部件（或被控制对象为模拟对象），处理的信号既有模拟信号也有数字信号。此时，控制系统中存在一处或几处信号是一串脉冲或数码，连续系统的拉普拉斯变换、传递函数和频率特性等不再适用，因此必须探索新的分析方法来研究这类系统。由于这类系统中有一部分信号不是时间的连续函数，而是一组离散的脉冲序列或数字序列，所以将其称为离散系统。离散系统指系统中包含离散信号的一类系统。

图 2.1 是一个简化的计算机控制系统框图，计算机处理的信号是数字信号，而被控对象为模拟对象。从硬件上看，系统必须有将模拟量转换为数字量的部件（如 A/D 转换器），也需要有将数字量转换为模拟量的部件（如 D/A 转换器）。

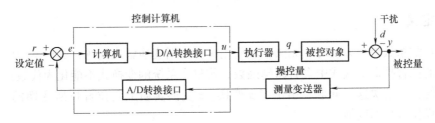

图 2.1　计算机控制系统框图

离散控制系统与连续控制系统在数学分析工具、稳定性、动态特性、静态特性、校正与综合等方面都具有一定的联系和区别，所以对于计算机控制系统的分析和设计，不能简单地推广原来的连续系统的控制原理，必须有专门的理论进行支撑。离散系统的研究数学基础是 z 变换，通过 z 变换这个数学工具，把连续系统的分析方法应用到离散控制系统中。

2.2　差分方程

对于线性连续系统，其输入和输出之间可用线性常系数微分方程来描述，与线性连续系统类似，对于线性离散系统，其输入和输出之间可用线性常系数差分方程来描述。常系数差分方程的基本形式和线性常系数微分方程类似，但差分方程有前向差分方程和后向差分方程之分。

两个采样点信息之间的差值即称为差分。在差分方程中，自变量是离散的，方程的各项包含这种离散变量的函数，还包含这种函数增序或减序的函数。差分方程未知函数中变量的最高和最低序号的差数称为方程的阶数。对于一个单输入单输出线性定常离散系统，在某一个采样时刻的输出值 $y(k)$ 不仅与这一时刻的输入值 $u(k)$ 有关，而且与过去时刻的输入值 $u(k-1)$，$u(k-2)$，$\cdots$，$u(k-m)$ 有关，还与过去的输出值 $y(k-1)$，$y(k-2)$，$\cdots$，$y(k-n)$ 有关。这种线性离散系统的差分方程一般式为

$$y(k) + a_1 y(k-1) + \cdots + a_n y(k-n) = b_0 u(k) + b_1 u(k-1) + \cdots b_m u(k-m) \qquad (2.1)$$

式中，系数 a_1，a_2，$\cdots$，a_n 和 b_0，b_1，$\cdots$，b_m 均为常实数；n 为方程的阶次。因此式(2.1)称为 n 阶后向非齐次差分方程。对于 n 阶差分方程，系数 $a_n \neq 0$，其余 a_1，a_2，$\cdots$，a_{n-1} 都可能为零。若 $a_n = 0$，相当于方程的阶次降为 $n-1$ 阶。与式(2.1)类似，n 阶前向非齐次差分方程的基本形式为

$$y(k+n) + a_1 y(k+n-1) + \cdots + a_n y(k) = b_0 u(k+m) + b_1 u(k+m-1) + \cdots b_m u(k) \qquad (2.2)$$

用两种形式的差分方程描述的系统没有本质的区别，实际应用时应根据具体情况来确定用哪一种。

与微分方程类似，差分方程可以是齐次的或非齐次的；定常的或时变的；线性的或非线性的。

在系统初始值和输入序列已知的条件下，可求出差分方程描述的系统在任何时刻的输出序列值。常系数线性差分方程的常用求解方法有经典解法、基于解析方法的 z 变换法和基于计算机求解的迭代法三种基本方法。

2.3　z 变换及其特性

2.3.1　定义

在求解常系数差分方程时，无法直接使用拉普拉斯变换解决问题，其根本原因就是由于采样信号的拉普拉斯变换式中含有超越函数，使整个系统的变换式不能化为代数式，分析研究很不方便，为解决这一问题，引出了 z 变换。z 变换实质上是拉普拉斯变换的一种扩展，也称为采样拉普拉斯变换。

在采样系统中，连续函数信号 $f(t)$ 经过采样开关，采样后得到脉冲序列 $f^*(t)$，即

$$f^*(t) = \sum_{k=0}^{\infty} f(kT)\delta(t-kT) \tag{2.3}$$

两边取拉普拉斯变换，得

$$F^*(s) = L[f^*(t)] = \sum_{k=0}^{\infty} f(kT)e^{-kTs} \tag{2.4}$$

从式(2.4)可以看出，任何采样信号的拉普拉斯变换中都含有超越函数 e^{-kTs}，求解很麻烦。为此，引入新变量 z，令 $z = e^{Ts}$，将 $F^*(s)$ 记作 $F(z)$，则式(2.4)可以改写为

$$F(z) = \sum_{k=0}^{\infty} f(kT)z^{-k} \tag{2.5}$$

这样，式(2.4)就转换成了以复变量 z 为自变量的函数，称此函数为 $f^*(t)$ 的 z 变换，记为

$$F(z) = Z[f^*(t)] \tag{2.6}$$

其展开式为

$$F(z) = f(0)z^0 + f(T)z^{-1} + f(2T)z^{-2} + \cdots + f(kT)z^{-k} + \cdots \tag{2.7}$$

可见，采样函数的 z 变换是变量 z 的幂级数。其中，$f(kT)$ 表示采样脉冲的幅值；z 的幂次表示该采样脉冲出现的时刻，包含着量值与时间的概念。

由 z 变换定义可知，z 变换只针对采样点上信号。因此，当存在两个不同的时间函数 $f_1(t)$ 和 $f_2(t)$，若它们的采样值完全重复，则其 z 变换也是一样的。虽然 $f_1(t) \neq f_2(t)$，但由于 $f_1^*(t) = f_2^*(t)$，则 $F_1(z) = F_2(z)$，也就是说采样脉冲序列 $f^*(t)$ 与其 z 变换函数是一一对应的，而其对应的连续函数 $f(t)$ 不唯一。

2.3.2　z 变换的基本定理

1. 线性定理
若 $Z[f_1(t)] = F_1(z)$，$Z[f_2(t)] = F_2(z)$，$Z[f(t)] = F(z)$，a 为常数，则有

$$Z[f_1(t) + f_2(t)] = F_1(z) + F_2(z) \tag{2.8}$$
$$Z[af(t)] = aF(z) \tag{2.9}$$

2. 滞后定理
设时间连续信号 $f(t)$ 的 z 变换为 $F(z)$，且 $t<0$ 时，$f(t)=0$，则有

$$Z[f(t-nT)] = z^{-n}F(z) \tag{2.10}$$

3. 超前定理

设时间连续信号 $f(t)$ 的 z 变换为 $F(z)$，且 $t < 0$ 时，$f(t) = 0$，则有

$$Z[f(t + nT)] = z^n F(z) - z^n \sum_{m=0}^{n-1} F(mT) z^{-m} \tag{2.11}$$

4. 复位移定理

设时间连续信号 $f(t)$ 的 z 变换为 $F(z)$，a 为常数，则有

$$Z[f(t) e^{\pm at}] = F(z e^{\mp aT}) \tag{2.12}$$

5. 初值定理

设时间连续信号 $f(t)$ 的 z 变换为 $F(z)$，并且极限 $\lim\limits_{z \to \infty} F(z)$ 存在，则有

$$f(0) = \lim_{t \to 0} f^*(t) = \lim_{z \to \infty} F(z) \tag{2.13}$$

6. 终值定理

设时间连续信号 $f(t)$ 的 z 变换为 $F(z)$，且 $(z-1)F(z)$ 的极点全部在 z 平面的单位圆内，即极限存在且原系统是稳定的，$f(t)$ 的终值为

$$f(\infty) = \lim_{t \to \infty} f^*(t) = \lim_{k \to \infty} f(kT) = \lim_{z \to 1} (z-1) F(z) \tag{2.14}$$

2.3.3　z 变换求解

1. 定义法

已知连续函数信号 $f(t)$ 经过采样开关，采样后得到脉冲序列 $f^*(t)$，则

$$Z[f^*(t)] = \sum_{k=0}^{\infty} f(kT) z^{-k} \tag{2.15}$$

展开后得

$$F(z) = f(0) z^0 + f(T) z^{-1} + f(2T) z^{-2} + \cdots + f(kT) z^{-k} + \cdots \tag{2.16}$$

求 $f(0)$，$f(T)$，$f(2T)$，$\cdots$，$f(kT)$ 即可求出函数 $f(t)$ 的 z 变换。

z 变换的无穷项级数的形式具有很鲜明的物理含义。变量 z^{-k} 的系数代表了连续时间函数在各采样时刻上的采样值。

例 2.1　求单位斜坡信号 $f(t) = t, (0 < t < 5)$，$T = 1\mathrm{s}$ 的 z 变换。

解：因为是单位斜坡信号，则 $f^*(kT) = kT$，所以

$f(0) = 0$，$f(1) = 1$，$f(2) = 2$，$f(3) = 3$，$f(4) = 4$

而 $F(z) = \sum\limits_{k=0}^{\infty} f(kT) z^{-k}$，所以

$F(z) = 0 \times z^0 + 1 \times z^{-1} + 2 \times z^{-2} + 3 \times z^{-3} + 4 z^{-4}$

此案例的 MATLAB 代码如下：

```
1   clc; clear all; close all
2   syms t n z
3   Ft = t;
4   Fz = ztrans(Ft,n,z);      % Z 变换
5   pretty(Fz)                % 进行结果美化
```

2. 部分分式法(查表法)

设连续函数 $f(t)$ 的拉普拉斯变换式 $F(s)$ 为有理分式，且可以展开成部分分式的形式，

其中部分分式对应简单的时间函数，从而可以根据 z 变换表求出 $F(z)$。

例 2.2 设 $F(s) = \dfrac{1}{s(s+1)}$，求 $f^*(t)$ 的 z 变换。

解：应用部分分式法，

$$F(s) = \frac{1}{s(s+1)} = \frac{1}{s} - \frac{1}{s+1}$$

两边求拉普拉斯反变换，得：$f(t) = 1 - e^{-t}$ $(t > 0)$，查 z 变换表得

$$F(z) = \frac{z}{z-1} - \frac{z}{z - e^{-T}} = \frac{z(1 - e^{-T})}{(z-1)(z - e^{-T})}$$

2.3.4　z 反变换

z 反变换是 z 变换的逆运算，如同在拉普拉斯变换法中，可利用拉普拉斯反变换求解连续系统的时间响应，z 变换法也可以通过获得时域函数 $f(t)$ 在 z 域中的代数解，最终通过 z 反变换求出离散系统的时间响应解。但是，$F(z)$ 的 z 反变换只能求出 $f^*(t)$，即离散后的脉冲序列 $f(kT)$，记为

$$Z^{-1}[F(z)] = f^*(t) \tag{2.17}$$

在求 z 反变换时，仍假定：当 $k < 0$ 时，$f(kT) = 0$。下面介绍最常用的两种求 z 反变换的方法：部分分式展开法与长除法。

1. 部分分式展开法

此法是将 $F(z)$ 通过部分分式分解为低阶的分式之和，直接从 z 变换表中求出各项对应的 z 反变换，然后相加得到 $f(kT)$。步骤如下：

1）先将变换式写成 $F(z)/z$，展开成部分分式

$$\frac{F(z)}{z} = \sum_{i=1}^{n} \frac{A_i}{z - z_i}$$

2）两端乘以 z，得

$$F(z) = \sum_{i=1}^{n} \frac{A_i z}{z - z_i}$$

3）查 z 变换表，得 $f^*(t) = \sum_{k=1}^{n} f(kT)\delta(t - kT)$。

例 2.3 已知 $F(z) = \dfrac{z}{(z-1)(z-2)}$，求 $f^*(t)$。

解：1）先将变换式写成 $\dfrac{F(z)}{z}$ 形式，即

$$\frac{F(z)}{z} = \frac{1}{(z-1)(z-2)} = \frac{-1}{z-1} + \frac{1}{z-2}$$

2）两端乘以 z，得

$$F(z) = \frac{-z}{z-1} + \frac{z}{z-2}$$

3）查 z 变换表，得到

$$Z^{-1}\left[\frac{-z}{z-1}\right] = -1, \quad Z^{-1}\left[\frac{z}{z-2}\right] = 2^k$$

所以，$f^*(t) = \delta(t-T) + 3\delta(t-2T) + 7\delta(t-3T) + 15\delta(t-4T) + \cdots$

即 $f(0) = 0$，$f(T) = 1$，$f(2T) = 3$，$f(3T) = 7$，$f(4T) = 15$，$\cdots$

此案例的 MATLAB 代码如下：

```
1   clc; clear all; close all
2   syms k z
3   Fz = z/((z-1)*(z-2));        % 定义 z 反变换表达式?
4   Fk = iztrans(Fz,k);          % z 反变换
5   pretty(fk);                  % 进行结果美化
```

2. 长除法

若 z 变换函数 $F(z)$ 是复变量 z 的有理函数，则可将其展成 z^{-1} 的无穷级数，即 $F(z) = f_0 + f_1 z^{-1} + f_2 z^{-2} + \cdots + f_k z^{-k} + \cdots$，然后与 z 变换定义式对照，求出原函数的脉冲序列。

例 2.4 试用长除法求 $F(z) = \dfrac{z}{(z-1)(z-2)}$ 的 z 反变换。

解：

$$
(z^2 - 3z + 2) \overline{\smash{\big)}\, z} \quad \genfrac{}{}{0pt}{}{z^{-1} + 3z^{-2} + 7z^{-3} + 15z^{-4} + \cdots}{}
$$

$$
\begin{aligned}
&\underline{z - 3 + 2z^{-1}} \\
&\quad 3 - 2z^{-1} \\
&\quad \underline{3 - 9z^{-1} + 6z^{-2}} \\
&\qquad 7z^{-1} - 6z^{-2} \\
&\qquad \underline{7z^{-1} - 21z^{-2} + 14z^{-3}} \\
&\qquad\quad 15z^{-2} - 14z^{-3} \\
&\qquad\quad \underline{15z^{-2} - 45z^{-3} + 30} \\
&\qquad\qquad 31z^{-3} - 30 \\
&\qquad\qquad\qquad \vdots
\end{aligned}
$$

故：$f^*(t) = \delta(t-T) + 3\delta(t-2T) + 7\delta(t-3T) + 15\delta(t-4T) + \cdots$

即 $f(0) = 0$，$f(T) = 1$，$f(2T) = 3$，$f(3T) = 7$，$f(4T) = 15$，$\cdots$

此结果与例 2.3 所得结果相同。

长除法容易求得采样脉冲序列 $f(kT)$ 的前几项的具体数值，但不易得到通项表达式。

2.4 脉冲传递函数

2.4.1 脉冲传递函数定义

在线性连续系统中，当初始状态为零时，系统输出信号拉普拉斯变换与输入信号拉普拉斯变换之比称为传递函数。类似的，线性离散系统把初始状态为零时，系统离散输出信号的 z 变换与离散输入信号的 z 变换之比，称为脉冲传递函数，如图 2.2 所示，记为

$$G(z) = \frac{Y(z)}{R(z)} \tag{2.18}$$

实际上，当一个环节的输出不是离散信号时，严格来说，其脉冲传递函数不能求出。可

采用虚拟开关的方法求得，如图 2.2 所示。作为一种转换，可以假定在输出端存在一个采样开关 S_2，其采样周期与 S_1 相同，且 S_2 与 S_1 同步动作，则在 S_2 后可表示为 $y^*(t)$，即可按照定义求出相应的脉冲传递函数，如图 2.3 所示。

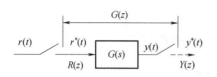
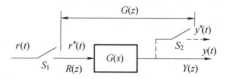

图 2.2　理想开环离散系统　　　　　　图 2.3　实际开环离散系统

2.4.2　串联环节的脉冲传递函数

1. 串联环节间有采样开关的开环脉冲传递函数

如图 2.4 所示，由脉冲传递函数定义可知：

$$D(z) = G_1(z)R(z)$$
$$Y(z) = D(z)G_2(z)$$

则有 $Y(z) = G_2(z)G_1(z)R(z)$，即

$$G(z) = \frac{Y(z)}{R(z)} = G_1(z)G_2(z) \tag{2.19}$$

两个串联环节间有采样开关，其脉冲传递函数等于这两个环节各自脉冲传递函数的乘积。这个结论可以推广到 n 个串联环节，且串联环节之间都有采样开关分隔的情况，总的脉冲传递函数等于每个环节的脉冲传递函数的乘积。

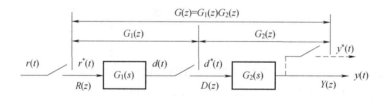

图 2.4　串联环节间有采样开关

2. 串联环节间没有采样开关的开环脉冲传递函数

如图 2.5 所示，先求出

$$G(s) = G_1(s)G_2(s)$$

对传递函数 $G(s)$ 取拉普拉斯反变换，求脉冲响应 $g(t)$：

$$g(t) = L^{-1}[G(s)]$$

对 $g(t)$ 进行 z 变换，得脉冲传递函数：

$$G(z) = Z[L^{-1}[G_1(s)G_2(s)]] = G_1G_2(z) \tag{2.20}$$

两个串联环节间没有采样开关，系统的脉冲传递函数等于两个串联环节传递函数乘积后的 z 变换。此结论可以推广到 n 个没有采样开关间隔的串联环节，总的脉冲传递函数等于 n 个环节的传递函数乘积后的 z 变换。

例 2.5　开环离散系统分别如图 2.4 和图 2.5 所示。其中，$G_1(s) = \dfrac{1}{s}$，$G_2(s) = \dfrac{1}{s+1}$，

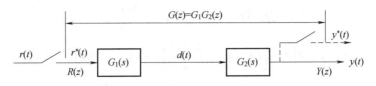

图 2.5　串联环节间没有采样开关

输入为单位阶跃信号 $r(t) = 1(t)$，试求：串联环节间有采样开关的脉冲传递函数 $G(z)$，串联环节间没有采样开关 $G(z)$，以及各自的输出 $Y(z)$。

解： 输入信号的 z 变换为

$$R(z) = Z[1(t)] = \frac{z}{z-1}$$

对于串联环节间有采样开关的系统，

$$G_1(z) = Z\left[\frac{1}{s}\right] = \frac{z}{z-1}, \quad G_2(z) = Z\left[\frac{1}{s+1}\right] = \frac{z}{z - e^{-T}}$$

由此可得：

$$G(z) = G_1(z)G_2(z) = \frac{z^2}{(z-1)(z-e^{-T})}$$

$$Y(z) = G(z)R(z) = \frac{z^3}{(z-1)^2(z-e^{-T})}$$

对于串联环节间没有采样开关的系统，

$$G_1(s)G_2(s) = \frac{1}{s(s+1)} = \frac{1}{s} - \frac{1}{s+1}$$

由此可得：

$$G(z) = Z[G_1(s)G_2(s)] = \frac{z(1-e^{-T})}{(z-1)(z-e^{-T})}$$

$$Y(z) = G(z)R(z) = \frac{z^2(1-e^{-T})}{(z-1)^2(z-e^{-T})}$$

3. 有零阶保持器的开环脉冲传递函数

具有零阶保持器的开环离散系统的结构如图 2.6 所示。求解开环脉冲传递函数时，为便于求 z 变换，可将图 2.6a 改画成图 2.6b 的形式。根据两个串联环节间没有采样开关，系统的脉冲传递函数等于两个串联环节传递函数乘积后的 z 变换，求出开环脉冲传递函数。

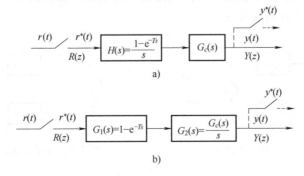

图 2.6　具有零阶保持器的开环离散系统结构

$$H(s)G_c(s) = (1 - \mathrm{e}^{-Ts})\frac{G_c(s)}{s}$$

$$G(z) = Z\left[L^{-1}\left[(1 - \mathrm{e}^{-Ts})\frac{G_c(s)}{s}\right]\right] = (1 - z^{-1})Z\left[\frac{G_c(s)}{s}\right] \tag{2.21}$$

例 2.6 离散控制系统如图 2.6 所示，其中 $G_c(s) = \dfrac{1}{s(s+1)}$，试求该系统的脉冲传递函数 $G(z)$。

解： 由式(2.21)可得：

$$G(z) = (1 - z^{-1})Z\left[\frac{G_c(s)}{s}\right] = (1 - z^{-1})Z\left[\frac{1}{s^2(s+1)}\right]$$

$$= (1 - z^{-1})Z\left[\frac{1}{s^2} - \frac{1}{s} + \frac{1}{s+1}\right]$$

$$= (1 - z^{-1})\left(\frac{Tz}{(z-1)^2} - \frac{z}{z-1} + \frac{z}{z - \mathrm{e}^{-T}}\right)$$

$$= \frac{(\mathrm{e}^{-T} + T - 1)z + [1 - (T+1)\mathrm{e}^{-T}]}{(z-1)(z - \mathrm{e}^{-T})}$$

4. 连续信号进入连续环节的情况

如图 2.7 所示，根据定义有

$$Y(z) = G_2(z)D(z),$$

而 $\quad D(z) = Z[G_1(s)R(s)] = G_1R(z)$

则 $\quad\quad Y(z) = G_2(z)G_1R(z)$

此时无法写出脉冲传递函数 $G(z)$，只能写出输出信号的 z 变换。

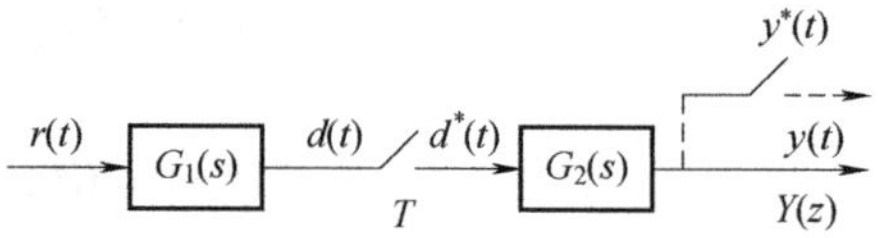

图 2.7 连续信号进入连续环节

2.4.3 并联环节的脉冲传递函数

在连续系统中，并联各环节传递函数等于两个环节的脉冲传递函数之和。在离散系统中，这一法则仍然成立。并联环节框图如图 2.8 所示。

显然有 $\quad Y(z) = G_1(z)R(z) + G_2(z)R(z) = [G_1(z) + G_2(z)]R(z)$

因此：

$$G(z) = \frac{Y(z)}{R(z)} = G_1(z) + G_2(z) \tag{2.22}$$

对于图 2.9 所示的存在并联支路输入连续信号的情况，加法法则对于 $y^*(t)$ 仍然成立，但此时无法写出脉冲传递函数 $G(z)$。

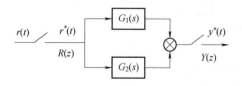

图 2.8 并联环节框图

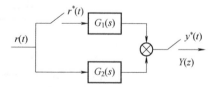

图 2.9 并联支路输入连续信号

2.4.4　闭环系统的脉冲传递函数

在连续系统中，闭环传递函数与开环传递函数有确定的关系。可以用典型结构描述，用通用公式求闭环传递函数。但在采样系统中，由于采样开关的位置不同，结构形式就不一样，求出的脉冲传递函数和输出表达式也不同，所以不存在唯一的典型结构图，没有所谓的通用公式。不过，也有一定的规律可循。设某系统的结构如图 2.10 所示，其闭环脉冲传递函数可得

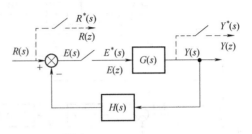

图 2.10　闭环系统结构图

$$\begin{cases} E(s) = R(s) - H(s)Y(s) \\ Y(s) = E^*(s)G(s) \end{cases}$$

从而，得

$$E(s) = R(s) - H(s)G(s)E^*(s) \tag{2.23}$$

对式 (2.23) 做 z 变换，则有

$$E(z) = R(z) - Z[H(s)G(s)E^*(s)] \tag{2.24}$$

由于 $G(s)$ 和 $H(s)$ 之间没有采样开关，而 $H(s)$ 和 $E(s)$ 之间有采样开关，所以有

$$E(z) = R(z) - GH(z)E(z)$$

整理得

$$E(z) = \frac{R(z)}{1 + GH(z)}$$

$$Y(z) = E(z)G(z) = \frac{G(z)}{1 + GH(z)}R(z)$$

则闭环脉冲传递函数为

$$\Phi(z) = \frac{Y(z)}{R(z)} = \frac{G(z)}{1 + GH(z)} \tag{2.25}$$

与线性连续系统类似，闭环脉冲传递函数的分母 $1 + GH(z)$ 为闭环离散控制系统的特征多项式。典型离散控制系统的结构图及输出信号 $Y(z)$ 见表 2.1。

表 2.1　典型离散控制系统的结构图及输出信号

序号	系统结构图	$Y(z)$
1		$\dfrac{G(z)R(z)}{1 + G(z)H(z)}$
2		$\dfrac{RG_1(z)G_2(z)G_3(z)}{1 + G_2(z)G_3G_1H(z)}$

（续）

序号	系统结构图	$Y(z)$
3	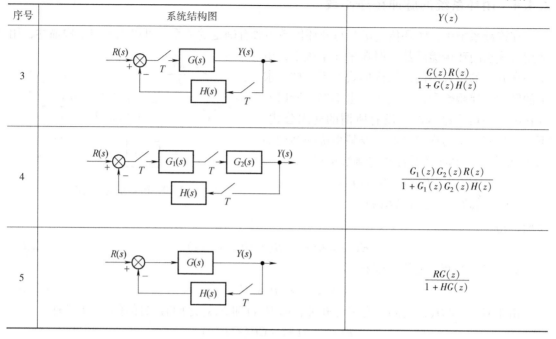	$\dfrac{G(z)R(z)}{1+G(z)H(z)}$
4		$\dfrac{G_1(z)G_2(z)R(z)}{1+G_1(z)G_2(z)H(z)}$
5		$\dfrac{RG(z)}{1+HG(z)}$

闭环脉冲传递函数简单求解方法：先按连续系统方式，写出 $\Phi(s)$ 和 $Y(s)$；然后将 s 变为 z；再将各环节间没有采样开关的 z 去掉。

例2.7 当某离散系统中有数字控制器时，如图2.11所示，求该系统的闭环脉冲传递函数。

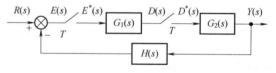

图2.11 某离散系统的结构图

解： $Y(s)=G_2(s)D^*(s)$

$D(s)=G_1(s)E^*(s)$

对 $D(s)$ 离散化，有 $D^*(s)=G_1^*(s)E^*(s)$

所以有 $\qquad\qquad Y(s)=G_2(s)G_1^*(s)E^*(s)$

即 $\qquad\qquad Y^*(s)=G_2^*(s)G_1^*(s)E^*(s)$

考虑到：$E(s)=R(s)-H(s)Y(s)=R(s)-H(s)G_2(s)G_1^*(s)E^*(s)$，离散化后有 $E^*(s)=R^*(s)-HG_2^*(s)G_1^*(s)E^*(s)$，

即 $\qquad\qquad E^*(s)=\dfrac{R^*(s)}{1+HG_2^*(s)G_1^*(s)}$

所以，

$$Y^*(s)=G_2^*(s)G_1^*(s)E^*(s)=\frac{G_2^*(s)G_1^*(s)R^*(s)}{1+HG_2^*(s)G_1^*(s)}$$

对上式进行 z 变换，得到输出信号：

$$Y(z)=\frac{G_1(z)G_2(z)R(z)}{1+G_1(z)HG_2(z)}$$

闭环脉冲传递函数：

$$\Phi(z) = \frac{Y(z)}{R(z)} = \frac{G_1(z)G_2(z)}{1 + G_1(z)HG_2(z)}$$

2.5 离散系统的稳定性分析

2.5.1 s 平面与 z 平面的映射关系

将 s 平面映射到 z 平面，并找出离散系统稳定时闭环脉冲传递函数零点、极点在 z 平面的分布规律，从而获得离散系统的稳定性判据。由于复变量 z 与 s 存在如下关系：

$$z = e^{sT} \ 或 \ s = \frac{1}{T}\ln z$$

代入 $s = \sigma + j\omega$，则

$$z = e^{(\sigma + j\omega)T} = e^{\sigma T}e^{j\omega T} = e^{\sigma T} \angle \omega T \tag{2.26}$$

由于 $e^{j\omega T} = \cos\omega T + j\sin\omega T$ 是以 2π 为周期的函数，所以式(2.26)又可以写为

$$z = e^{(\sigma + j\omega)T} = e^{\sigma T}e^{j(\omega T + 2k\pi)} = e^{\sigma T} \angle \omega T + 2k\pi \tag{2.27}$$

这样，复变量 z 的模 R 及相角 θ(z 平面一点到原点连线与横坐标之间的夹角)与复变量 s 的实部与虚部的关系为

$$\begin{cases} R = |z| = e^{\sigma T} \\ \theta = \angle z = \omega T + 2k\pi \end{cases} \quad k = 0, \pm 1, \pm 2, \cdots \tag{2.28}$$

式(2.28)为 s 平面与 z 平面的基本对应关系。由此可知，s 平面中频率相差采样频率 $2\pi/T$ 整数倍的极点、零点都被映射到 z 平面中相同位置，即每个 z 对应无限多个 s 值。

在 z 平面上，当 σ 为某个定值时，$z = e^{sT}$ 随 ω 由 $-\infty$ 变到 $+\infty$ 的轨迹是一个圆，圆心位于原点，半径为 $z = e^{\sigma T}$，而圆心角是随线性增大的。s 平面与 z 平面的映射关系如下：

1) 当 $\sigma = 0$ 时，$|z| = 1$，即 s 平面上的虚轴映射到 z 平面上以原点为圆心的单位圆的圆周。

2) 当 $\sigma < 0$ 时，$|z| < 1$，即 s 平面上的左半平面映射到 z 平面上以原点为圆心的单位圆的内部。

3) 当 $\sigma > 0$ 时，$|z| > 1$，即 s 平面上的右半平面映射到 z 平面上以原点为圆心的单位圆的外部。

4) s 平面左半面负实轴的无穷远处对应于 z 平面单位圆的圆心。

5) s 平面的原点对应于 z 平面正实轴上 $|z| = 1$ 的点。

s 平面与 z 平面的映射关系如图 2.12 所示。

根据上述讨论，可得出表 2.2 所示的对应关系。

表 2.2 s 平面与 z 平面的映射关系对应表

s 平面	z 平面	稳定性讨论
$\sigma = 0$，虚轴上	$|z| = 1$，单位圆上	临界稳定
$\sigma < 0$，虚轴上	$|z| < 1$，单位圆内	稳定
$\sigma > 0$，虚轴上	$|z| > 1$，单位圆外	不稳定

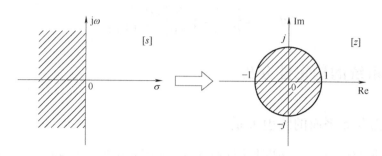

图 2.12　s 平面与 z 平面的映射关系

2.5.2　z 平面的稳定性判据

在 s 平面上，ω 每变化一个 $\omega_s\left(\omega_s=\dfrac{2\pi}{T}\right)$，则对应在 z 平面上重复画出一个单位圆。在 s 平面中，$-\dfrac{\omega_s}{2}\sim\dfrac{\omega_s}{2}$ 的频率范围内称为主频区，其余为辅频区(有无限多个)。s 平面的主频区和辅频区映射到 z 平面的重叠称为频率混叠现象。由于实际系统正常工作时的频率较低，所以实际系统的工作频率都在主频区内。

在连续系统中，如果其闭环传递函数的极点都在 s 平面的左半部分，或者说它的闭环特征方根的实部均小于零，则该系统是稳定的。由此可以得到离散系统的稳定性条件：

1) 当闭环系统传递函数的全部极点(特征方程的根)位于 z 平面中的单位圆内时，系统稳定。

2) 当闭环系统传递函数的全部极点位于 z 平面中的单位圆外时，系统不稳定。

3) 当闭环系统传递函数的全部极点位于 z 平面中的单位圆上时，系统临界稳定。

由此可知，离散系统稳定的充分必要条件是：离散系统特征方程的特征根全部位于 z 平面的单位圆内或者所有根的模均小于 1。只要有一个特征根在单位圆外，系统就不稳定；有一个特征根在单位圆上，系统处于临界稳定。

例 2.8　在图 2.13 所示的离散控制系统中，设采样周期 $T=1\mathrm{s}$，试分析当 $K=4$ 和 $K=5$ 时系统的稳定性。

解： 系统的开环脉冲传递函数为

$$G(z)=Z\left[\frac{K}{s(s+1)}\right]=\frac{K(1-\mathrm{e}^{-T})z}{(z-1)(z-\mathrm{e}^{-T})}$$

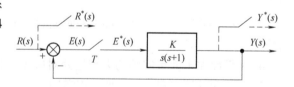

图 2.13　闭环离散系统结构图

所以，系统的闭环脉冲传递函数为

$$\Phi(z)=\frac{Y(z)}{R(z)}=\frac{G(z)}{1+G(z)}=\frac{K(1-\mathrm{e}^{-T})z}{(z-1)(z-\mathrm{e}^{-T})+K(1-\mathrm{e}^{-T})z}$$

闭环系统的特征方程为

$$(z-1)(z-\mathrm{e}^{-T})+K(1-\mathrm{e}^{-T})z=0$$

将 $K=4$，$T=1$ 代入特征方程，得

$$z^2+1.16z+0.368=0$$

解得：$z_{1,2}=-0.580\pm\mathrm{j}0.178$。特征根 z_1，z_2 均在单位圆内，所以系统是稳定的。

将 $K=5$，$T=1$ 代入特征方程，得

$$z^2 + 1.792z + 0.368 = 0$$

解得：$z_1 = -0.237$，$z_2 = -1.556$。因为特征根 z_2 在单位圆外，所以系统是不稳定的。

此案例的 MATLAB 代码如下：

```
1   clc; clear all; close all
2   K = [4 5];
3   num = 1;                                  % 连续系统传函
4   den = [1 1 0];
5   T = 1;                                    % 采样时间
6   for i = 1:2
7       Gs = tf(num * K(i), den)             % 被控对象的连续传函
8       Gz = c2d(Gs, T, 'imp');             % 连续传函离散化
9       csys = feedback(Gz, 1);             % 闭环系统的传函
10      eig(csys)                            % 求闭环特征方程的特征根
11      numc = cell2mat(csys.Numerator);    % 提取闭环系统传函分子
12      denc = cell2mat(csys.Denominator);  % 提取闭环系统传函分母
13      figure
14      zplane(numc, denc)                   % 绘制闭环系统的零极点图
15      title(strcat('K = ', num2str(K(i))));
16  end
```

需要说明的是，还可以通过画零极点图判断系统的稳定性。此案例中，通过 zplane( ) 绘制离散系统的零极点图。如图 2.14a 所示，$K=4$，两个极点都在单位圆内部，系统是稳定的，此外所有零点也位于单位圆内，系统为最小相位系统。如图 2.14b 所示，$K=5$，有一个极点在单位圆外部，系统是不稳定的。

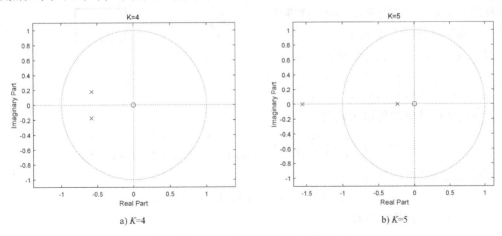

a) $K=4$ b) $K=5$

图 2.14 例 2.8 所示系统的零极点图

2.5.3 Routh 稳定性准则在离散系统中的应用

判断系统是否稳定，需要求出系统的特征根，也可以通过稳定性判据进行判断，从而避免求特征根。连续系统的 Routh 稳定性准则不能直接应用到离散系统中，这是因为 Routh 稳

定性准则只能用来判断复变量代数方程的根是否位于 s 平面的左半面。将 Routh 稳定性准则应用在离散系统时，需要将 z 平面经过某种映射，将 z 平面映射到 w 平面，使得 z 平面的单位圆内部映射到 w 平面的左半面。

根据复变函数的双线性变换公式，令 $z = \dfrac{w+1}{w-1}$（其中 z 与 w 均为复变量），就可以实现 z 平面上单位圆的内部、外部，以及单位圆上分别对应 w 的左半平面、右半平面，以及虚轴。在连续系统中，采用的分析方法均可用于 w 平面上的离散系统分析。z 平面与 w 平面的映射关系如图 2.15 所示。

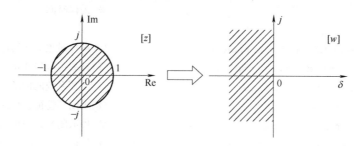

图 2.15 z 平面与 w 平面的映射关系

首先求出闭环离散系统的特征方程 $\Phi(z) = A_n z^n + A_{n-1} z^{n-1} + \cdots + A_0 = 0$，然后令 $z = \dfrac{w+1}{w-1}$，整理后得到一个以 w 为变量的特征方程：$\Phi(w) = a_n w^n + a_{n-1} w^{n-1} + \cdots + a_0 = 0$，最后根据 $\Phi(w)$ 的各项系数，利用 Routh 稳定性准则确定系统特征根的分布位置，当所有特征根都在 w 平面的左半平面，则闭环离散系统稳定。

例 2.9 某离散系统如图 2.16 所示，设采样周期 $T=1\mathrm{s}$，试用 Routh 稳定性准则确定使该系统稳定的 K 值范围。

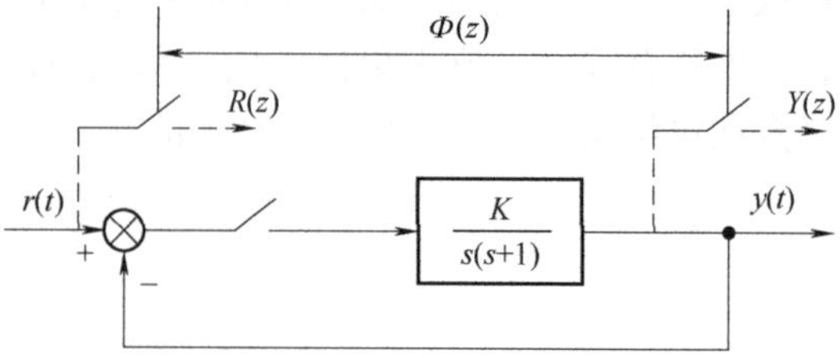

解： 该系统的开环脉冲传递函数为

$$G(z) = Z\left[\frac{K}{s(s+1)}\right] = \frac{Kz(1-\mathrm{e}^{-T})}{(z-1)(z-\mathrm{e}^{-T})}$$

图 2.16 闭环离散系统结构

该系统的闭环脉冲传递函数为

$$\Phi(z) = \frac{Y(z)}{R(z)} = \frac{G(z)}{1+G(z)} = \frac{Kz(1-\mathrm{e}^{-T})}{(z-1)(z-\mathrm{e}^{-T}) + Kz(1-\mathrm{e}^{-T})}$$

闭环系统的特征方程为

$$(z-1)(z-\mathrm{e}^{-T}) + Kz(1-\mathrm{e}^{-T}) = 0$$

将 $T=1\mathrm{s}$ 代入该特征方程，得

$$z^2 + (0.632K - 1.368)z + 0.368 = 0$$

将 $z = \dfrac{w+1}{w-1}$ 代入该特征方程，得

$$\left(\frac{w+1}{w-1}\right)^2 + (0.632K - 1.368)\left(\frac{w+1}{w-1}\right) + 0.368 = 0$$

整理得

$$0.632Kw^2 + 1.264w + (2.736 - 0.632K) = 0$$

列 Routh 表为

w^2	$0.632K$	$2.736 - 0.632K$
w^1	1.264	0
w^0	$2.736 - 0.632K$	

根据 Routh 稳定性准则判据，只要 Routh 表中第一列的元素均大于 0，系统就是稳定的。于是

$$\begin{cases} 0.632K > 0 \\ 2.736 - 0.632K > 0 \end{cases}$$

可求出使系统稳定的 K 值范围为 $0 < K < 4.32$。

例 2.10 某离散系统如图 2.17 所示，设采样周期 $T = 1\mathrm{s}$ 和 $T = 0.5\mathrm{s}$，试用 Routh 稳定性准则确定使该系统稳定的 K 值范围。

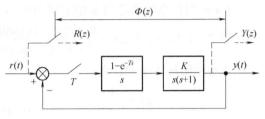

图 2.17 线性离散系统结构图

解：系统的开环脉冲传递函数为

$$G(z) = Z\left[\frac{1 - \mathrm{e}^{-Ts}}{s} \frac{K}{s(s+1)} \right]$$

$$= K(1 - z^{-1}) Z\left[\frac{1}{s^2(s+1)} \right]$$

$$= K(1 - z^{-1}) Z\left[\frac{1}{s^2} - \frac{1}{s} + \frac{1}{(s+1)} \right]$$

$$= K(1 - z^{-1}) \left[\frac{Tz}{(z-1)^2} - \frac{z}{z-1} + \frac{z}{z-\mathrm{e}^{-T}} \right]$$

$$= \frac{K\left[T(z - \mathrm{e}^{-T}) - (z-1)(z - \mathrm{e}^{-T}) + (z-1)^2 \right]}{(z-1)(z - \mathrm{e}^{-T})}$$

当 $T = 1\mathrm{s}$ 时，$G(z) = \dfrac{0.368Kz + 0.264K}{z^2 - 1.368z + 0.368}$

系统的闭环传递函数为

$$\Phi(z) = \frac{G(z)}{1 + G(z)} = \frac{0.368Kz + 0.264K}{z^2 + (0.368K - 1.368)z + (0.264K + 0.368)}$$

闭环系统的特征方程为

$$z^2 + (0.368K - 1.368)z + (0.264K + 0.368) = 0$$

将 $z = \dfrac{w+1}{w-1}$ 代入该特征方程，得

$$\left(\frac{w+1}{w-1} \right)^2 + (0.368K - 1.368)\left(\frac{w+1}{w-1} \right) + (0.264K + 0.368) = 0$$

两边同乘以 $(w-1)^2$，化简后得

$$0.632Kw^2 + (1.264 - 0.528K)w + 2.736 - 0.104K = 0$$

列 Routh 表为

w^2	0.632K	2.736 − 0.104K
w^1	1.264 − 0.528K	0
w^0	2.736 − 0.104K	

根据 Routh 稳定性准则判据，只要 Routh 表中第一列的元素均大于 0，系统就是稳定的。于是

$$\begin{cases} 0.632K > 0 \\ 1.264 - 0.528K > 0 \\ 2.736 - 0.104K > 0 \end{cases} \Rightarrow \begin{cases} K > 0 \\ K < 2.394 \\ K < 26.308 \end{cases}$$

$T = 1$s 时使系统稳定的 K 值范围为 $0 < K < 2.394$。

当 $T = 0.5$s 时，$G(z) = \dfrac{0.107Kz + 0.089K}{z^2 - 1.607 + 0.607}$

系统的闭环传递函数为

$$\Phi(z) = \frac{G(z)}{1 + G(z)} = \frac{0.107Kz + 0.089K}{z^2 + (0.107K - 1.607)z + (0.607K + 0.089)}$$

闭环系统的特征方程为

$$z^2 + (0.107K - 1.607)z + (0.607 + 0.089K) = 0$$

将 $z = \dfrac{w + 1}{w - 1}$ 代入该特征方程，得

$$\left(\frac{w + 1}{w - 1}\right)^2 + (0.107K - 1.607)\left(\frac{w + 1}{w - 1}\right) + (0.607 + 0.089K) = 0$$

两边同乘以 $(w - 1)^2$，化简后得

$$0.196Kw^2 + (0.786 - 0.178K)w + 3.214 - 0.018K = 0$$

列 Routh 表为

w^2	0.196K	3.214 − 0.018K
w^1	0.786 − 0.178K	0
w^0	3.214 − 0.018K	

根据 Routh 稳定性准则判据，只要 Routh 表中第一列的元素均大于 0，系统就是稳定的。于是

$$\begin{cases} 0.196K > 0 \\ 0.786 - 0.178K > 0 \\ 3.214 - 0.018K > 0 \end{cases} \Rightarrow \begin{cases} K > 0 \\ K < 4.42 \\ K < 178.56 \end{cases}$$

$T = 0.5$s 时系统稳定的 K 值范围为 $0 < K < 4.42$。

由例 2.9 与例 2.10 可知：

1）增加采样保持器后，使系统稳定的 K 值范围会变小。

2）当 K 值不变，T 越大，系统稳定性能越差。

通常，可以采用减少采样周期 T，使系统工作尽可能接近于相应的连续系统，扩大增益 K 的范围。

2.6 离散系统的过渡响应分析

在外信号作用下，控制系统从原有稳定状态变化到新的稳定状态的整个动态过程称为控制系统的过渡过程。一般认为被控变量进入新稳态值附近 ±5% 或 ±3% 的范围内，就可以表明过渡过程已经结束。

在连续系统中，若已知传递函数的极点位置，便可估计出与它对应的瞬态响应形式，这对分析系统性能很有帮助。在离散系统中，若已知脉冲传递函数的极点，也可以估计出它对应的瞬态响应。

2.6.1 离散系统动态性能指标

一般情况下，线性离散系统的动态特性是指系统在单位阶跃输入信号下的过渡过程特性。该线性离散系统的单位阶跃响应曲线如图 2.18 所示。

离散系统主要动态性能指标有：

1) 峰值时间 t_p：响应超过其终值到达第一个峰值所需要的时间。

2) 超调量 $\sigma\%$：响应的最大偏离量减去终值的差与终值相比的百分数，即

$$\sigma\% = \frac{h(t_p) - h(\infty)}{h(\infty)} \times 100\% \quad (2.29)$$

3) 调节时间 t_s：响应到达并保持在终值 ±5% 或 ±3% 所需的最短时间。

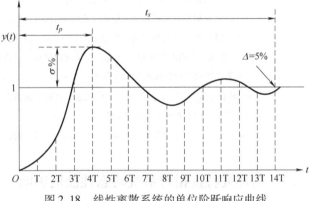

图 2.18　线性离散系统的单位阶跃响应曲线

上述三个动态性能指标基本上可以体现系统动态过程的特征。在实际应用中，通常用 t_p 评价系统的响应速度，用 $\sigma\%$ 评价系统的阻尼程度，而 t_s 是同时反映响应速度和阻尼程度的综合性指标。

2.6.2 闭环实特征根对系统动态性能的影响

当系统的特征根位于实轴时，每一个根对应一个暂态响应分量，由于实特征根的位置不同，其对系统动态性能的影响也不同。若闭环脉冲传递函数为

$$\Phi(z) = \frac{Y(z)}{R(z)} = K \frac{\displaystyle\prod_{i=1}^{m}(z - z_i)}{\displaystyle\prod_{j=1}^{n}(z - p_j)} \quad (2.30)$$

式中，p_j 为闭环传递函数的极点。

若 p_j 为闭环传递函数的实数极点，则极点位置与单位脉冲响应的关系如图 2.19 所示。

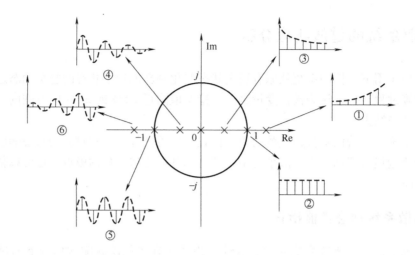

图 2.19 z 平面上实数极点位置与单位脉冲响应的关系图

注：① 若特征根在单位圆外的正实轴上，即 $p_j > 1$，则脉冲响应按指数规律发散。

② 若特征根在单位圆与正实轴的交点，即 $p_j = 1$，则脉冲响应为常值。

③ 若特征根在单位圆内的正实轴上，即 $0 < p_j < 1$，则脉冲响应按指数规律单调衰减，并且闭环极点 p_j 距离 z 平面上坐标原点越近，其对应的暂态分量衰减越快。

④ 若特征根在单位圆内的负实轴上，即 $-1 < p_j < 0$，则脉冲响应为正负交替的衰减脉冲序列，并且闭环极点 p_j 距离 z 平面上坐标原点越近，其对应的暂态分量衰减越快。

⑤ 若特征根在单位圆与负实轴的交点，即 $p_j = -1$，则脉冲响应为正负交替的等幅脉冲。

⑥ 若特征根在单位圆外的负实轴上，即 $p_j < -1$，则脉冲响应为正负交替发散的脉冲序列。

2.6.3 闭环复特征根对系统动态性能的影响

若 p_j 为闭环传递函数的复数极点，则极点位置与单位脉冲响应的关系如图 2.20 所示。

① 复特征根在 z 平面单位圆外，对应的暂态响应分量是振荡发散的脉冲序列。

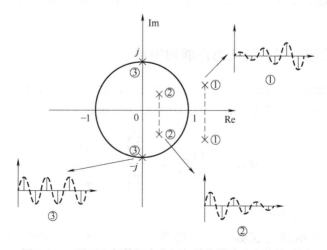

图 2.20 z 平面上复数极点位置与单位脉冲响应的关系图

② 复特征根在 z 平面单位圆内，对应的暂态响应分量是振荡衰减的脉冲序列。

③ 复特征根在 z 平面单位圆上，对应的暂态响应分量是等幅振荡的脉冲序列。

2.6.4 案例分析

例 2.11　已知数字滤波器的脉冲传递函数为

$$\Phi(z) = \frac{0.126z^3}{(z+1)(z-0.55)(z-0.6)(z-0.65)}$$

试估计它在单位阶跃信号输入下的时间响应。

解： 数字滤波器的输出响应为

$$Y(z) = \Phi(z)R(z)$$

$$= \frac{0.126z^3}{(z+1)(z-0.55)(z-0.6)(z-0.65)} \frac{z}{(z-1)}$$

$$= \frac{Az}{z-1} + \frac{Bz}{z+1} + \frac{c_1z}{z-0.55} + \frac{c_2z}{z-0.6} + \frac{c_3z}{z-0.65}$$

求 z 变换，有

$$y(k) = A + B(-1)^k + \sum_{i=1}^{3} c_i p_i^k$$

其中，

$$A = \frac{Y(z)}{z}(z-1)\bigg|_{z=1} = 1$$

$$B = \frac{Y(z)}{z}(z+1)\bigg|_{z=-1} = 0.0154$$

分析以上各式，$Y(z)$ 由三部分组成，第一部分 A 为稳态值，第二部分是振幅为 B 的等幅振荡脉冲，第三部分的极点 p_i 均在单位圆内的正实轴上，因而该项的响应均为单调收敛。所以该滤波器的阶跃响应为：从零逐渐上升，在过渡过程结束之后，在稳态值 $A=1$ 处附加一个幅值为 $\pm B$ 的等幅振荡。

此案例的 MATLAB 代码如下：

```
1   clc; clear all; close all;
2   z = [0 0 0];
3   k = 0.126;
4   p = [-1 0.55 0.6 0.65];
5   sys = zpk(z,p,k,1)          % 闭环系统的零极点方程
6   t = 1:1:40;
7   [y] = step(sys,t)           % 闭环系统的阶跃响应
```

此案例的输出响应如图 2.21 所示。

例 2.12　设某离散系统的结构图如图 2.22 所示。图中 $G_c(s) = \frac{1}{s(s+1)}$ 和 $H(s) = \frac{1-e^{-Ts}}{s}$ 分别为被控对象与零阶保持器的传递函数。假定控制器的传递函数 $D(s)=1$，采样周期 $T=1s$，试分析在单位阶跃输入信号作用下，离散系统的过渡过程。

解： 被控对象的广义脉冲传递函数为

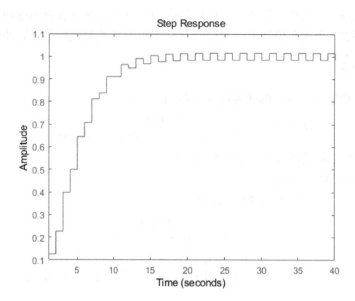

图 2.21 例 2.11 的单位阶跃响应曲线

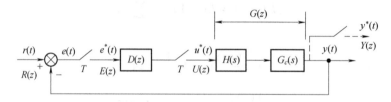

图 2.22 离散系统结构图

$$G(z) = z\left[\frac{1 - e^{-Ts}}{s}\frac{1}{s(s+1)}\right] = \frac{e^{-1}z + 1 - 2e^{-1}}{z^2 - (1 + e^{-1})z + e^{-1}} = \frac{0.368z + 0.264}{z^2 - 1.368z + 0.368}$$

系统的闭环脉冲传递函数为

$$\Phi(z) = \frac{Y(z)}{R(z)} = \frac{G(z)}{1 + G(z)} = \frac{0.368z + 0.264}{z^2 - z + 0.632}$$

又因输入信号为单位阶跃，故

$$R(z) = \frac{z}{z - 1}$$

系统输出的 z 变换为

$$Y(z) = \frac{0.368z + 0.264}{z^2 - z + 0.632}\frac{z}{z - 1} = \frac{0.368z^2 + 0.264z}{z^3 - 2z^2 + 1.632z - 0.632}$$

用长除法进行 z 反变换，得

$$Y(z) = 0.368z^{-1} + z^{-2} + 1.4z^{-3} + 1.4z^{-4} + 1.147z^{-5} + 0.895z^{-6} +$$
$$0.803z^{-7} + 0.871z^{-8} + 0.998z^{-9} + 1.082z^{-10} + 1.085z^{-11} + 1.035z^{-12} + \cdots$$

这样，系统的单位阶跃响应输出序列为：

k	0	1	2	3	4	5	6	7	8	9	10	11	12
$y(k)$	0	0.368	1	1.4	1.4	1.147	0.895	0.863	0.871	0.998	1.082	1.085	1.035

根据这些系统输出在采样时刻的值，可以大致描绘出系统单位阶跃响应的曲线，如图 2.23 所示。

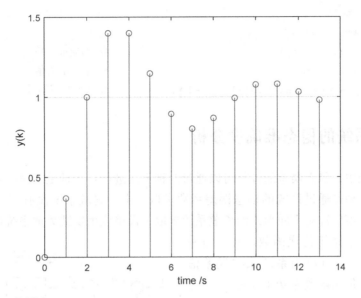

图 2.23　离散系统的单位阶跃响应近似曲线

从图中可以看出有衰减振荡的形式。输出的峰值发生在阶跃输入后的第三、第四拍之间，最大值 $y_{max} = y(3) = y(4) = 1.4$，因此，峰值时间：

$$t_p(y_{max}) \approx 3T$$

系统响应的最大超调量为

$$\sigma = \frac{y_{max} - y(\infty)}{y(\infty)} \times 100\% = 40\%$$

稳定时间为

$$t_s(5\%) \approx 12T$$

由此可见，用 z 变换法分析采样系统的过渡过程，求取一些性能指标是很方便的。但是，如果所得性能指标不满足要求，欲寻求改进措施，或者要探讨系统参数对性能的影响，从响应曲线就难以获得应有信息。

此案例的 MATLAB 代码如下：

```
1   clc; clear all; close all;
2   num =[1];
3   den =[1 1 0];
4   sys =tf(num,den);              % 连续系统传函
5   T =1;
6   t =0:1:13;
7   dsys =c2d(sys,T,'zoh');        % 被控系统离散化
8   csys =feedback(dsys,1);        % 求闭环传递函数
9   [y] =dstep(csys,t);            % 闭环系统的阶跃响应
10  stem(t,y(t +1));
```

```
11    set(gca,'Ygrid','on')
12    ylim([0,1.5]);
13    xlabel('time /s');
14    ylabel('y(k)');
15    maxval =max(y)                    % 响应最大值
16    final =y(end)                     % 响应的终值
17    sigma = (maxval-final)/final *100  % 系统的超调量
```

2.7 离散系统的稳态准确度分析

在连续系统中，稳态误差的计算可以通过两种方法进行：一种是通过拉普拉斯变换终值定理计算；另一种是通过系统的动态误差系数求取。由于离散系统没有唯一的典型结构形式，其稳态误差需要针对不同形式的离散系统求取，设单位负反馈离散系统如图 2.24 所示。其中 $G_c(s)$ 为连续系统传递函数；$e(t)$ 为系统连续误差信号；$e^*(t)$ 为系统采样误差信号；其闭环误差传递函数为 $\Phi_e(z)$ 为

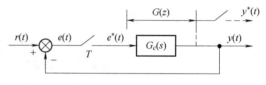

图 2.24   单位负反馈离散系统的结构图

$$\Phi_e(z) = \frac{E(z)}{R(z)} = \frac{1}{1 + G(z)} \quad (2.31)$$

由此可得误差信号的 z 变换为

$$E(z) = \Phi_e(z)R(z) = \frac{1}{1 + G(z)}R(z) \qquad (2.32)$$

如果 $\Phi_e(z)$ 的极点（即闭环极点）全部严格位于 z 平面的单位圆内，即离散系统是稳定的，则可用 z 变换的终值定理求出采样瞬时的终值误差为

$$e_{ss} = \lim_{z \to 1}(1 - z^{-1})E(z) = \lim_{z \to 1}\frac{(1 - z^{-1})R(z)}{1 + G(z)} \qquad (2.33)$$

设离散系统开环脉冲传递函数为

$$G(z) = \frac{K_g \prod_{i=1}^{m}(z - z_i)}{(z - 1)^N \prod_{j=1}^{n-N}(z - p_j)} \qquad (2.34)$$

式中，K_g 为系统增益；z_i 为系统的开环零点；p_j 为系统的开环极点。$z = 1$ 为系统 N 重极点，当 $N = 0, 1, 2, \cdots$ 时，分别称为 0 型、Ⅰ型、Ⅱ型、…系统。

1. 单位阶跃信号

单位阶跃信号 $r(t) = 1(t)$ 的 z 变换为 $R(z) = \frac{1}{1 - z^{-1}}$，代入式(2.33)，得

$$e_{ss} = \lim_{z \to 1}\frac{(1 - z^{-1})}{1 + G(z)}\frac{1}{1 - z^{-1}} = \lim_{z \to 1}\frac{1}{1 + G(z)}$$

$$= \frac{1}{1 + \lim_{z \to 1}G(z)} = \frac{1}{1 + K_p} \qquad (2.35)$$

式中，$K_p = \lim_{z \to 1}G(z)$ 称为静态位置误差系数，显然 K_p 越大，稳态误差越小。

1）对于 0 型系统，开环传递函数在 $z = 1$ 处无极点，或者说系统中不含有积分环节，K_p 为有限值，所以稳态误差 $e_{ss} = \dfrac{1}{1 + K_p}$ 也为有限值。

2）对于 Ⅰ 型、Ⅱ 型系统及以上的离散系统，在 $z = 1$ 处有多重极点，$K_p = \lim\limits_{z \to 1} G(z) \to \infty$，所以稳态误差 $e_{ss} = \dfrac{1}{1 + \infty} = 0$。

2. 单位斜坡信号

单位斜坡信号 $r(t) = t$ 的 z 变换为 $R(z) = \dfrac{Tz}{(z-1)^2}$，代入式（2.33），得

$$
\begin{aligned}
e_{ss} &= \lim_{z \to 1} \frac{(1 - z^{-1})}{1 + G(z)} \frac{Tz}{(z-1)^2} = \lim_{z \to 1} \frac{T}{[1 + G(z)](z-1)} \\
&= \frac{T}{\lim\limits_{z \to 1}(z-1)G(z)} = \frac{T}{K_v}
\end{aligned}
\tag{2.36}
$$

式中，$K_v = \lim\limits_{z \to 1}(z-1)G(z)$ 称为静态速度误差系数。

1）对于 0 型系统，开环传递函数在 $z = 1$ 处无极点，$K_v = 0$，$e_{ss} = \infty$。

2）对于 Ⅰ 型系统，开环传递函数在 $z = 1$ 处有一个极点，$K_v = \lim\limits_{z \to 1}(z-1)G(z)$，$e_{ss} = \dfrac{T}{K_v}$。

3）对于 Ⅱ 型系统及以上的离散系统，在 $z = 1$ 处有多重极点，$K_v = \lim\limits_{z \to 1}(z-1)G(z) \to \infty$，所以稳态误差 $e_{ss} = \dfrac{1}{\infty} = 0$。

3. 单位加速度信号

单位加速度信号 $r(t) = \dfrac{1}{2}t^2$ 的 z 变换为 $R(z) = \dfrac{T^2(z+1)z}{2(z-1)^3}$，代入式（2.33），得

$$
\begin{aligned}
e_{ss} &= \lim_{z \to 1} \frac{(1 - z^{-1})}{1 + G(z)} \frac{T^2(z+1)z}{2(z-1)^3} = \lim_{z \to 1} \frac{T^2}{(z-1)^2[1 + G(z)]} \\
&= \frac{T^2}{\lim\limits_{z \to 1}(z-1)^2 G(z)} = \frac{T^2}{K_a}
\end{aligned}
\tag{2.37}
$$

式中，$K_a = \lim\limits_{z \to 1}(z-1)^2 G(z)$ 称为静态加速度误差系数。

1）对于 0 型，Ⅰ 型系统，$K_a = 0$，$e_{ss} = \infty$。

2）对于 Ⅱ 型系统，开环传递函数在 $z = 1$ 处有两重极点，$K_a = \lim\limits_{z \to 1}(z-1)^2 G(z)$，$e_{ss} = \dfrac{T^2}{K_a}$。

3）对于 Ⅲ 型系统及以上的离散系统，在 $z = 1$ 处有多重极点，$K_a = \lim\limits_{z \to 1}(z-1)^2 G(z) \to 0$，所以稳态误差 $e_{ss} = \dfrac{1}{\infty} = 0$。

在三种典型信号作用下的稳态误差计算公式如表 2.3 所示。

表 2.3　离散系统的稳态误差

e_{ss}	$r(t) = 1(t)$	$r(t) = t$	$r(t) = \dfrac{1}{2}t^2$
0 型系统	$\dfrac{1}{1 + K_p}$	∞	∞

（续）

e_{ss}	$r(t) = 1(t)$	$r(t) = t$	$r(t) = \dfrac{1}{2}t^2$
I 型系统	0	$\dfrac{T}{K_v}$	∞
II 型系统	0	0	$\dfrac{T^2}{K_a}$

可见，e_{ss} 不但与系统本身的结构和参数有关，而且与输入序列的形式与幅值有关。除此之外，离散系统的稳态误差与采样周期的选取也有关。

关于稳态误差，还应注意以下几个概念：

1）系统的稳态误差只能在系统稳定的前提下求得，如果系统不稳定，也就无所谓稳态误差。因此，在求取系统稳态误差时，应首先确定系统是稳定的。

2）稳态误差为无限大并不等于系统不稳定，它只表明该系统不能跟踪所输入的信号，或者说，跟踪该信号时将产生无限大的跟踪误差。

3）上面讨论的稳态误差只是由系统的结构（如放大系数和积分环节等）及外界输入作用所决定的原理误差，并非是由系统元部件精度所引起的。也就是说，即使系统原理上无稳态误差，但实际系统仍可能由于元部件精度不高而造成稳态误差。

4）对计算机控制系统，由于 A/D 转换器和 D/A 转换器字长有限，也在一种程度上带来附加的稳态误差。

例 2.13 对于磁盘驱动读取系统，当磁盘旋转时，每读一组存储数据，磁头都会提取位置偏差信息。由于磁盘匀速运转，所以磁头以恒定的时间逐次读取格式信息。通常，偏差信号的采样周期介于 $100\mu s \sim 1ms$ 之间。设磁盘读取系统结构如图 2.25 所示。图中 $G_c(s) = \dfrac{1}{s(s+1)}$ 为磁盘驱动系统的传递函数；$H(s)$ 为零阶保持器，其传递函数为 $H(s) = \dfrac{1 - e^{-Ts}}{s}$；$D(z)$ 为数字控制器。当采样周期 T 分别为 0.1s、1s、2s、4s 时，求系统的输出响应。

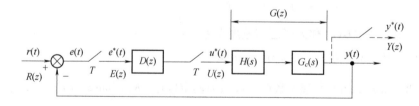

图 2.25　磁盘驱动采样读取系统

解： 广义对象脉冲传递函数为

$$G(z) = Z\big[H(s)G(s)\big] = Z\Big[\frac{1 - e^{-Ts}}{s} \frac{1}{s(s+1)}\Big] = (1 - z^{-1})Z\Big[\frac{1}{s^2(s+1)}\Big]$$

闭环脉冲传递函数为

$$\Phi(z) = \frac{Y(z)}{R(z)} = \frac{D(z)G(z)}{1 + D(z)G(z)}$$

若输入为单位阶跃信号，则

$$R(z) = \frac{1}{1 - z^{-1}}$$

从而得到 $Y(z) = \Phi(z)R(z)$，利用 z 反变换可求出系统的输出响应 $y(kT)$ 及其稳态误差。

为简单起见，本例取 $D(z) = 1$，利用 MATLAB 辅助分析方法进行分析。

此案例的 MATLAB 代码如下：

```
1    clc; clear all; close all;
2    num = [1];
3    den = [1 1 0];
4    sys = tf(num,den);              % 连续系统传函
5    T = [0.1 1 2 4];
6    for i = 1:4
7        dsys = c2d(sys,T(i),'zoh');  % 被控系统离散化
8        csys = feedback(dsys,1);     % 求闭环传递函数
9        subplot(2,2,i)
10       t = 0:T(i):100;
11       step(csys,t)                 % 闭环系统的阶跃响应
12       xlabel('time');
13       title(strcat('T = ',num2str(T(i)),'s'));
14   end
```

磁盘驱动系统在不同采样周期下的阶跃响应如图 2.26 所示。

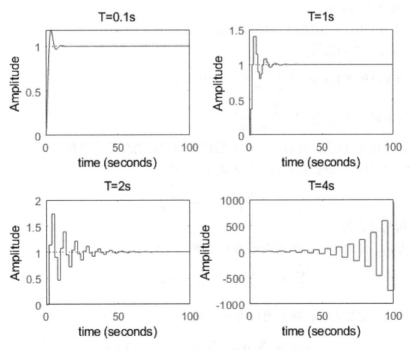

图 2.26   系统在不同采样周期下的阶跃响应

由上例可知，采样周期 T 对离散系统的稳定性有如下影响：采样周期越长，丢失的信息越多，对离散系统的稳定性及动态性能均不利，甚至可使系统失去稳定性。

2.8　离散系统的根轨迹分析法

z 平面上的根轨迹是控制系统开环传递函数中的某一参数（如放大系数）连续变化时，闭环传递函数的极点连续变化的轨线。通过选择该参数的大小，从而改变闭环系统的根轨迹，使控制系统的性能得到满足。

z 平面轨迹的绘制原则同 s 平面一样，设系统的开环 z 传递函数为 $kG(z)$，其有 n 个极点、m 个零点，其中 k 是放大系数或其他参数，而 $G(z)$ 中的分子和分母中关于 z 的多项式中最高阶项的系数为 1，系统的闭环特征方程为

$$1 + kG(z) = 0 \tag{2.38}$$

将其分为两个方程

$$\begin{cases} \angle G(z) = \sum_{i=1}^{m} \theta_{zi} - \sum_{j=1}^{n} \theta_{pj} = (2l+1)\pi, & \text{相角条件} \\ |G(z)| = \dfrac{1}{k}, & \text{幅值条件} \end{cases} \tag{2.39}$$

式中，θ_{zi} 是 $\angle(z - z_i)$；θ_{pj} 是 $\angle(z - p_j)$。对于给定的 $G(z)$，凡是符合相角条件即为轨迹方程的 z 平面的点，都是根轨迹上的点，而该点对应的 k 值由幅值条件确定。

根轨迹的绘制法则（当 $k = 0 \sim \infty$ 时）：

1）与实轴对称。

2）有 n 条分支（$n \geq m$）。

3）起始于开环极点，终止于开环零点。

4）无穷远分支的渐近线。

渐近线与实轴的平角：$\theta = \dfrac{(2l+1)\pi}{n-m}$，$(l = 0, 1, 2, \cdots, n-m-1)$

渐近线与实轴上的交点：$\delta = \dfrac{\sum p_j - \sum z_i}{n-m}$

5）实轴上的根轨迹段：其右边实轴上的极点和零点的总数为奇数。

6）实轴上的分离点和会合点的坐标 δ 由下式确定：

$$\sum \frac{1}{\delta - z_i} = \sum \frac{1}{\delta - p_j}$$

7）出发角与终止角。

令极点为 p_k，重数为 r_k，出发角记为 θ_{pk}，则

$$\sum_{i=1}^{m} \theta_{zi} - \sum_{\substack{j=l \\ j \neq k}}^{n} \theta_{pj} - r_k \theta_{pk} = (2l+1)\pi$$

令零点为 z_k，重数为 r_k，终止角设为 θ_{zk}，则

$$r_k \theta_{zk} + \sum_{\substack{j=l \\ j \neq k}}^{n} \theta_{pj} - \sum_{i=1}^{m} \theta_{zi} = (2l+1)\pi$$

8）根轨迹之和（所有闭环极点之和）：当 $n-m \geq 2$ 时，闭环极点之和等于开环极点之和，即一些根轨迹向左移动，必有一些根轨迹向右移动，使根轨迹之和保持不变。

9）根轨迹与单位圆的交点按下式确定：

$$1 + kG(e^\theta) = 0$$

由根轨迹与单位圆的交点，可确定使系统稳定的开环增益的范围。用根轨迹法分析闭环系统稳定性，不但可知在某个确定的参数值下 k 的稳定性，而且可知道闭环极点的具体位置，尤其是 k 变化时的极点变化趋势，因此用它来指导参数整定是很直观的。

例 2.14 某离散系统如图 2.27 所示，设采样周期 $T = 0.25\text{s}$。试用根轨迹法确定使该系统稳定的 k 值范围。

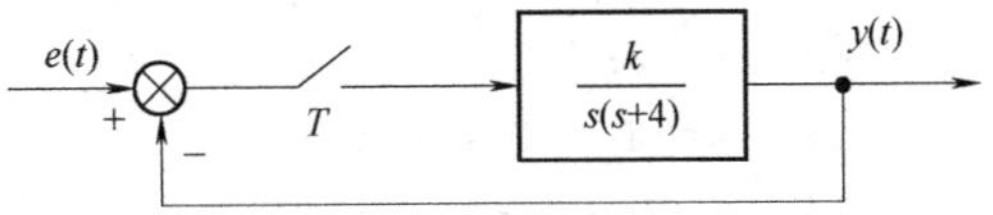

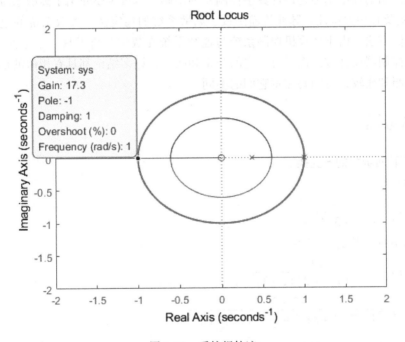

图 2.27 离散系统结构

解： 该系统的开环 z 传递函数为

$$G(z) = Z\left[\frac{k}{s(s+4)}\right] = \frac{0.158kz}{(z-1)(z-0.368)}$$

此开环 z 传递函数有一个零点 $z = 0$，两个极点 $p_1 = 1$、$p_2 = 0.368$。于是，画出当 k 变化时的根轨迹，如图 2.28 所示。

图 2.28 系统根轨迹

由图可知，当 $0 < k < 17.3$ 时，系统是稳定的。

此案例的 MATLAB 代码如下：

```
1    clc; clear all; close all;
2    z = [0];
3    p = [1 0.368];
4    sys = zpk(z,p,0.158);          % 传函用零极点形式
5    w = 0:pi/100:2 * pi;
6    a = cos(w);
```

```
7    b = sin(w);
8    [r,k] = rlocus(sys);              % 求根轨迹
9    rlocus(sys);
10   hold on;
11   plot(a,b,'r','linewidth',1.5);   % 画单位圆
12   axis([-2 2 -2 2]);
13   n = 1;
14   while (abs(r(n))) < 1
15       n = n + 1;                    % 求临界根轨迹增益
16   end
```

2.9 本章小结

计算机控制的理论基础是设计数字控制器的基础。本章主要介绍了离散系统的差分方程描述、z 变换及其相关特性、脉冲传递函数、离散系统的稳定性、离散系统的过渡响应，及其根轨迹分析方法。由于计算机控制系统与连续系统在数学分析工具、稳定性、动态特性、静态特性、控制器设计方面都具有一定的联系和区别，许多结论都具有相似的形式，在学习时要注意对照和比较，特别要注意它们的不同。

习题与思考题

1. 试求下列函数的 z 变换。

（1） $f(t) = 5e^{-2t}$

（2） $F(s) = \dfrac{s+1}{s^2(s+3)(s+5)}$

2. 试求下列函数的 z 反变换。

（1） $F(z) = \dfrac{10z}{(z-1)(z-2)(z-3)}$

（2） $F(z) = \dfrac{-2+3z^{-1}}{1-7z^{-1}+3z^{-2}+2z^{-3}+5z^{-4}+z^{-5}}$

3. 设单位负反馈数字控制系统的开环传递函数为 $G(z) = \dfrac{k}{(1-0.5z^{-1})(1-2z^{-1})}$，试用 Routh 准则分析稳定性，并确定 k 值的稳定范围。

4. 设闭环离散控制系统的特征方程为 $45z^3 - 117z^2 - 119z - 39 = 0$，试判断此系统的稳定性。

5. 设离散系统如图 2.29 所示，设 $T = 0.1\text{s}$，$K = 10$，试求静态误差系数 K_p、K_v、K_a，并求系统在 $r(t) = t$ 的作用下的稳态误差 $e(\infty)$。

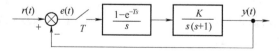

图 2.29　离散系统框图

▶ 第 3 章

过程通道设计

本章知识点:

◇ 计算机控制系统过程通道的概念
◇ 模拟量输入/输出通道的组成及设计
◇ 数字量输入/输出通道的组成及设计
◇ 计算机数据处理与数字滤波技术
◇ 计算机控制系统硬件抗干扰技术

基本要求:

◇ 了解计算机控制系统过程通道的基本概念
◇ 理解模拟信号、数字信号调理电路及其作用
◇ 掌握模拟量输入/输出通道的设计方法
◇ 掌握数字量输入/输出通道的设计方法
◇ 了解工业控制I/O接口板卡的特点与选用原则
◇ 掌握计算机数据处理与数字滤波方法
◇ 理解计算机控制系统硬件抗干扰措施及其使用场合

能力培养:

通过对模拟量输入/输出通道、数字量输入/输出通道、数据处理与数字滤波、计算机抗干扰措施等知识点的学习,培养学生阅读、理解、分析与设计计算机控制系统硬件电路与抗干扰措施的基本能力。学生能够根据工业过程的实际需求与计算机控制系统的性能指标,合理设计模拟量和数字量的输入/输出通道,并学会根据现场干扰源的特性,采取相应的数字滤波和硬件抗干扰措施。运用本章所学知识,学生可以自主地搭建接口电路,培养工程实践能力。

3.1 概述

计算机控制系统的过程通道(经常称之为输入/输出接口)是计算机与输出过程或外部设备之间交换信息的桥梁,也是计算机控制系统中的一个重要组成部分。主要包括输入通道和输出通道两种类型,前者将生产过程的信息经输入通道送入计算机系统;后者将计算机控制系统决策的控制信息经输出通道作用于生产过程。

一个输出过程有两种基本物理量,一种是随时间连续变化的物理量,称为"模拟量";另一种是反映生产过程的两种相对状态的物理量(如继电器的吸合与断开),其信号电平只有两种,即高电平或低电平,称为"数字量(或开关量)"。因此,过程通道可分为:模拟量

输入通道、模拟量输出通道、数字量输入通道、数字量输出通道、脉冲输入通道和脉冲输出
通道。如图 3.1 所示，虚线以上部分为数字量输入和输出通道，虚线以下部分为模拟量输入
和输出通道。

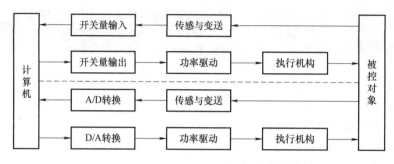

图 3.1　过程输入/输出通道的一般结构

3.2　模拟量输入通道设计

　　模拟量输入通道的任务是完成模拟量的采集并转换成数字量送入计算机。一般由信号调
理电路、多路模拟开关、前置放大器、采样保持器、A/D 转换器，以及接口逻辑电路等组
成。依据被控参量和控制要求的不同，模拟量输入通道的结构形式不完全相同，分为多通道
共享 A/D 转换器方式和独立式多通道 A/D 转换器方式，如图 3.2 所示。

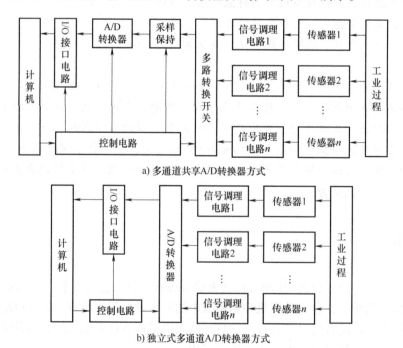

a) 多通道共享A/D转换器方式

b) 独立式多通道A/D转换器方式

图 3.2　输入通道结构

　　如图 3.2a 所示，工业过程的被测参数由传感器测量，并转换成电流(或电压)信号形式
后，通过信号调理电路送至多路转换开关，在计算机控制下，由多路转换开关将各个过程参

数依次地切换到各通道，进行采样和 A/D 转换，实现过程参数的巡回检测。这样可以简化电路结构、降低成本，是目前应用最为广泛的电路结构。

3.2.1 模拟信号调理电路

在计算机控制系统中，模拟量输入通道的任务是把检测到的模拟信号转换为二进制数字信号，经接口送往计算机。输入通道处理的模拟信号通常有来自变送器的标准电流信号 4 ~ 20mA 或 0 ~ 10mA、来自标准热电阻的信号、来自标准热电偶的温差电势信号，以及其他传感器的非标准模拟信号。对这些模拟信号需要进行电流—电压信号转换、电阻—电压信号转换、电压放大、电压—电流转换，以及隔离调理等，调理后的信号通常为几伏大小的电压信号，然后由 A/D 转换器变为数字信号。

1. 电流—电压信号转换

图 3.3 给出了一个电流—电压信号转换电路，它可把标准 4 ~ 20mA 电流信号通过串接一个 250Ω 的电阻转换成 1 ~ 5V 的电压信号。图中的 R_2、C_1 是对输入信号的滤波，R_3、R_4、VZ_1、VZ_2 组成过电压保护。

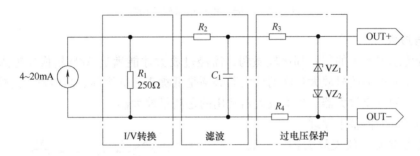

图 3.3　电流—电压信号转换电路

2. 电阻—电压信号转换

电阻—电压信号转换主要用于标准热电阻，即将热电阻受温度影响而引起的电阻变化转换为电压信号。常见的方法有两种：电桥法和恒电流法，具体电路如图 3.4a 与图 3.4b 所示。

电桥法的特点是电路简单，能有效地抑制电源电压波动的影响，并且可用三线连接法减弱长距离连接导线引入的误差。在三线制图中，AB 引线的电阻与 CD 引线的电阻相等，而 CE 可折算到电源中。所以，只要 AB 和 CD 的引线长度一样，电阻也就相同，由此引起的误差可大大减小。

恒电流法的特点是精度高，可使用四线连接方法减弱长距离连接导线引入的误差。在四线制图中，只要 AC、DE 引线中的电流为零，则 AD 间的电压与 CE 间的电压也一样。所以，不管 AB、AC、DE、DF 的长度如何，都不会由此引起测量误差。

这两种方法设计时都要考虑选择合适的电流，电流太小，产生的电压也小，容易受到干扰；电流太大，则电阻会发热，并会影响测温的精度。一般取电流为几毫安，热电阻每 1℃ 引起的电阻变化在 1Ω 以下，所以在几毫安电流下，最多会产生几毫伏的变化电压，这些电压信号需经电压放大才能送至 A/D 转换器。

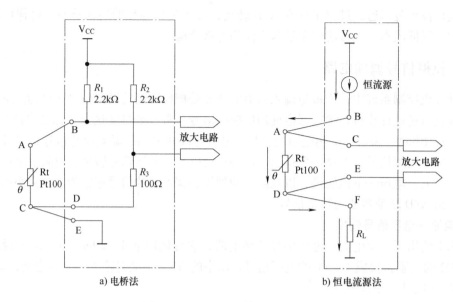

a) 电桥法   b) 恒电流源法

图 3.4   电阻—电压信号转换电路

3. 信号放大

大部分传感器产生的信号都比较微弱，需经过放大才能满足 A/D 转换器输入信号的幅度要求。要完成这类信号放大功能的放大器必须是低噪声、低漂移、高增益、高输入阻抗和高共模抑制比的直流放大器，这类放大器常用的是测量放大器。

（1）测量放大器基本原理

测量放大器又称仪表放大器，一般采用多运放平衡输入电路，最基本的原理电路如图 3.5 所示。该电路是由三个运算放大器 A_1、A_2、A_3 组成。其中，A_1 和 A_2 组成具有对称结构的同相并联差动输入/输出级，其作用是阻抗变换（高输入阻抗）和增益调整；A_3 为单位增益差动放大器，它将 A_1、A_2 的差动输入双端输出信号转换为单端输出信号，且提高共模抑制比（CMRR）的值。在 A_1

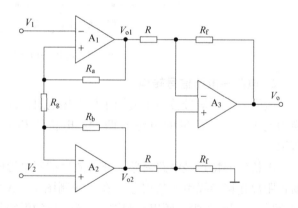

图 3.5   测量放大器的基本电路

和 A_2 部分可由电阻 R_g 来调整增益，此时 R_g 的改变不影响整个电路的平衡，而 A_3 的共模抑制精度取决于四个电阻 R、R_f 的匹配精度。

$$V_{o1} = \left(1 + \frac{R_a}{R_g}\right)V_1 - \frac{R_a}{R_g}V_2 \tag{3.1}$$

$$V_{o2} = \left(1 + \frac{R_b}{R_g}\right)V_2 - \frac{R_b}{R_g}V_1 \tag{3.2}$$

$$V_o = \frac{R_f}{R}\left(1 + \frac{R_a + R_b}{R_g}\right)(V_2 - V_1) \tag{3.3}$$

所以其增益为

$$G = \frac{R_f}{R}\left(1 + \frac{R_a + R_b}{R_g}\right) \tag{3.4}$$

由于对两个输入信号的差动作用，漂移减少，且具有高输入阻抗、低失调电压、低输出阻抗和高共模抑制比，以及线性度较好的高增益。

目前有许多性能优异的测量放大器集成电路，有低功耗、高速、高精度、高阻抗的测量放大器，还有可编程和隔离的测量放大器，用户可根据需求选用。

（2）可变增益放大器

在计算机控制系统中，当多路输入信号的电平相差较悬殊时，采用前述测量放大器有可能使低电平信号测量精度降低，高电平信号则可能超出 A/D 转换器的输入范围。为使 A/D 转换器信号满量程达到均一化，可采用可变增益放大器。

AD620 是一款低漂移、低功耗、高精度仪表放大器，只需要一个外部电阻来设置增益，增益范围为 1 ~ 10000。AD620 的电压范围较宽，为 2.3 ~ 18V、－18 ~ －2.3V，最大电源电流为 1.3mA，共模抑制比为 100dB（最小值，$G = 10$ 时），带宽为 120kHz（$G = 100$）。

AD620 的内部结构和引脚图如图 3.6 所示。其中 4、7 引脚之间为电源端，2、3 引脚之间为信号输入端，6 引脚为输出端，5 引脚为参考电位端，1、8 引脚之间连接一个用来设置增益的外部电阻。电阻 R_G 与增益 G 的关系如下：

$$R_G = \frac{49.4\text{k}\Omega}{G - 1} \tag{3.5}$$

当电阻 R_G 断开时，$G = 1$；$R_G = 1\text{k}\Omega$ 时，$G = 50.4$；$R_G = 499\Omega$ 时，$G = 100$；$R_G = 100\Omega$ 时，$G = 495$。

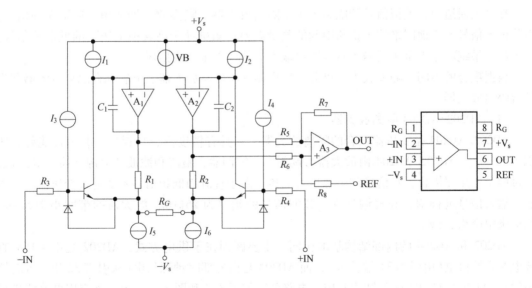

图 3.6　AD620 的内部结构与引脚图

4. 电压—电流转换

传感器输出的电压信号通常需要转换成标准电流 4 ~ 20mA，传送至远处的接口电路，这就需要使用电压—电流转换电路。

ZF2B20 是通过 U/I 变换方式产生一个与输入电压成比例的输出电流。它的输入电压范围是 0 ～ 10V，输出电流是 4 ～ 20mA（加接地负载），采用单正电源供电，电源电压范围为 10 ～ 32V。它的特点是低漂移，在工作温度为 - 25 ～ 85℃ 范围内，最大漂移为 0.005%/℃，可用于控制和遥测系统，作为子系统之间的信息传送和连接。

ZF2B20 的输入电阻为 10kΩ，动态响应时间小于 25μs，非线性小于 ±0.025%。利用 ZF2B20 实现 U/I 转换极为方便，图 3.7a 为一种带初值校准的 0 ～ 10V 到 4 ～ 20mA 的转换电路；图 3.7b 则是一种带满度校准的 0 ～ 10V 到 0 ～ 10mA 的转换电路。

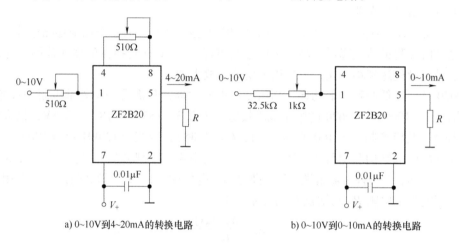

a) 0～10V到4~20mA的转换电路　　　　　　b) 0~10V到0~10mA的转换电路

图 3.7　电压—电流转换电路

5. 模拟信号的隔离技术

在输入通道中，模拟信号的隔离可采用隔离放大器。隔离放大器适用于以下 3 种情况：消除由于信号源接地网络的干扰所引起的测量误差；测量处于高共模电压下的低电平信号；保护应用系统电路不至于因输入端或输出端大的共模电压造成损坏。

根据耦合的不同，隔离放大器可分为变压器耦合隔离放大器、电容耦合隔离放大器和光耦合隔离放大器。

（1）AD202/AD204 隔离放大器

AD202/AD204 是变压器耦合的隔离放大器，它具有精度高、功耗低、共模性能好、体积小等特点。AD202/AD204 由放大器、调制器、解调器、整流和滤波、电源变换器等组成，通过两个变压器耦合，对信号和电源进行隔离。由于直流和低频信号不能通过变压器，所以要将输入信号进行调制和解调处理，载波信号的频率为 25kHz，放大器的带宽小于 5kHz，输出满幅度为 ±5V。

AD202 和 AD204 的内部结构基本相同，主要区别在于供电方式，AD202 是由 + 15V 直流电源直接供电（由引脚 31 端接入），而 AD204 是由外部时钟源供电（从引脚 32 用输入时钟提供）。AD202/AD204 内部结构和应用电路分别如图 3.8 和图 3.9 所示，该应用电路能进行增益调整和失调电压调整。

（2）ISO124 隔离放大器

ISO124 是一款电容耦合的隔离放大器，其原理框图如图 3.10 所示。

ISO124 输入端有：V_{in}、GND_1 和电源 $+V_{s1}$、$-V_{s1}$；输出端有：V_{out}、GND_2 和电源 $+V_{s2}$、$-V_{s2}$；两部分之间通过电容耦合，能隔离 1500V/60Hz 的高压，ISO124 的增益为 1。

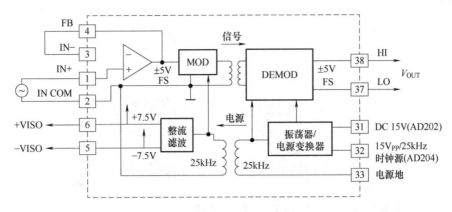

图 3.8　AD202/AD204 的内部结构图

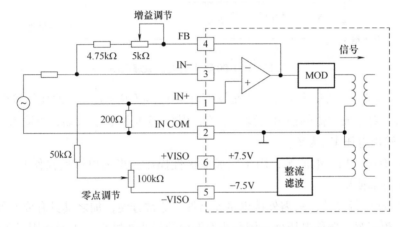

图 3.9　AD202/AD204 的应用电路

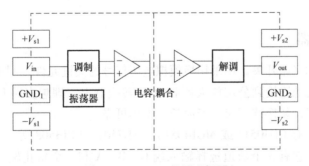

图 3.10　ISO124 的原理框图

（3）ISO100 隔离放大器

ISO100 是一种小型廉价的光耦合隔离放大器，其工作电压为 ±18V，隔离电压达 2500V，输入电流最大为 ±1mA，频带宽达 60kHz，其原理框图如图 3.11 所示。

由图 3.11 可知，ISO100 是利用一个发光二极管和两个光电二极管耦合，使输入信号和输出信号隔离。当输入电流 I_{in} 为负值（流出引脚 15）时，由于引脚 15 是输入级放大器 A_1 的反相输入端，因而 A_1 的输出为正电压，使发光二极管导通而发光。光线照射光电二极管 VD_1 和 VD_2，产生电流 I_{VD_1} 和 I_{VD_2}，分别流向输入级和输出级放大器 A_1 与 A_2 的反相输入端。在两个放大器的反相端结点上，电流关系分别为 $I_{VD_1} = -I_{in}$ 及 $I_{VD_2} = -I_F$。由于 VD_1 与 VD_2 的

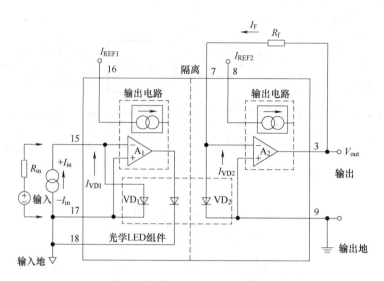

图 3.11　ISO100 隔离放大器原理框图

对称性，即 $I_{VD_1} = I_{VD_2}$，所以 $I_F = I_{in}$，于是输出电压 $V_{out} = I_F R_f = I_{in} R_f$，改变外接电阻 R_f 的值，就能改变增益。对于放大器的输出引脚 3 来说，引脚 15 是同相输入端，当输入为负时（I_{in} 流出引脚 15），输出电压 V_{out} 为负。

ISO100 中有两个精密电流源，用于完成双极性操作。当为单极性操作时，不需要精密电流源，可供外部使用。

利用 ISO100 进行设计，只需外接少量元器件，非常方便，加之其具有成本低、体积小、隔离效果好、频带宽、偏移电压低、漂移小及漏电流极小等特点，因而适用于各种模拟输入通道的隔离和放大。

3.2.2　多路转换器

多路转换器又称多路开关，用来切换模拟电压信号的关键元件。利用多路开关可将各个输入信号依次或随机地连接到公用放大器和 A/D 转换器上，理想多路开关的开路电阻为无穷大，导通电阻为零，切换速度快、寿命长、工作可靠。

常用的多路开关有 CD4051（或 MC14051）、AD7501、LF13508 等。CD4051 有较宽的数字和模拟信号电平，它有 3 个通道选择输入端 C、B、A 和一个禁止输入端 INH。C、B、A 用来选通通道号，INH 用来控制 CD4051 是否有效。INH = 1，即 INH = V_{DD} 时，所有通道均断开，禁止模拟量输入；INH = 0，即 INH = V_{SS} 时，允许模拟量输入。

CD4051 电路原理图如图 3.12 所示。

在图 3.12 中，逻辑电平转换单元完成 TTL 到 CMOS 的转换。因此，这种多路开关输入电平范围大，数字控制信号的逻辑 1 为 3 ~ 15V，模拟峰值-峰值可达 15V。二进制 3-8 译码器用来对选择输入端 C、B、A 的状态进行译码，以控制开关电路 TG，使某一路接通，从而将输入和输出通道接通。

如果把输入信号与引脚 3 连接，改变 C、B、A 的值，则可使其与 8 个输出端的任何一路相通，完成一到多的分配。此时，称之为多路分配器。

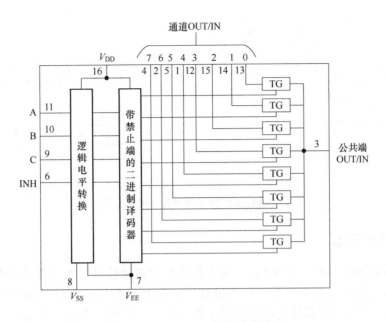

图 3.12　CD4051 电路原理图

3.2.3　采样保持器

A/D 转换器完成一次 A/D 转换需要一定的时间。在进行 A/D 转换时间内，希望输入信号不再变化，以免造成转换误差。这样，就需要在 A/D 转换器之前加入采样保持器。如果输入信号变化很慢（如温度信号），或者 A/D 转换时间较快，使得在 A/D 转换期间输入信号变化很小，在允许的 A/D 转换精度内，就不必再选用采样保持器。

采样保持器（Sample and Hold，S/H）的结构原理如图 3.13 所示。它由模拟开关 S、保持电容 C_H 和缓存放大器 A 组成。其工作原理如下：

采样保持器有采样和保持两种工作模式。采样时，开关 S 闭合，输入信号通过电阻 R 向电容 C_H 快速充电，V_o 跟随 V_{IN}。保持时，S 断开，电容充电回路断开，这时电容电压下降很慢，理想情况下，$V_o = V_c$ 保持不变，采样保持器一旦进入保持器，便应立即启动 A/D 转换器，保证 A/D 转换期间输入恒定。

目前，大多数集成采样保持器都不包含保持电容 C_H，所以使用时常常是外接 C_H。由上述原理可知，C_H 的质量关系到采样保持器的精度。这就要求选用低介质损耗、漏电小的电容器，如聚苯乙烯、聚四氟乙烯、聚丙烯电容，其容量大小与采样频率成反比，一般在几百 pF 到 $0.01\mu F$ 之间。

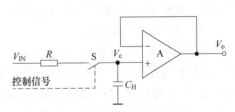

图 3.13　采样保持器结构原理图

常用的集成采样保持器有 LF198/298/398，AD582 等。其中，LF198 的原理图和典型应用如图 3.14 所示。外接保持电容 C_H，如前所述，其取值与采样频率和精度有关，典型值为 1000pF、$0.01\mu F$。

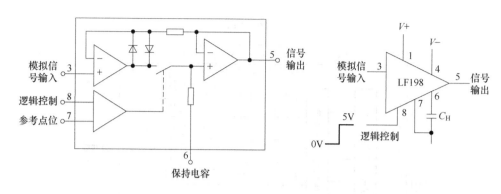

图 3.14　LF198 的原理图和典型应用

3.2.4　A/D 转换器

A/D 转换器简称 ADC,其输入是一定范围内的模拟量信号,通常为模拟电压信号,其输出是某种形式的数字信号。不同种类和型号的 A/D 转换器有不同的性能指标,在选用A/D 转换器时,首先应对其性能指标有所了解,确定其性能是否能够满足应用要求,以及价格是否合理。

1. A/D 转换器主要性能指标

A/D 转换器的主要性能指标有以下几个:

(1) 接口特性(Interfacing)

接口特性主要涉及 ADC 如何与应用电路连接,包括 A/D 转换的启动、数字信号输出的形式,以及输出时序等。有些 ADC 带有多路模拟开关,还要涉及如何选择输入通道。现在有不少 ADC 具有串行输出接口,大大简化了接口电路。

ADC 的输出数字信号主要有二进制数字信号、BCD 码信号和频率信号。输出二进制数字信号的 A/D 转换器常用输出位数来称呼,如 8 位 A/D 转换器、16 位 A/D 转换器等;输出 BCD 码数字信号的 A/D 转换器常用输出十进制位数来称呼,如 3 位半 A/D 转换器;输出频率信号的 A/D 转换器常称为电压频率转换器(VFC)。

(2) 量程(Range)

量程指 ADC 能够转换的模拟信号范围,一般用电压表示,如 $-5 \sim +5V$、$0 \sim 2V$、$0 \sim 10V$ 等。ADC 的量程通常与外接或内部的基准电源有关。

(3) 分辨率(Resolution)

分辨率用来表示 ADC 对于输入模拟信号的分辨能力,即 ADC 输出的数字编码能够反映微小模拟信号的变化。ADC 的分辨率定义为满量程电压与最小有效位(LSB)的比值。例如,具有 12 位分辨率的 ADC 能够分辨出满量程的 $1/2^{12} = 1/4096$;对于 10V 的满量程能够分辨输入模拟电压变化的最小值约为 2.5mV;对 3 位半 ADC,满量程数据为 $1999 \approx 2000$,其分辨率为 1/2000。显然,ADC 数字编码的位数越多,其分辨率越高。

(4) 误差和精度(Error & Accuracy)

误差包括量化误差、偏移误差、线性度等。量化误差是由于 ADC 的有限分辨率所引起的误差。偏移误差指输入信号为 0 时,输出信号不为 0 的值,所以有时又称为零值误差。线性度有时也称为非线性度,它是指 ADC 实际的输入输出特性曲线与理想直线的最大偏差。

精度通常也称转换精度，有绝对精度和相对精度之分。绝对精度是指为了产生某个数字码，所对应的模拟信号值与实际值之差的最大值，它包括所有的误差。相对精度是绝对精度与满量程输入信号的百分比。它通常不包括能够被用户消除的刻度误差。对于线性编码的ADC，相对精度就是非线性度，其典型值为 ±1/2LSB。

精度通常与分辨率密切相关，高精度的前提必须有高分辨率，当然仅有高分辨率也不一定就能达到高精度。

（5）转换速率（Conversion Rate）

ADC 的转换速率就是能够重复进行数据转换的速度，即每秒转换的次数。有时也用完成一次 A/D 转换所需要的时间来表示，称为转换时间。转换时间也就是转换速率的倒数。不同转换方式的 ADC，其转换速率有很大不同，低的只有 1 次/秒，高的可达百万次/秒。

（6）A/D 转换方法

A/D 转换实现的方法有多种，随着大规模集成电路技术的飞速发展，新型设计思想的 A/D 转换器也在不断涌现。表 3.1 给出了不同方法实现的 A/D 转换器及其性能。

表 3.1 各种 A/D 转换方法比较

方法	分辨率	速度	特点	应用场合
并行式 ADC	低	最高	速度高，分辨率难以做高	高速频采样
逐次比较式 ADC	较高	高	速度和分辨率能满足大部分要求，但常态干扰的抑制能力较差	能适应大量的应用场合，如温度、压力、流量、语音、电量等信号的采样
双积分式 ADC	高	低	分辨率和精度高，速率低，有较强的抗常态干扰能力	常用于数字电压表、温度测量等低速场合
Σ-ΔADC	高	较高	分辨率和精度高与双积分式 ADC 相当，速度高于双积分，但仍不如逐次比较式	低频、小信号的高精度测量
VFC	在牺牲速度的条件下可以较高	在牺牲精度的条件下可以较高	分辨率和精度可以互补，抗干扰能力强，输出信号可以远传	能适用于速度不是太高的数据采集系统，如温度、压力、流量等

（7）A/D 转换器位数选择

A/D 转换器的位数不仅决定采用电路所能转换的模拟电压的动态范围，还直接影响采样电路的转换精度。应根据采样电路转换范围及转换精度两方面选择 A/D 转换器的位数。

1）若已知转换信号动态范围 $y_{min} \sim y_{max}$，则量化单位 q 为

$$q = \frac{y_{max} - y_{min}}{2^n - 1} \tag{3.6}$$

有

$$2^n - 1 = \frac{y_{max} - y_{min}}{q} \geq 0 \tag{3.7}$$

即 A/D 转换器的位数为

$$n \geq \log_2\left(1 + \frac{y_{\max} - y_{\min}}{q}\right) \tag{3.8}$$

2）若已知转换信号的分辨率，则分辨率 D 为

$$D = \frac{1}{2^n - 1} \tag{3.9}$$

得到 A/D 转换器的位数为

$$n \geq \log_2\left(1 + \frac{1}{D}\right) \tag{3.10}$$

例 3.1 某温度控制系统的范围是 $0 \sim 200\,℃$，要求分辨率是 0.005（因 $200 \times 0.005 = 1$，所以 0.005 相当于 $1\,℃$），可求出 A/D 转换器的字长为

$$n \geq \log_2\left(1 + \frac{1}{D}\right) = \log_2\left(1 + \frac{1}{0.005}\right) \approx 7.65$$

所以 A/D 转换器的字长可选取 8 位或 10 位。

2. ADC 芯片举例

ADC 芯片种类繁多，性能各异，使用时应根据需求选用。现在还有许多单片机（如 C8051F）与采用 ARM 内核的 MCU 内置了多种 A/D 和 D/A 转换芯片，使用非常方便，性价比也比较高。而独立的 ADC 芯片选择范围更宽，掌握一些典型芯片的使用方法，可以举一反三，提高数据采集的驾驭能力。

（1）并行接口 A/D 转换器 ADC0809

ADC0809 采用逐次比较方式，8 通路 8 位 A/D 转换芯片，采用 CMOS 工艺，其逻辑结构图如图 3.15 所示。

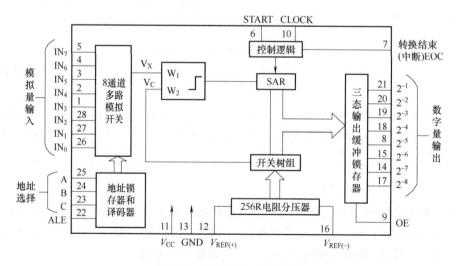

图 3.15 ADC0809 内部结构图

主要特点：分辨率 8 位；转换时间 $100\mu s$；温度范围 $-40 \sim +85\,℃$；可使用单一的 $+5V$ 电源；可直接与 CPU 连接；输出带锁存器；逻辑电平与 TTL 兼容。

ADC0809 的引脚说明如下：

◇ $IN_0 \sim IN_7$：8 路模拟量输入端。允许 8 路模拟量分时输入，共用一个 A/D 转换器。

◇ ALE：地址锁存允许信号，高电平有效。上升沿时锁存 3 位通道选择信号。

◇ A、B、C：3 位地址线，即模拟量通道选择线。C 为最高位，A 为最低位。

◇ START：启动 A/D 转换信号，高电平有效。上升沿时，将转换器内部清零；下降沿时，启动 A/D 转换。

◇ EOC：转换结束信号，高电平有效。

◇ OE：输出允许信号，高电平有效。该信号用来打开三态输出缓冲器，将 A/D 转换得到的 8 位数字量送到数据总线上。

◇ $D_0 \sim D_7$：8 位数字量输出。D_0 为最低位，D_7 为最高位。由于有三态输出锁存，可与主机数据总线直接相连。

◇ CLOCK：外部时钟脉冲输入端。当脉冲频率为 640kHz 时，A/D 转换时间为 100ms。

◇ $V_{REF(+)}$，$V_{REF(-)}$：基准电压源正、负端。取决于被转换的模拟电压范围，通常 $V_{REF(+)} = +5V$，$V_{REF(-)} = 0V$。

◇ V_{CC}：工作电源，+5V。

◇ GND：电源地。

首先 ALE 的上升沿将地址代码锁存、译码后选通模拟开关中的某一路，使该路模拟量进入 A/D 转换器中。同时 START 的上升沿将转换器内部清零，下降沿起动 A/D 转换，即在时钟的作用下，逐位比较过程开始，转换结束信号 EOC 即变为低电平。当转换结束后，EOC 恢复高电平。此时，如果对输出允许 OE 端输入一高电平命令，则可读出数据。

（2）SPI 串行接口 A/D 转换器 AD7699

AD7699 是一款低功耗、8 通道、16 位新型逐次比较型 ADC，转换速率达 500ksps，采用单电源供电，支持单端输入和差分输入，采用 SPI 串行接口输出。图 3.16 为 AD7699 功能框图。AD7699 内部有温度传感器，测到的数据可用于对基准电源进行温度补偿，以提高转换的精度。AD7699 的引脚说明如下：

◇ V_{DD}：电源，通常为 4.5 ~ 5.5V，应并联 10μF 和 100nF 退耦电容。

◇ REF：基准电源输入/输出，在允许使用内部基准时，输出 4.096V；在关闭内部基准，且允许使用缓冲器时，输出由 REFIN 确定的缓冲器基准电压。该引脚应并联 10μF 退耦电容。

◇ REFIN：内部基准电源输出或基准电源缓冲器的输入。

◇ GND：电源地。

◇ $IN_0 \sim IN_7$：模拟量输入通道。

◇ COM：模拟量输入通道的公共端。

◇ CVN：转换启动输入端(上升沿有效)，转换过程中，若 CVN 保持高电平，则"忙"标志处于有效状态，可用于中断机制。

◇ DIN：串行接口数据输入，用于写入 14 位配置寄存器的数据。

◇ SCK：串行接口时钟输入，配合 DIN、SDO 进行数据传送。传送时，最高有效位 MSB 在前。

◇ SDO：串行接口数字输出，在无极性模式下，输出转换后的二进制原码数据；在有极性模式下，输出转换后的二进制补码数据。

◇ VIO：输入／输出接口的数字信号电源，应取主机接口的标称电压（如 1.8V、2.5V、3V 或 5V）。

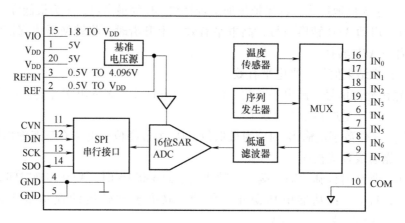

图 3.16　AD7699 的功能框图

AD7699 的工作方式由一个 14 位的配置寄存器确定。配置寄存器的数据由 DIN 串行写入，转换后得到的数据和配置寄存器的数据可由 SDO 串行读取。14 位的配置寄存器（CFG）的说明如表 3.2 所示。

表 3.2　AD7699 的配置寄存器说明

位编号	名称	说　　明
[13]	CFG	配置更新位 CFG = 0，表示保持当前配置 CFG = 1，表示重写寄存器内容
[12:10]	INCC	通道输入配置位。确定输入是单极性、双极性、差分对，还是内部温度传感器 INCC = 00X，表示双极性差分输入，参考电位为 $V_{REF}/2$ INCC = 010，表示双极性输入，参考电位为 COM = $V_{REF}/2$ INCC = 011，表示输入为内部温度传感器 INCC = 10X，表示单极性差分输入，参考电位为 GND INCC = 110，表示单极性差分输入，$IN_0 \sim IN_7$ 的参考电位 COM = GND INCC = 111，表示单极性输入，$IN_0 \sim IN_7$ 的参考电位为 GND
[9:7]	INX	输入通道选择位。INX = 000 ~ 111，分别表示选择 $IN_0 \sim IN_7$
[6]	BW	低通滤波器带宽选择位 BW = 0，表示 1/4 带宽 BW = 1，表示全带宽
[5:3]	REF	基准源与缓冲器选择位 REF = 001，表示选择内部基准，REF = 4.096V REF = 010，表示选择外部基准，内部温度传感器有效 REF = 011，表示选择外部基准，内部缓冲器和内部温度传感器有效 REF = 110，表示选择外部基准，内部温度传感器无效 REF = 111，表示选择外部基准，内部缓冲器和内部温度传感器无效

（续）

位编号	名称	说　明
[2:1]	SEQ	通道序列发生器控制位 SEQ = 00，表示关闭序列发生器 SEQ = 01，表示在序列发生期间更新配置 SEQ = 10，表示依次转换 IN0 ～ INX（其中#由输入通道选择位 INX 确定），然后内部温度传感器 SEQ = 11，表示依次转换 IN0 ～ INX（其中#由输入通道选择位 INX 确定）
[0]	RB	回读配置寄存器位 RB = 0，表示在读取转换数据后，接着回读当前配置寄存器内容 RB = 1，表示不回读当前配置寄存器内容

3.2.5　模拟量输入通道设计方法

1. A/D 转换器与计算机接口设计要点

（1）数字量输出信号的连接

A/D 转换器数字量输出引脚和计算机的连接方法与其内部结构有关。对于内部未含输出锁存器的 A/D 转换器来说，一般通过锁存器或 I/O 接口与计算机相连。常用的接口及锁存器有 8255、74LS273 等。当 A/D 转换器内部含输出锁存器时，可直接与计算机相连，有时为了增加控制功能，也采用 I/O 接口连接。

（2）A/D 转换器的启动方式

任何一个 A/D 转换器都必须在外部启动信号的作用下才能开始工作。芯片不同，启动方式也不同，分脉冲启动和电平控制启动两种。

脉冲启动转换只需给 A/D 转换器的启动控制转换的输入引脚上加一个符合要求的脉冲信号即可。电平控制转换的 A/D 转换器，当把符合要求的电平加到控制转换输入引脚上时，立即开始转换，而且此电平应保持在转换的全过程中，否则将会中止转换的进行。该启动电平一般需由 D 触发器锁存供给。常用的 ADC0809、ADC80、ADC1210 等均属脉冲启动，AD570、AD571、AD574 等均属电平启动。

（3）转换结束信号的处理方式

当 A/D 转换器开始转换后，需要经过一段时间，转换才能结束。当转换结束时，A/D 转换器芯片内部的转换结束触发器置位，并输出转换结束标志电平，以通知主机读取转换结果的数字量。

主机判断 A/D 转换结束的方法有 3 种：查询、延时和中断方式。

1）查询方式。将转换结束信号经三态门送到 CPU 数据总线或 I/O 接口的某一位上，CPU 向 A/D 转换器发出启动脉冲后，便开始查询 A/D 转换是否结束。一旦查询到 A/D 转换结束，则读取 A/D 转换结果。这种方法程序设计比较简单，且可靠性高，但实时性差，由于大多数控制系统对于这点时间都是允许的，所以这种方法应用最多。

2）延时方式。启动 A/D 转换后，根据转换芯片完成转换所需要的时间，调用一段软件延时程序。延时程序执行完后，A/D 转换也已完成，即可读出结果数据。采用延时方式时，转换结束引脚悬空。在这种方式中,为了确保转换完成,必须把时间适当延长,多用在CPU处理任务较少的系统中。

3)中断方式。将转换结束信号接到计算机的中断请求引脚或允许中断的 I/O 接口的相应引脚上。当转换结束时,即提出中断请求,计算机响应后,在中断服务程序中读取数据。这种方法使 CPU 与 A/D 转换器工作同时进行,工作效率高,常用于实时性要求较强或多参数数据采集系统。

这 3 种方式的选择取决于 A/D 转换器的速度和应用系统总体设计要求,以及程序的安排。

(4)时钟信号的转接

A/D 转换器的频率是决定其转换速度的基准,整个 A/D 转换过程都是在时钟作用下完成的。A/D 转换时钟的提供方法有两种,一种是由芯片内部提供,如 AD574;另一种是由外部时钟提供。外部时钟少数由单独的振荡器提供,更多的则是由 CPU 经时钟分频后,送至 A/D 转换器的时钟端。

(5)电源和地线的处理

A/D 转换器常用的电源有两种:芯片工作电源和作为基准的参考电压源(或电流源)。工作电源根据芯片的要求,有单一的 + 5V 电源,有些芯片(如 AD574A)还必须有 ± 15V 电源。参考电源是 A/D 转换器的基准,直接关系到 A/D 转换的精度,要求较高,常用稳压管或精密电源块进行二次稳压。目前大多数 A/D 转换器芯片内部都带有基准电源,此时,其引出脚多用来通过外接电路进行满量程调节。参考电源引出线的接法要根据转换信号的极性来接。

在带有 A/D 转换器的控制系统中,有数字地(逻辑电路的返回端)、模拟公共地(模拟电路返回端)及信号地。在连接时,应一点接地,以避免形成地环流。所谓一点接地是指在系统连接时,所有的模拟地接在一起(包括 A/D 转换器的模拟地),所有的数字地接在一起(包括 A/D 的数字地),最后将模拟地、数字地、信号地用一根导线连接。

2. 模拟量输入通道设计案例

本例介绍由可编程并行接口 8255A、12 位 A/D 转换器 AD574、采样保持器 LF398 和多路开关 CD4051 组成的模拟量输入通道。图 3.17 为由上述器件组成的 A/D 转换器与 PC 总线的接口电路图。

该电路的主要技术指标为:

◇ 8 通道模拟量输入。

◇ 12 位分辨率。

◇ 输入电压为 0 ~ 10V。

◇ A/D 转换时间为 25μs。

◇ 应答方式查询。

图 3.17 中 8255A 的 $PB_0 \sim PB_7$ 和 $PA_0 \sim PA_3$ 用于读取 A/D 转换结果;PA_7 用于状态查询;$PC_0 \sim PC_2$ 用于输入通道选择;$PC_4 \sim PC_6$ 的控制信号启动 AD574 的转换。因此,8255A 的命令字设置为 0x92(PA 和 PB 为输入口,PC 为输出口)。在 AD574 的转换期间,AD574 的 STS 为高电平,从而使 LF398 处于保持状态。

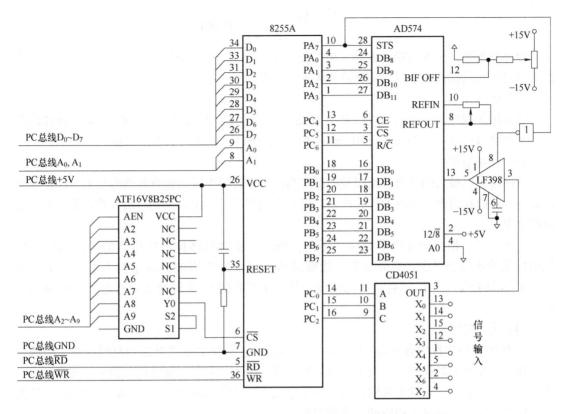

图 3.17　A/D 转换器与 PC 总线的接口电路图

3.3　模拟量输出通道设计

计算机控制系统中的被控对象经常需要用模拟量对其进行驱动，以达到控制的目的。它一般由接口电路、D/A 转换器、V/I 变换和功率驱动等组成。数模转换器（DAC）是一种把数字信号转换成模拟信号的器件，F/V 转换器也是将数字信号转换成模拟信号的器件。不管是 DAC 转换器还是 F/V 转换器，其输出端的带载能力都较弱，需要用线性功率驱动接口器件进行驱动。

3.3.1　D/A 转换器

1. D/A 转换器的主要性能指标

实现 D/A 转换的方法有多种，最常用的是电阻网络转换法。它的实质是根据数字量不同位的权重，对各位数字量的输出进行求和，构成相应的模拟量输出。D/A 转换器的性能指标主要有以下几个。

（1）分辨率

这是 D/A 转换器最重要的性能指标。它用来表示 D/A 转换器输出模拟量的分辨能力，通常用最小非零输出电压与最大输出电压的比值来表示。例如，对于 10 位 D/A 转换器，其最小非零输出电压为 $V_{ref}/(2^{10}-1)$，最大输出电压为 $1 \times V_{ref}$，则分辨率为

$$\frac{V_{ref}/(2^{10}-1)}{V_{ref}} = \frac{1}{2^{10}-1} \approx 0.001$$

分辨率越高，D/A 转换器就越灵敏。分辨率与 D/A 转换器的位数有着直接的关系，因此有时也用有效输入数字信号的位数来表示分辨率。

（2）线性度

通常用非线性误差的大小表示 D/A 转换器的线性度，并且把理想的输入/输出特性的偏差与满刻度（Full Scale Range，FSR）输出之比的百分数，定义为非线性误差。

（3）转换精度

转换精度以最大的静态转换误差的形式给出。该转换误差是包含非线性误差、比例系数误差，以及漂移误差等在内的综合误差。但是有的产品手册中只分别给出各项误差，而不给出综合误差。

应该注意，精度和分辨率是两个不同的概念。精度指转换后所得到的实际值对于理想值的误差或接近程度，而分辨率指能够对转换结果发生影响的最小输入量。分辨率很高的 D/A 转换器不一定具有很高的精度，分辨率不高的 D/A 转换器则肯定不会有很高的精度。

（4）建立时间

由于 D/A 转换器中有电容、电感和开关电路，它们都会造成电路的时间延迟，当输入数据从零变化到满量程时，其输出模拟信号不能立即达到满量程刻度值。转换器的时延大小用建立时间来衡量，通常电流输出的 D/A 转换器建立时间是很短的，电压输出的 D/A 转换器的建立时间主要取决于相应的运算放大器。

（5）温度系数

温度系数反映了 D/A 转换器的输出随温度变化的情况。其定义为在满量程刻度输出的条件下，输出变化相对于温度每升高 1℃ 的 ppm（FSR/℃）值（1ppm = 1×10^{-6}）。

（6）电源抑制比

对于高质量的 D/A 转换器，要求开关电路和运算放大器所用的电源电压发生变化时，对输出电压的影响要小。通常把满量程输出电压变化的百分数与电源电压变化的百分数之比称为电源抑制比。

（7）输入形式

D/A 转换器的数字量输入形式通常为二进制码。早期多采用并行输入的 D/A 转换器，很多新型的 D/A 转换器都采用串行输入，因为串行输入可以节省引脚。

为了便于使用，大多数 D/A 转换器都带有输入锁存器，但是也有少数产品不带锁存器，在使用时要加以注意。

（8）输出形式

按照 D/A 转换器输出信号形式可以分为电流输出型和电压输出型，电流输出型的 D/A 转换器需要使用外部运放电路转换为电压输出。按照输出通道的数量可以分为单路输出型和多路输出型。多路输出的 D/A 转换器有双路、四路和八路输出等。

2. DAC 芯片举例

（1）8 位 D/A 转换器 DAC0832

图 3.18 为 DAC0832 的内部结构图。其主要参数如下：分辨率为 8 位（满量程的 1/256），

转换时间为 1μs，基准电压为 −10 ~ +10V，供电电源为 +5 ~ +15V，功耗 20mW，与 TTL 电平兼容。

从图 3.18 中可见，在 DAC0832 中有两级锁存器，第一级锁存器称为输入寄存器，它的锁存信号为 ILE，第二级锁存器称为 DAC 寄存器，它的锁存信号也称为通道控制信号 $\overline{XFER}$。因为有两级锁存器，所以 DAC0832 可以工作在双缓冲器方式，即在输出模拟信号的同时，可以采集下一个数据，于是，可以有效地提高转换速度。另外，有了两级锁存器以后，可以在多个 D/A 转换器同时工作时，利用第二级锁存器的锁存信号来实现多个转换器的同时输出。

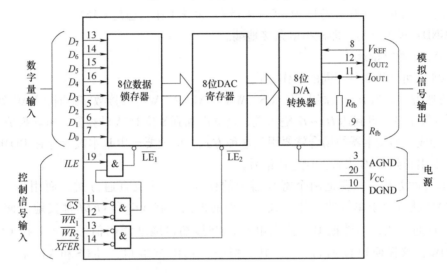

图 3.18　DAC0832 内部结构图

在图 3.18 中，当 ILE 为高电平，$\overline{CS}$ 和 $\overline{WR_1}$ 为低电平时，$\overline{LE_1}$ 为 1，这种情况下，输入寄存器的输出随输入而变化。此后，当 $\overline{WR_1}$ 由低电平变高时，$\overline{LE_1}$ 成为低电平，此时数据被锁存到输入寄存器中。这样，输入寄存器的输出端不再随外部数据的变化而变化。

对第二级锁存来说，$\overline{XFER}$ 和 $\overline{WR_2}$ 同时为低电平时，$\overline{LE_2}$ 为高电平，这时 8 位的 DAC 寄存器的输出随输入而变化。此后，当 $\overline{WR_2}$ 由低电平变高时，$\overline{LE_2}$ 变为低电平，于是将输入寄存器的信息锁存到 DAC 寄存器中。

DAC0832 各引脚的功能定义如下：

◇ $\overline{CS}$：片选信号，它和允许输入锁存信号 ILE 合起来决定 $\overline{WR_1}$ 是否起作用。

◇ ILE：允许锁存信号。

◇ $\overline{WR_1}$：写信号 1，它作为第一级锁存信号将输入数据锁存到输入寄存器中，$\overline{WR_1}$ 必须和 $\overline{CS}$、ILE 同时有效。

◇ $\overline{WR_2}$：写信号 2，它将锁存在输入寄存器中的数据送到 8 位 DAC 寄存器中进行锁存，此时，传送控制信号 $\overline{XFER}$ 必须有效。

◇ $\overline{XFER}$：传送控制信号，用来控制 $\overline{WR_2}$。

◇ $D_0 \sim D_7$：8 位的数据输入端，D_7 为最高位。

◇ I_{OUT1}：模拟电流输出端，当 DAC 寄存器中全为 1 时，输出电流最大；当 DAC 寄存器中全为 0 时，输出电流为 0。

◇ I_{OUT2}：模拟电流输出端，$I_{OUT1} + I_{OUT2} =$ 常数。

◇ R_{fb}：反馈电阻引出端，DAC0832 内部已经有反馈电阻，所以，R_{fb} 端可以直接接到外部运算放大器的输出端，这样相当于将一个反馈电阻接在运算放大器的输入端和输出端之间。

◇ V_{REF}：参考电压输入端，此端可接一个正电压，也可接负电压、范围为 +10V ~ +10V。外部标准电压通过 V_{REF} 与 T 形电阻网络相连。

◇ V_{CC}：芯片供电电压，范围为 +5 ~ +15V，最佳工作状态是 +15V。

◇ AGND：模拟量地，即模拟电路接地端。

◇ DGND：数字量地。

DAC0832 可处于 3 种不同的工作方式。

1）直通方式。当 ILE 接高电平，$\overline{CS}$、$\overline{WR_1}$、$\overline{XFER}$、$\overline{WR_2}$ 都接数字地时，DAC 处于直通方式，8 位数字量一旦到达 $D_0 \sim D_7$ 输入端，就立即加到 8 位 D/A 转换器，被转换成模拟量。例如，在构成波形发生器的场合就要用到这种方式，即把要产生基本波形存在 ROM 中的数据，连续取出送到 DAC 去转换成电压信号。

2）单缓冲方式。只要把两个寄存器中的任何一个接成直通方式，而用另一个锁存数据，DAC 就可处于单缓冲工作方式。一般的做法是将 $\overline{WR_2}$ 和 $\overline{XFER}$ 都接地，使 DAC 寄存器处于直通方式，另外把 ILE 接高电平，$\overline{CS}$ 接端口地址译码信号，$\overline{WR_1}$ 接 CPU 系统总线的 $\overline{IOW}$，这样便可以通过一条 OUT 指令，选中该端口，使 $\overline{CS}$ 和 $\overline{WR_1}$ 有效，启动 D/A 转换。

3）双缓冲方式。主要在以下两种情况下需要用双缓冲方式的 D/A 转换。

① 需在程序的控制下，先把转换的数据传入输入寄存器，然后在某个时刻再启动 D/A 转换。这样可以做到数据转换与数据输入同时进行，因此转换速度较高。为此，可将 ILE 接高电平，$\overline{WR_1}$ 和 $\overline{WR_2}$ 均接 CPU 的 $\overline{IOW}$，$\overline{CS}$ 和 $\overline{XFER}$ 分别接两个不同的 I/O 地址译码信号。执行 OUT 指令时，$\overline{WR_1}$ 和 $\overline{WR_2}$ 均变低电平。这样可先执行一条 OUT 指令，选中 $\overline{CS}$ 端口，把数据写入输入寄存器；再执行第二条 OUT 指令，选中 $\overline{XFER}$ 端口，把输入寄存器内容写入 DAC 寄存器，实现 D/A 转换。

② 在需要同步进行 D/A 转换的多路 DAC 系统中，采用双缓冲方式，可以在不同的时刻把要转换的数据分别打入各 DAC 的输入寄存器，然后由一个转换命令同时启动多个 DAC 的转换。

DAC0832 可具有单极性或双极性输出。

1）单极性电压输出。DAC0832 为电流型输出器件，它不能直接带动负载，需要在其电流输出端加上运算放大器，将电流输出线性地转换成电压输出。典型的单极性电压输出电路如图 3.19 所示。

$$V_{OUT} = -V_{REF} \times \frac{D}{256} \tag{3.11}$$

在图 3.19 中，DAC0832 的电流输出端 I_{OUT1} 接至运算放大器的反相输入端，故输出电压

V_{OUT}与参考电压V_{REF}极性相反。当V_{REF}接 $\pm 5V$（或$\pm 10V$）时，DAC0832输出电压范围$-5 \sim 5V$（或$-10 \sim 10V$）。

2）双极性电压输出。只要在单极性电压输出的基础上，再加上一级电压放大器，并配以相关的电阻网络，就可以构成双极性电压输出电路，如图3.20所示。

在图3.20中，运算放大器A_2构成反相求和电路，可求出D/A转换器的总输出电压为

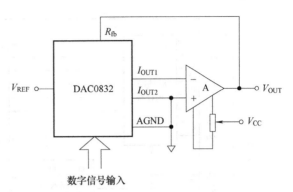

图3.19　单极性电压输出电路

$$V_{OUT2} = -R_3(I_1 + I_2) = -\left(\frac{R_3}{R_2}V_{OUT1} + \frac{R_3}{R_1}V_{REF}\right) \qquad (3.12)$$

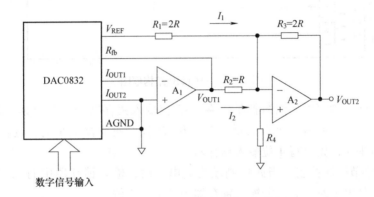

图3.20　双极性电压输出电路

带入R_1、R_2、R_3的值，可得

$$V_{OUT2} = -\left(\frac{2R}{R}V_{OUT1} + \frac{2R}{2R}V_{REF}\right) = -(2V_{OUT1} + V_{REF}) \qquad (3.13)$$

将式(3.11)带入，得

$$V_{OUT} = V_{REF} \times \frac{D - 128}{128} \qquad (3.14)$$

（2）12位D/A转换器DAC1210

DAC1210（与DAC1208、DAC1209是同一个系列）输入数字为12位二进制数字、分辨率为12位、电流建立时间为$1\mu s$、供电电源$+5 \sim +15V$（单电源供电）、基准电压V_{REF}范围$-10 \sim +10V$。

DAC1210的特点是：线性规范只有零位和满量程调节、与所有的通用微处理机直接接口、单缓冲、双缓冲或直通数字数据输入、与TTL逻辑电平兼容、全四象限相乘输出。

DAC1210的引脚排列图如图3.21所示。各引脚的定义如下：

◇ $\overline{CS}$：片选信号，低电平有效。

◇ $\overline{WR_1}$：写控制信号1，低电平有效，用于将数字数据位送到输入锁存器。当$\overline{WR_1}$为高

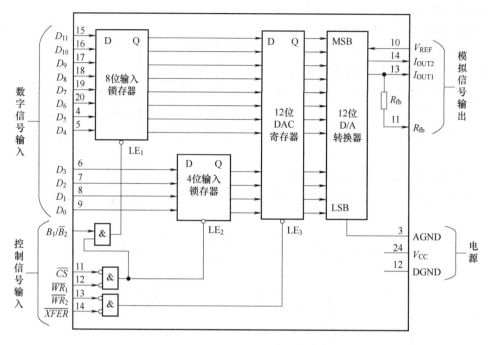

图 3.21　DAC1210 结构框图

电平时,输入锁存器中的数据被锁存。12 位输入锁存器分成两个锁存器,一个存放高 8 位的数据,而另一个存放低 4 位。$B_1/\overline{B_2}$ 控制脚为高电平时,选择两个锁存器;处于低电平时,则改写 4 位输入锁存器。

◇ $B_1/\overline{B_2}$：字节顺序控制。当此控制端为高电平时,输入锁存器中的 12 个单元都被使能。当为低电平时,只使能输入锁存器中的最低 4 位。

◇ $\overline{WR_2}$：写控制信号 2,低电平有效。此信号有效时,$\overline{XFER}$ 信号才起作用。

◇ $\overline{XFER}$：传送控制信号,低电平有效。该信号与 $\overline{WR_2}$ 结合时,能将输入锁存器中的 12 位数据转移到 DAC 寄存器中。

◇ $D_0 \sim D_{11}$：12 位数字量输入。D_0 是最低有效位(LSB),D_{11} 是最高有效位(MSB)。

◇ I_{OUT1}：D/A 电流输出端 1。DAC 寄存器中所有数字码为全"1"时,I_{OUT1} 为最大;为全"0"时,I_{OUT1} 为零。

◇ I_{OUT2}：D/A 电流输出端 2。$I_{OUT2} + I_{OUT1}$ = 常量(固定基准电压)。

◇ R_{fb}：放大器的反馈电阻接线端。

◇ V_{REF}：基准输入电压。该输入端把外部精密电压源与内部的 R-2R T 形网络连接起来。V_{REF} 的选择范围是 –10 ~ +10V。在四象限乘法 DAC 应用中,也可以是模拟电压输入。

◇ V_{CC}：数字电源电压。电压范围为 5 ~ 15V,工作电压的最佳值为 15V。

◇ AGND：模拟地。

◇ DGND：数字地。

DAC1210 有 12 位数据输入线,当与 8 位的数据总线相接时,因为 CPU 输出数据是按字节操作的,所以送出 12 位数据需要执行两次输出指令,比如第一次执行输出指令送出数据的低 8 位，第二次执行输出指令再送出数据的高 4 位。为避免两次输出指令之间在 D/A 转换器的输出端出现不需要的扰动模拟量输出，就必须使低 8 位和高 4 位数据同时送入 DAC1210 的 12 位输入寄存器。为此，往往用两级数据缓冲结构来解决 D/A 转换器和总线的连接问题。工作时，CPU 先用两条输出指令把 12 位数据送到第一级数据缓冲器，然后通过第三条输出指令把数据送到第二级数据缓冲器，从而使 D/A 转换器同时得到 12 位待转换的数据。

3.3.2 模拟量输出通道设计方法

D/A 转换器的接口方法比较简单，如果选用 D/A 转换器自带缓存器的芯片，一般只要将数据写入缓存器中，数模转换就开始，因此只需写入控制信号即可。若 D/A 转换器不带缓存器，则应该加上外部寄存器来缓存主机输出的数据。不管哪种情况，主机对 D/A 转换器的接口总是像访问一个 I/O 端口一样简单。

由于 DAC0832 内部带有一个 8 位寄存器，所以 DAC0832 的数据输入线可以直接与计算机系统数据总线 $D_0 \sim D_7$ 相连，如图 3.22 所示。图中 $\overline{XFER}$ 和 $\overline{WR_2}$ 接地，即 DAC0832 内部第二级缓冲器接成直通式，只由第一级缓冲器控制数据的输入，当 $\overline{CS}$ 和 $\overline{WR_1}$ 同时有效时，$D_0 \sim D_7$ 的数据送入其内部的 D/A 转换电路进行转换。

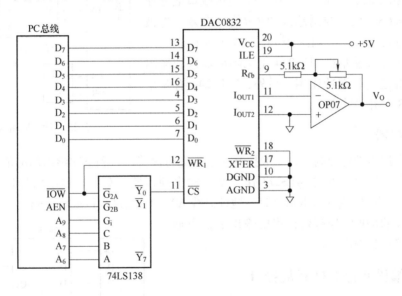

图 3.22　DAC0832 与 PC 总线接口电路

3.4 数字量输入输出通道设计

工业控制机用于生产过程的自动控制，需要处理一类最基本的输入/输出信号，即数字量(开关量)信号，这些信号包括：开关的闭合与断开，指示灯的亮与灭，继电器或接触器的吸合与释放，电动机的启动与停止，阀门的打开与关闭等，这些信号的共同特征是以二进制的逻辑"1"和"0"出现的。在计算机控制系统中，对应的二进制数码的每一位都可以代表生产过程的一个状态，这些状态作为控制的依据。

一般而言，输入接口需要有一个缓冲器，输出接口则需要一个锁存器，如图 3.23 与图 3.24 所示。

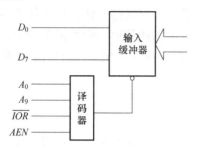

图 3.23　开关量输入接口

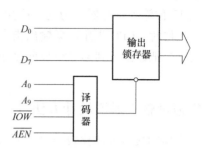

图 3.24　开关量输出接口

3.4.1　缓冲器

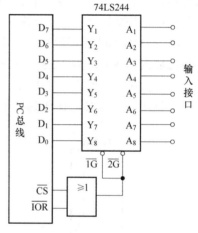

对生产过程进行控制，往往要收集生产过程的状态信息，根据状态信息，再给出控制量。因此，可用三态门缓冲器 74LS244 取得状态信息，如图 3.25 所示。当 PC 执行输入指令时，地址总线 A0 ~ A9 经过端口地址译码使片选信号 $\overline{CS}$ 有效、控制总线的 $\overline{IOR}$ 信号有效，将被测的状态信息可通过三态门送到 PC 总线工业控制机的数据总线。三态门缓冲器 74LS244 用来隔离输入和输出线路，在两者之间起缓冲作用。另外，74LS244 有 8 个通道可输入 8 个开关状态。

图 3.25　开关量输入接口

3.4.2　锁存器

当对生产过程进行控制时，一般控制状态需进行保持，直到下次给出新的值为止，这时输出就要锁存。因此，可用 74LS273 作为 8 位输出锁存器，对状态输出信号进行锁存，如图 3.26 所示。当 PC 执行输出指令时，地址总线 A0 ~ A9 经过端口地址译码使片选信号 $\overline{CS}$ 有效、控制总线的 $\overline{IOW}$ 信号有效，将要输出的信息通过数据总线锁存到输出端口。

3.4.3　可编程并行 I/O 扩展接口

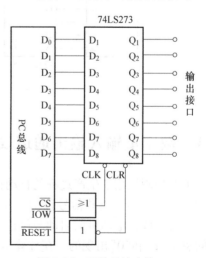

除缓冲器和锁存器外，还有一类既有缓冲功能又有锁存功能的器件，如 Intel 公司 8255A 可编程并行 I/O 扩展接口芯片。8255A 与 PC 总线的连接如图 3.27 所示。8255A 有 3 个可编程的 8 位输入输出端口 A、B 和 C，内部有一个控制寄存器。通过向控制寄存器写入控制字定义 A、B、C 端口的数据传输方向（输入或输出），图中 ATF16V8B 作译码器用。

由于图中 ATF16V8B 是可编程逻辑器件，其输

图 3.26　开关量输出接口

入输出逻辑关系可以自行定义，所以 8255A 的端口地址在硬件连接不变的情况下，由
ATF16V8B 的输入输出逻辑表达式决定。例如，要使 8255A 的 A、B、C 口地址分别为
300H、301H、302H，可令 ATF16V8B 的输出表达式为

$$Y_0 = \overline{A_9} + \overline{A_8} + A_7 + A_6 + A_5 + A_4 + A_3 + A_2 + AEN$$

但由于 ATF16V8B 器件内部的或门只有 8 个输入，无法实现上述表达式，因此通过短接
ATF16V8B 芯片上 S1 和 S2，用下面两个表达式来实现上述表达式功能：

$$S_1 = \overline{A_9} + \overline{A_8} + A_7 + A_6 + A_5 + A_4 + A_3 + A_2$$

$$Y_0 = AEN + S_2$$

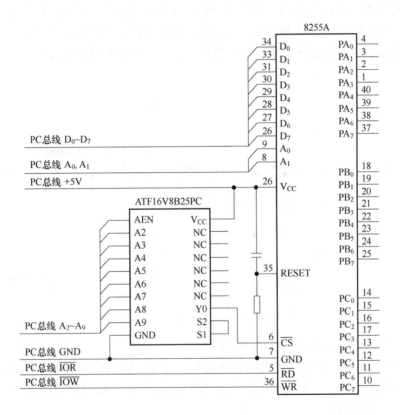

图 3.27　可编程并行 I/O 扩展接口

3.4.4　数字量输入通道的信号调理

数字量(开关量)输入通道的基本功能就是接收外部装置或生产过程的状态信号。这些
状态信号的形式可能是电压、电流、开关的触点，因此会引起瞬时高压、过电压、接触抖动
等现象。为了将外部开关量信号输入到计算机，必须将现场输入的状态信号进行信号调理，
如电平转换、RC 滤波、过电压保护、反电压保护、光电隔离等。图 3.28 给出了消除这些干
扰信号的典型调理电路。该电路具有过压、过流、反压保护和 RC 滤波等功能，串联二极管
VD 防止反向电压输入，由 R、C 构成滤波器，电阻 R 也是输入限流电阻，稳压管 VZ 把过
电压或瞬态尖峰电压嵌位在安全电压上，FU 为过流熔断保护器。

现场开关与计算机输入接口之间一般有较长的传输线路，这就容易引入各种干扰，甚至包括强电干扰。采用光电隔离技术，可起到安全保护和抗干扰的双重作用。

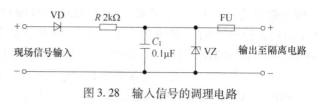

图 3.28 输入信号的调理电路

另外，在开关或继电器闭合与断开时，还存在抖动问题，这是由机械触点的弹性作用导致。解决这类问题的方法很多，常用 RC 吸收电路、双稳态电路和施密特触发器来消除。

开关量信号的最终处理目标是把来自控制过程的开关通断信号、高低电平信号等转换为计算机能够接受的逻辑电平信号，如 TTL 电平、CMOS 电平。开关信号只有两种逻辑状态 "ON" 和 "OFF" 或数字信号 "1" 和 "0"，但是其电平不一定与计算机逻辑电平相同，计算机的接口主要考虑逻辑电平的变换以及噪声隔离的问题，一个具体的机械式开关信号输入电路如图 3.29 所示。

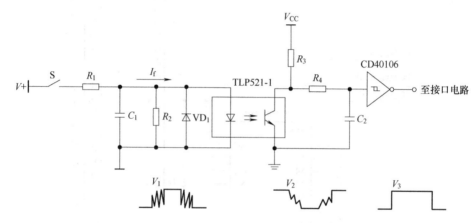

图 3.29 机械式开关信号的输入电路

图 3.29 中各元件的作用和选取原则如下：

1）R_1 为限流电阻，以提供光电耦合器发光二极管正常范围内的正向电流 I_f。

2）R_2 为分流电阻，一方面可防止高电压输入时，产生大电流而损坏发光二极管；另一方面提供 C_1 的放电回路。

3）C_1 为滤波电容，以吸收尖刺脉冲。

4）VD_1 为防击穿二极管，当输入端误接入反向电压时，可提供通路，以免反向击穿光电耦合器中的发光二极管。

5）R_3 为上拉电阻，当光电耦合器输出截止时，提供高电平。

6）R_4 和 C_2 组成 RC 低通滤波器，以进一步消除脉冲干扰。C_2 的充电时间常数为 $(R_3 + R_4) \times C_2$，放电时间常数为 $R_4 \times C_2$。这些时间常数应远小于正常信号的脉冲宽度，并大于干扰脉冲的宽度。

7）CD40106 为施密特触发器，以产生整形后的开关信号。

对电子开关的输入信号，在采用光电隔离时需要考虑极性和驱动能力。当输入的开关信号频率较高(大于几百千赫兹)时，要采用高速光电耦合器，信号整形也不能采用简单的 RC 滤波电路，此时的开关信号应视为高速脉冲信号来处理。

下面针对不同情况分别介绍相应的信号调理技术。

（1）小功率输入调理电路

图3.30所示为从开关、继电器等接点输入信号的电路。它将接点的接通和断开动作，转换成TTL电平信号与计算机相连。为了清除由于接点的机械抖动而产生的振荡信号，一般都应加入有较长时间常数的积分电路来消除这种振荡。图3.30a所示为一种简单的、采用积分电路消除开关抖动的方法。图3.30b所示为R-S触发器消除开关两次反跳的方法。

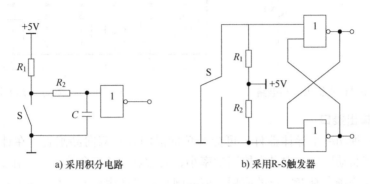

a) 采用积分电路　　　　b) 采用R-S触发器

图3.30　小功率输入调理电路

（2）大功率输入调理电路

在大功率系统中，需要从电磁离合等大功率器件的接点输入信号。在这种情况下，为了使接点工作可靠，接点两端至少要加24V以上的直流电压。因为直流电平的响应快，不易产生干扰，电路又简单，所以被广泛采用。

但是这种电路，由于所带电压高，所以高压与低压之间用光电耦合器进行隔离，如图3.31所示。

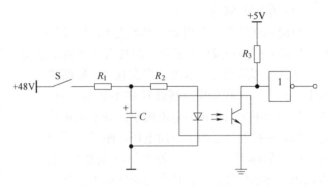

图3.31　大功率输入调理电路

3.4.5　数字量输出通道的信号驱动

1. 小功率直流驱动电路

（1）功率晶体管输出驱动继电器电路

采用功率晶体管输出驱动继电器的电路如图3.32所示。因负载呈电感性，所以输出必须加装克服反电势的保护二极管VD，J为继电器的工作线圈。

（2）达林顿阵列输出驱动继电器电路

MC1413是达林顿阵列驱动器，它内含7个达林顿复合管，每个复合管的电流都在500mA以上，但每一块双列直插式芯片总的输出电流不得超过2.5A；输出端截止时承受100V电压；输入端可与多种TTL及CMOS电路兼容。为了防止MC1413组件反向击穿，可使用内部保护二极管。图3.33给出了MC1413内部电路原理图和使用方法。

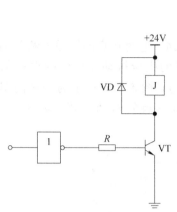

图 3.32 功率晶体管输出驱动电路

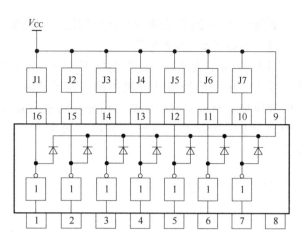

图 3.33 MC1413 驱动 7 个继电器

2. 晶闸管输出接口

晶闸管是一种功率半导体器件，可分为单向晶闸管和双向晶闸管，在计算机控制系统中，可作为功率驱动器件。它具有控制功率小、无触点、长寿命等优点，在交流电路的开关控制、调功调速等场合有着广泛的应用。但晶闸管容易产生谐波干扰，并且一般不太适合用于直流驱动场合。

（1）单向晶闸管

单向晶闸管有 3 个引脚，其符号标示如图 3.34a 所示。其中，A 极为阳极，K 极为阴极，G 极为控制极或称触发极、门控极。其内部结构如图 3.34b 所示。

从其内部结构可以看出，当在其 A、K 两端加上正向电压，而在其控制极 G 端不加电压时，单向晶闸管不导通，正向电流极小，处于截止状态。如果在控制极上加上正向电压，则晶闸管导通，由于晶体管 VT_1、VT_2 处于深度饱和状态，所以正向导通压降很小，且此时即使撤去控制电压，仍能保持导通状态。因此，利用切断控制电流的方法不能切断负载电流。只有当阳极电流降至足够小的定值以下时，负载回路中的电流才能被切断。若将单向晶闸管用于交流回路中作为整流器件，则电压过零进入负半周时，能自动关断

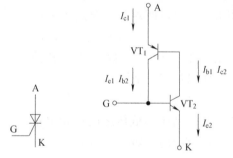

a) 单向晶闸管符号   b) 晶闸管内部结构图

图 3.34 单向晶闸管的内部结构及符号表示

晶闸管。但在下一个正半周时，必须在控制极上再加上控制电压，晶闸管才能导通。单向晶闸管可作为一个无触点开关来接通或断开直流电或作为交流场合的受控整流器件。

由于单向晶闸管能通过大电流，所以大功率单向晶闸管的 A、K 极引脚较粗，更大功率的晶闸管器件采用平板式，并采用风冷散热或水冷散热。

（2）双向晶闸管

双向晶闸管也称三极双向晶闸管，它相当于两个单向晶闸管反向并联。它和单向晶闸管的区别是：它在触发之后是双向导通；在控制极上不管是加正，还是负的触发信号，一般都可以使双向晶闸管导通。所以双向晶闸管特别适合用作交流无触点开关。双向晶闸管的符号

表示如图 3.35 所示。但需要特别注意的是，当双向晶闸管接通感性负载时，由于电压与电流存在相位差，即电压的相位超过电流一定相位，所以当电流为零时，存在一个反向电压，且超过转折电压，使管子反向导通，故必须使双向晶闸管能承受这种反向电压。一般在双向晶闸管 T1、T2 两极间并联一个 RC 网络，以吸收这种反向电压。

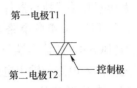

图 3.35　双向晶闸管符号表示

由于双向晶闸管接通的一般都是一些功率较大的用电器，且连接在强电网络中，所以晶闸管触发电路的抗干扰问题，显得尤为重要，通常都是通过光电耦合器将微机控制系统中的触发信号加载至晶闸管的控制极 G。由于双向晶闸管的广泛使用，与之配套的光电耦合器已有系列产品，这种产品称为光电耦合双向晶闸管驱动器，与一般的光电耦合器不同之处在于其输出部分是一个光敏双向晶闸管，一般还带有过零触发检测器，以保证电压接近零时触发晶闸管，这对抑止干扰非常有效。采用 MOC3011、MOC3041 驱动双向晶闸管的电路分别如图 3.36a、图 3.36b 所示。其中 MOC3011 用于交流 110V，MOC3041 用于交流 220V，并带过零触发检测器。

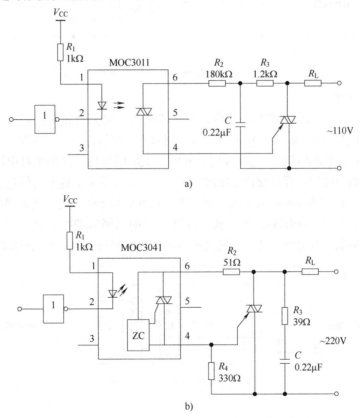

图 3.36　MOC3011、MOC3041 驱动双向晶闸管电路图

对不同的光电耦合器，其输入的驱动电流也不同，如 MOC3041 为 15mA，而 MOC3011 仅为 5mA，所以可通过调节输入回路中的电阻 R 来满足其电流要求。

3. 固态继电器输出接口

固态继电器(Solid State Relay，SSR)是一种既有放大驱动作用，又有隔离作用，很适合于驱动大功率开关式执行器件。SSR 是一种四端有源器件，其中的两端为输入控制端，输入功耗很低，与 TTL、CMOS 电路兼容；另外两端是输出端，内部设有输出保护电路。单向直流固态继电器(DCSSR)的输出端与直流负载适配，双向交流固态继电器(ACSSR)的输出端与交流负载适配。输入电路与输出电路之间采用光电隔离，绝缘电压可达 2500V 以上。

（1）直流型 SSR

直流型 SSR 主要应用于直流大功率控制场合，如直流电动机控制、直流步进电机控制，以及电磁阀等。这种直流型 SSR 的电气原理图如图 3.37 所示。输入端为光电耦合器，因此可用 OC 门或晶体管直接驱动。驱动电流一般为 15mA，输入电压为 4～32V，在电路设计时，可选用适当的电压和限流电阻；输出端为晶体管输出，输出电流一般小于 5mA，输出工作电压为 30～180V(5V 开始工作)，开关时间 200μs，绝缘度为 7500V/s。

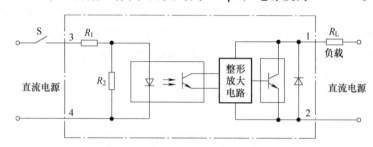

图 3.37　直流型 SSR 电气原理图

（2）交流型 SSR

交流型 SSR 用于交流大功率驱动场合，如交流电机、交流电磁阀控制。它又分为过零触发型(Z 型)和随机开启型(又称调相型、P 型)，用双向晶闸管作为开关器件，其电气原理图如图 3.38 所示。过零触发型具有零电压开启、零电流关断的特性，使用中对电网污染小，但它的输入端施加控制电压后，要等交流电压过零时输出端才能导通，这有可能造成最大为半个市电周期(对于 50Hz 市电为 10ms)的延迟。而对于随机开启型 SSR，输入端施加控制电压后输出端立即导通。在输入电压撤销后，当负载电流低于双向晶闸管的维持电流时，SSR 输出才关断。大功率负载的随机开启有可能对电网造成污染，导致局部供电系统波形的畸变。

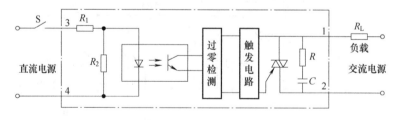

图 3.38　交流型 SSR 电气原理图

3.5　脉冲量输入输出通道设计

脉冲信号实质上也是开关信号，但受关注的是信号的变化，即上升沿和下降沿，以及相邻间隔的时间。用普通数字量 I/O 接口很难处理这类信号，如旋转编码器(测量角度的传感器)输出的信号，生产线上的产品计数传感器输出的信号等(脉冲量输入)。一个高速脉冲信号的输入电路如图 3.39 所示，图中 H11L1 为含有施密特整形电路的高速光电耦合器，74LS393 为双 4 位二进制计数器，MR 端为计数器的清零端，计数器的输出和 MR 端与接口电路相连。计算机在固定间隔时间内，通过接口电路两次读取计数器数据，计算得到信号变化的频率。该电路允许有不超过 256 个脉冲输入。

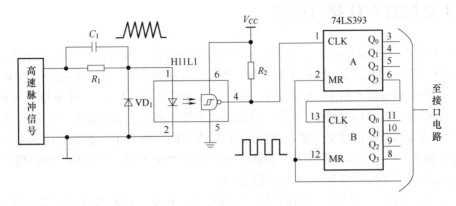

图 3.39　高速脉冲信号的输入电路

处理脉冲量一般用可编程计数器。Intel 公司的 8253、8254（两者引脚兼容，用法相似）就是这样的可编程计数器。8253 内部有 3 个 16 位的可编程序计数器和 3 个控制寄存器（3 个控制寄存器共用一个地址）。每个计数器的工作方式由对应的控制寄存器中的控制字决定。图 3.40 为可编程计数器 8253 与 PC 总线的接口电路。

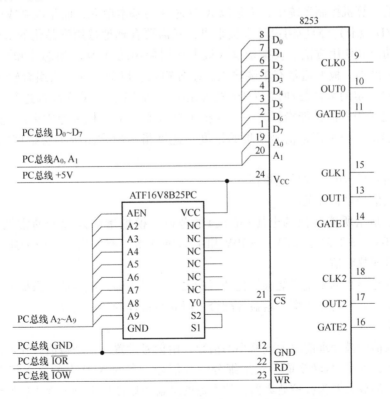

图 3.40　可编程计数器 8253 与 PC 总线接口电路

图中的 CLKi（$i=0$，1，2）为计数器的计数脉冲输入端，OUT 为分频输出端（OUTi 是 CLKi 的分频输出）。当 CLKi 与外部传感器连接时，可对外部脉冲信号进行计数；当 CLKi 与 PC 总线上的 CLK 连接时，可通过 OUTi 向外部输出脉冲信号。

3.6　工业控制 I/O 接口板卡

基于 PC 总线的板卡是指计算机厂商为了满足用户需要，利用总线模板化结构设计的通用功能模板。基于 PC 总线的板卡种类很多，其分类方法也有很多种。根据板卡处理信号的不同可以分为模拟量输入板卡（A/D 卡）、模拟量输出板卡（D/A 卡）、开关量输入板卡 DI、开关量输出板卡 DO、脉冲量输入板卡、多功能板卡等。其中，多功能板卡可以集成多个功能，如模拟量输入板卡将数字量输入/输出功能集成在同一板卡上。根据总线的不同，可分为 PC 板卡和 ISA 板卡。各种类型板卡依据其所处理的数据不同，都有相应的评价指标，现在较为流行的板卡大部分是基于 PCI 总线设计的。

数据采集卡的性能优劣对整个计算机控制系统举足轻重。选购时不仅要考虑其价格，更要综合考虑、比较其质量、软件支持能力、后继开发和服务能力，还有其他一些专用 I/O 板卡，如虚拟存储板（电子盘）、信号调理板、专用（接线）端子板等这些种类齐全、性能良好的 I/O 板卡与工控机配合使用，使计算机控制系统的集成十分容易。

3.6.1　模拟量输入卡

在实际的计算机控制系统中，不是以 A/D 芯片为基本单元，而是以制成商品化的模拟量输入卡（A/D 板卡）。对应用设计人员来讲，只需要合理地选用商品化的 A/D 转换板卡，掌握它们的功能和使用方法。模拟量输入板卡根据使用的 A/D 转换芯片和总线结构不同，性能有很大的区别。板卡通常有单端输入、差分输入，以及两种方式组合输入 3 种。板卡内部通常设置一定的采样缓冲器 FIFO（先入先出存储器），对采样数据进行缓冲处理，缓冲器的大小也是板卡的性能指标之一。在抗干扰方面，A/D 板卡通常采取光电隔离技术，实现信号的隔离。板卡模拟信号采集的精度和速度指标通常由板卡所采用的 A/D 转换芯片决定。

模拟量输入板卡的主要性能指标有：

（1）输入信号量程和范围

输入量程是指所能转换的电压（电流）的范围。模拟量输入板卡的常见输入量程有：$0\sim5V$、$0\sim10V$、$\pm2.5V$、$\pm5V$、$\pm10V$ 和 $4\sim20mA$ 等。有的模拟量板卡还能直接输入毫伏级电压信号或热阻信号。

输入范围是指数据采集卡能够量化处理的最大、最小输入电压值。数据采集卡提供了可选择的输入范围，它与分辨率、增益等配合，以获得最佳的测量精度。

（2）增益

表示输入信号被处理前放大或缩小的倍数。给信号设置一个增益值，就可以实际减小信号的输入范围，使模/数转换能尽量地细分输入信号。有的 A/D 卡的放大倍数是可以程控的，即板卡上的放大器为程控放大器，放大器的增益可以使用引脚编程或软件编程。可编程增益系数一般为 $1\sim1000$。

（3）分辨率

按分辨率可将 A/D 卡分为：8 位、12 位、16 位和超高分辨率（大于 16 位）。另外，还有部分不常用的 10 位分辨率的板卡。8 位 A/D 卡称为低分辨率卡，用在一些简单采集或高速采集上。12 位或 16 位 A/D 卡为工业过程控制中最常用的板卡。大于 16 位的板卡（通常这类板卡转换速度很低，一般在 1Hz ~ 1kHz 之间，但分别率可以达到 20 ~ 40 位）通常只用在一些慢速测量的场合，如温度、液位等。

（4）精度

精度是指数据采集卡在满量程范围内任意一点的输出值相对于其理想值之间的偏离程度。数据采集卡的精度受卡上放大倍数的影响比较大，一般厂商给出的数据采集卡的精度指标都很高，12 位 A/D 采集卡的精度在满程输入电压（FSR）的 0.01% + 1LSB，但在实际检测过程中，受到很多因素，特别是外部电磁干扰信号、电源干扰和传感器噪声等影响因素的限制，检测的精度往往达不到这样的水平。

在实际应用中，干扰严重的环境可能使采样结果与厂商标称的精度相差甚远，在弱信号（例如热电偶信号）和高阻抗输出信号（例如压电陶瓷传感器、锆氧传感器输出信号）的采集中尤其如此，原因是逐次比较型 A/D 采集的是微秒级时刻的电信号，而实际输入的信号是传感器输出信号与干扰信号的叠加，在这些干扰信号中，工频干扰信号是比较普遍的，防止工频干扰信号比较有效的方法是与工频信号同步，在工频周期时间内连续采集若干个信号取平均值，这样操作会降低实际的采样速度，在不需要高速采集但要求高精度采样的情况下可以得到比较好的效果。

（5）采样速度

采样速度是指每秒能转换多少个点（通道）或对一个通道重复采样多少次，又称为转换速度。按采样速度可将 A/D 卡分为低速、中速和高速板卡。

◇ 低速板卡：采样速率在 100kHz 以下。

◇ 中速板卡：采样速率在 200 ~ 500kHz。

◇ 高速板卡：采样速率在 1MHz 以上。

一般的过程通道板卡的采样速率可以达到 30 ~ 100kHz。快速 A/D 卡可达到 1MHz 或更高的采样速度。

（6）输入信号类型及方式

输入信号类型有电压和电流之分，以及信号的大小之分。例如小信号输入 A/D 卡表示该 A/D 卡能直接输入毫伏信号。输入方式有单端输入和差分输入两种，一般的 A/D 能用作单端输入，也能用作差分输入。

（7）输入通道数

A/D 卡的输入通道数一般有 8 路、16 路、32 路，有的 A/D 卡可以通过采样扩展板，将模拟量输入通道扩展成 128 路、256 路等。一般情况下，采用单端输入时的通道数是差分输入时通道数的两倍。

（8）数据传输方式

数据传输方式是指数据采集卡将采集到的数据传输给计算机的方式。数据采集卡的制造厂商附件中都会提供相应的动态链接库文件（DLL）和相应的函数及使用方法，并给出常用语言的例程。一般数据采集卡有 3 种方式传输到计算机：软件查询式、中断方式、

DMA 方式。

(9) 驱动程序及支持软件

性能良好的板卡还应支持多种应用软件和带有多种语言的接口及驱动程序。

以研华 PCI-1712 模拟量输入多功能卡为例，其外形如图 3.41 所示。该板卡是一款功能强大的低成本多功能 PCI 总线数据采集卡。它有 1MHz 转换速度的 12 位 A/D 转换器，卡上带有 FIFO 缓冲器(可存储 1KB A/D 采样值和 32KB D/A 转换数据)。PCI-1712 提供 16 路单端或 8 路差分的模拟量输入(也可以单端差分混合使用)，2 路 12 位 D/A 模拟量输出通道，16 路数字量输出通道，以及 3 个 10MHz 时钟的 16 位多功能计数器通道。

图 3.41　PCI-1712 模拟量输入多功能卡

3.6.2　模拟量输出卡

模拟量输出卡(D/A 卡)同样依据其采用的 D/A 转换芯片的不同，转换性能指标有很大的差别。模拟量输出卡的主要性能指标有：

(1) 转换率

转换率是指数/模转换器所产生的输出信号的最大变化速率。

(2) 输出范围

D/A 转换后，其输出电压/电流的范围。

(3) 输出通道数

模拟量输出通道的数目。

(4) 驱动能力

电流输出时允许带的负载。与 U/I 转换电路的电源电压及 U/I 转换器件等因素有关。因为数据采集卡是从计算机总线取电压/电流输出，所以驱动能力有限，带大功率负载的时候需用户外加电源驱动设备。

图 3.42 为研华的一款 PCI 总线模拟量输出卡 PCI-1720，该板卡具有 4 路 12 位 D/A 输出通道，多种输出范围。并能够在输出和 PCI 总线之间提供 2500V DC 的直流隔离保护，非常适合需要有高电压保护的工业现场。

图 3.42　PCI-1720 模拟量输出多功能卡

3.6.3　数字量输入/输出卡

计算机控制系统通过数字量输入板卡采集工业生产过程的离散输入信号，并通过数字量输出板卡对生产过程或控制设备进行开关式控制（二位式控制）。将数字量输入和数字量输出功能集成在一块板卡上，称为数字量输入/输出板卡，简称 I/O 板卡。数字量输入有隔离/非隔离、触点/电平等多种输入方式。数字量输出有触点/电平、隔离/非隔离等方式，触点输出本身是隔离的，不需要隔离电源。隔离型电平输出必须提供隔离电源。

数字量输入/输出卡的主要性能指标有：

（1）数字量的类型

分为 TTL 电平和隔离电压。这两种类型决定了数据采集板卡可以接收/检测的电压范围。例如，TTL 电平 0～0.8V 为逻辑 0；2.4～5V 为逻辑 1；隔离电压逻辑 0/1 根据板卡指标来确定。

（2）最大开关频率

开关量输入/输出信号的允许频率值，触点输入/输出的开关频率较低。

（3）并行操作的位数

同时可以输出/输入通道的个数，与板卡设计和系统的总线宽度有关，如研华公司的 PCI-175 支持 8/16/32 位并行操作。

（4）驱动能力

因为数字量输出卡是从计算机总线上取电压电流输出，所以驱动能力有限，带大功率负载的时候需用户外加电源驱动设备。

图 3.43 所示为研华 PCI-1760 数字量输入/输出卡，该板卡符合 PCI Rev.2.2 标准（通用 PCI 扩充卡），适用于 3.3V 和 5V PCI 插槽。提供了带有 2500V DC 隔离保护的 8 路光隔离器数字量输入通道，可用于在噪声环境下进行数字量信号采集；8 路继电器可作为开/关控制设备或小型电源开关使用；2 路隔离 PWM（脉宽调制）输出用于客户应用程序。为了便于监控，每个继电器都有一个红色的 LED 来显示其开/关状态。每路隔离输入都支持干/湿接点，这样在外部电路无电压时仍可以与其他设备连接。

图 3.43　PCI-1760 数字量输入/输出卡

3.6.4　脉冲量输入/输出卡

工业控制现场有很多高速的脉冲信号，如旋转编码器、流量检测信号等，这些都要用脉冲量输入板卡或一些专用测量模块进行测量。脉冲量输入/输出板卡可以实现脉冲数字量的输出和采集，并可以通过跳线器选择计数、定时、测频等不同工作方式，计算机可以通过该板卡方便读取脉冲计数值，也可测量脉冲的频率或产生一定频率的脉冲（如图 3.41 所示的 PCI-1712 卡就含有 3 个 10MHz 时钟的 16 位多功能计数器通道）。考虑到现场强电的干扰，该类型板卡多采用光电隔离技术，使计算机与现场信号之间完全隔离，来提高板卡测量的抗干扰能力。

3.6.5　实时工业以太网 EtherCAT 总线卡

EtherCAT 总线是 2003 年德国倍福公司开发的一款新型实时工业以太网技术。与其他实时工业以太网相比，它具有良好的实时性、较高的开放性和较低的构建成本，且通过总线端子模块能和其他总线技术相通信，具有良好的兼容性、通用性和"互换性"，适合于运动控制领域。

EtherCAT 是直达 I/O 级的实时以太网，无需下挂子系统，没有网关延时，包括输入/输出、传感器、驱动器及显示单元等，所有设备都位于同一条总线上。它采用主从通信模式，主站可以用带有 DMC 网卡的普通 PC 实现，从站可用专用的 ASIC 或 FPGA 实现，具有较低的实现成本。因此，它不但能够解决自动化设备之间实时数据的传输及高效传输采样，还能通过普通 PC 实现实时控制。EtherCAT 协议对过程数据进行了优化，数据直达以太网数据帧，报文处理完全在硬件中进行，通过内部实时核处理数据链路层，并为过程数据提供独立通道，提高了通信的实时性。此外，EtherCAT 具有分布式时钟和灵活的拓扑结构，使其网络性能达到了一个新的高度。

图 3.44 为研华 PCI-1203 总线卡，它是一款 2 端口 EtherCAT 通用型 PCI 主站卡，结合完整软硬体功能的 EtherCAT 控制开发平台，适用于所有 PC 架构的工业自动化应用。支援一组 Motion 主站及一组 I/O 控制主站，可自动执行 EtherCAT 通信协定堆叠。I/O 主站资料更

新周期不超过200μs，而应用于运动控制时，串接多轴的伺服电动机通信周期也不会超过500μs。此外，PCI-1203具备4通道隔离式数字输出及8通道隔离式数字输入，可处理高速I/O需求。PCI-1203为具备高度弹性、即时性和精准控制性能的EtherCAT主站控制系统。

图3.44　PCI-1203 2端口EtherCAT通用型PCI主站卡

此外，PCI-1203支援Common Motion API，让程序设计者可在统一的程序界面和图形化的公用程序下轻松编写程序，并且在相同的应用程序架构下，跟研华所有配备SoftMotion软体的控制器相整合。此外，提供许多易于使用的程序范例，可减少专案开发的时间，同时快速完成格式设定和诊断功能。

3.7　数据处理与数字滤波

3.7.1　线性化处理

在实际的计算机控制系统中，计算机从模拟量输入通道得到的有关现场信号与源信号所代表的物理量不一定成线性关系，而在显示时总是希望得到均匀的刻度，即希望系统的输入与输出之间为线性关系，这样不但读数看起来清楚方便，而且使仪表在整个范围内灵敏度一致，从而便于读数，以及对系统进行分析与处理。例如，在流量测量中，从差压变送器来的差压信号ΔP与实际流量G成二次方根关系，即$G = K\sqrt{\Delta P}$。又如：铂电阻及热电偶与温度的关系也是非线性的。为了保证这些参数能有线性输出，需要引入非线性补偿，将非线性关系转化成线性的。这种转化过程称为线性化处理。

常用的线性化方法有计算法、插值逼近法、折线近似法。

1. 计算法

当参数间的非线性关系可以用数学方程式来表示时，计算机可按公式进行计算，完成对非线性补偿。在计算机控制系统中常遇到的两个非线性关系是"温度与热电势"和"差压与流量"。

在温度测量中常用热电偶测量温度。但其被测温度与热电势之间呈非线性关系，一般热电势与温度的关系(E-T)可用下式表示：

$$T = a_4E^4 + a_3E^3 + a_2E^2 + a_1E + a_0 \tag{3.15}$$

不同的热电偶材料系数 a_i 不一样。用采样值代替式（3.15）中的 E，即可求得温度输出值 T。

2. 查表与插值逼近法

有许多非线性关系，如指数、对数、三角函数、积分和微分等，计算起来不仅程序长，而且很费机器时间；有的关系也难以用公式来表达，这些非线性关系常以某种数据表格给出。为解决这类问题，可以采用查表法。

所谓查表法，就是事先将算好的数据按一定顺序编制成表格，存入计算机的存储器中，查表程序的任务就是根据被测参数的值（或中间计算结果），查出最后的所需的结果，这种方法速度快，精度高。

查表程序的繁简及查询时间的长短与表格长短有关，更重要的一个因素是与表格的排列方法有关。一般的表格有两种排列方法：

1）无序表格，即表格的排列是任意的，无一定的顺序；

2）有序表格，即表格的排列有一定的顺序，如表格中各项按大小顺序排列等。

查表的方法有顺序查表法、计算查表法、对分搜索法等。关于建表与查表，在《程序设计》或《微型计算机原理》中都有相关内容，读者可以去查阅。

由于存储容量的限制，有些表格只给出一些稀疏点上的函数值。而对任何相邻两点中间的函数值常用插值法近似计算，最常用的插值法是运算量较小的线性插值法和二次插值法。

线性插值法的原理如图 3.45 所示。

已知 A、B 两点的坐标为 (x_0, y_0) 和 (x_1, y_1)，则用直线 $\overline{AB}$ 代替弧线 $\overparen{AB}$，由此可得其直线方程为

$$y = y_0 + \frac{y_1 - y_0}{x_1 - x_0}(x - x_0) \tag{3.16}$$

由此可见，插值点 x_0 和 x_1 之间的距离越小，其精度越高。

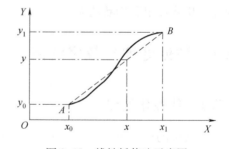

图 3.45　线性插值法示意图

通常把线性插值公式编制成相应的子程序，在调用前赋入相应参数，直接调用即可。

线性插值利用两对值 (x_0, y_0) 及 (x_1, y_1) 求得 $y = f(x)$ 的近似值，有时误差较大。因此，可用三点决定的曲线（也就是抛物线）来实现插值，也称为抛物线插值（二次插值）。

二次插值的公式为

$$y = y_0 + \frac{y_1 - y_0}{x_1 - x_0}(x - x_0) + \frac{\dfrac{y_2 - y_0}{x_2 - x_0} - \dfrac{y_1 - y_0}{x_1 - x_0}}{x_2 - x_1}(x - x_0)(x - x_1) \tag{3.17}$$

同样，由于 (x_0, y_0)、(x_1, y_1)、(x_2, y_2) 均为已知常数，所以上式可以简化：

$$y = y_0 + k_1(x - x_0) + k_2(x - x_0)(x - x_1) = y_0 + (x - x_0)(k_1 + k_2(x - x_1)) \tag{3.18}$$

式中，$k_1 = \dfrac{y_1 - y_0}{x_1 - x_0}$，$k_2 = \dfrac{\dfrac{y_2 - y_0}{x_2 - x_0} - \dfrac{y_1 - y_0}{x_1 - x_0}}{x_2 - x_1}$。

按此式也不难编出相应的标准子程序，供系统作插值运算使用。

线性插值运算速度快，但精度低。而二次插值精度比一次插值精度高，但速度稍慢，可以根据实际系统的情况选择使用。

3. 折线近似法

在工程实践中，有些非线性规律不能用数学公式精确表达，只能以某种曲线描述出来。对于这些曲线可用折线近似方法求解。

图 3.46 为折线近似法的原理示意。由图可知，折线的每一段都可以看成是线性的。我们把各点输出值与斜率不同的各小段综合起来，就可实现所需函数的逼近。

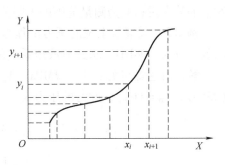

图 3.46 折线近似法示意图

例如，设 x 在区间 $[x_i, x_{i+1}]$ 内，则其对应的逼近值为

$$y = y_i + \frac{y_{i+1} - y_i}{x_{i+1} - x_i}(x - x_i) = y_i + k_i(x - x_i) \tag{3.19}$$

式中，$k_i = \dfrac{y_{i+1} - y_i}{x_{i+1} - x_i}$ 为第 i 段的斜率，$i = 0, 1, 2, \cdots, n$。

对于这种方法，只要 n 值取得足够大，即分段足够多，就可以获得良好的非线性转换精度。

曲线分段的方法主要有两种：

（1）等距分段法

等距分段法就是沿 x 轴或 y 轴等距离选取分段点。这种方法的主要优点是使公式中的 $x_{i+1} - x_i$ 为常数，从而使计算简化，节省内存。但该方法的缺点是当函数的曲率和斜率变化较大时，将会产生一定的误差。否则，必须把基点分得很细，这样势必占用更多的内存，并使计算时间加长。

（2）非等距分段法

这种方法的特点是分段点间不是等距的，而是根据函数曲线的形状及其变化曲率的大小来修正插值间的距离，曲率变化大的，插值间距取小一点；反之，可将插值距离增大一点。这种方法的优点是可以提高精度，但非等距插值点的选取比较麻烦。

3.7.2 标度变换

计算机控制系统在读入被测模拟信号，并转换成数字量后，往往要转换成操作人员所熟悉的工程量。这是因为被测对象的各种数据的量纲与 A/D 转换的输入值是不一样的，如温度的单位为℃，压力的单位为 Pa，流量的单位为 m^3/h 等。这些参数经传感器和 A/D 转换后得到一系列的数码值，这些数码值并不等于原来带有量纲的参数值，它仅仅对应于参数的大小，所以必须把它转换成带有量纲的数值后才能运算、显示或打印输出，这种转换就是"标度变换"。

1. 线性参数的标度变换

对于一般的线性系统，其标度变换公式为

$$A_x = A_0 + (A_m - A_0) \frac{N_x - N_0}{N_m - N_0} \quad\quad (3.20)$$

式中，A_x 为被测的工程量值；N_x 为被测量对应的数字量；A_m 为测量范围的上限值；N_m 为 A_m 对应的数字量；A_0 为测量范围的下限值；N_0 为 A_0 对应的数字量。

例 3.2 某液压系统的压力量程为 2 ~ 40MPa，在某一时刻计算机采样并经数字滤波后的数字量为：08DH，求此时液压系统的实际压力是多少？

解： 由题意可知：$A_0 = 2\text{MPa}$，$A_m = 40\text{MPa}$，$N_x = (08\text{D})_H = (141)_D$，$N_m = (0\text{FF})_H = (255)_D$，$N_0 = (0)_D$，此时的压力为

$$A_x = A_0 + (A_m - A_0) \frac{N_x - N_0}{N_m - N_0}$$

$$= \left[2 + (40 - 2) \times \frac{141}{255} \right] \text{MPa}$$

$$= 23.01\text{MPa}$$

在计算机控制系统中，为了实现上述变换，可把它设计成专门的子程序，把各个不同参数所对应的 A_0、A_m、N_0 和 N_m 存放于存储器，然后当某一个参量需要进行标度变换时，只要调用标度变换子程序即可。

2. 非线性参数的标度变换

有些传感器测出的数据与实际的参数之间是非线性关系，这种非线性关系可由函数解析式来表示，这时可直接按解析式来计算，如当用差压变送器来测量流量信号时，其流量和差压的公式为

$$Q = K\sqrt{\Delta P} \quad\quad (3.21)$$

式中，Q 为流量；ΔP 为节流装置前后的差压；K 为刻度系数，与流体的性质及节流装置的尺寸、形状有关。

根据式 (3.21) 知道，流体的流量与被测流体流过节流装置前后产生的压力差的二次方根成正比，于是得到测量流量时的标度变换式为

$$Q_x = (Q_m - Q_0) \frac{\sqrt{N_x} - \sqrt{N_0}}{\sqrt{N_m} - \sqrt{N_0}} + Q_0 \qu\quad (3.22)$$

式中，Q_x 为被测液体的流量值；Q_m 为流量仪表的上限值；Q_0 为流量仪表的下限值；N_x 为差压变送器所测得的差压值 (数字量)；N_m 为差压变送器上限所对应的数字量；N_0 为差压变送器下限所对应的数字量。

对于流量仪表，一般下限皆为 0，即 $Q_0 = 0$，所以，式 (3.22) 可简化为

$$Q_x = Q_m \frac{\sqrt{N_x} - \sqrt{N_0}}{\sqrt{N_m} - \sqrt{N_0}} \qu\quad (3.23)$$

若取流量表下限对应的数字量 $N_0 = 0$，则进一步简化公式：

$$Q_x = Q_m \sqrt{\frac{N_x}{N_m}} \qu\quad (3.24)$$

与线性刻度标度变换公式一样，由于 Q_m、Q_0、N_m 和 N_0 都是常数，所以公式就可分别记为

$$Q_{x1} = K_1 (\sqrt{N_x} - \sqrt{N_0}) + Q_0 \qu\quad (3.25)$$

式中，$K_1 = \dfrac{Q_m - Q_0}{\sqrt{N_m} - \sqrt{N_0}}$。

$$Q_{x2} = K_2 (\sqrt{N_x} - \sqrt{N_0}) \tag{3.26}$$

式中，$K_2 = \dfrac{Q_m}{\sqrt{N_m} - \sqrt{N_0}}$。

$$Q_{x3} = K_3 \sqrt{N_x} \tag{3.27}$$

式中，$K_3 = \dfrac{Q_m}{\sqrt{N_m}}$。

上述 3 式为不同条件下的流量标度变换公式。

需要指出的是，工业现场有很多非线性传感器，并不像流量传感器那样用一个简单的公式描述，或者虽然能够写出来，但计算相当困难。此时，可采用多项式插值法、线性插值法，或者查表法进行标度变换。

3.7.3 数字滤波

随机误差是由窜入检测系统或控制系统的随机干扰引起的，这种误差是指在相同条件下测量同一物理量时，其大小和符号作无规则的变化且无法预测，但在多次测量中它是符合统计规律的。为了克服随机干扰引入的误差，除了可以采用硬件办法，还可以按统计规律用软件算法来实现，即采用数字滤波方法来抑制有效信号中的干扰成分，消除随机误差，同时对信号进行必要的平滑处理，以保证系统的正常运行。

与模拟滤波器相比较，数字滤波算法具有如下的优点：

◇ 节约硬件成本。数字滤波只是一个滤波程序，无需硬件，而且一个滤波程序可用于多处和很多通道，无需每个通道专设一个滤波器，因此，大大节约硬件成本。

◇ 可靠稳定。数字滤波只是一个计算过程，因此可靠性高，不存在阻抗匹配问题。

◇ 功能强。数字滤波可以对频率很高或很低的信号进行滤波，这是模拟滤波器所不及的。

◇ 方便灵活。只要适当改变软件滤波器的滤波程序和运算参数，即可改变滤波特性。

◇ 不会丢失原始数据。

下面介绍几种常用数字滤波算法。

1. 程序判断法

许多物理量的变化都需要一定的时间，相邻两次采样值之间的变化有一定的限度。程序判断滤波的方法是根据生产经验，确定相邻两次采样信号之间可能出现的最大偏差，若超过此偏差值，则表明该输入信号是干扰信号，应该去掉；若小于此偏差值，则可将该信号作为本次采样值。

当采样信号受到随机干扰，如大功率用电设备的启动或停止，造成电流的尖峰干扰或误检测，以及变送器不稳定而引起的严重失真等，可采用程序判断法进行滤波。

程序判断滤波根据滤波方法不同，可以分为限幅滤波和限速滤波两种。

（1）限幅滤波

限幅滤波把两次相邻的采样值相减，求出其增量（以绝对值表示），然后与两次采样允许的最大差值(由被控对象的实际情况决定)δ进行比较。若小于或等于δ，则取本次采样值；若大于δ，则仍取上次采样值作为本次采样值，即

$$y_k = \begin{cases} y_k & |y_k - y_{k-1}| \leq \delta \\ y_{k-1} & |y_k - y_{k-1}| > \delta \end{cases} \tag{3.28}$$

式中，δ表示相邻两个采样值之差的最大可能变化范围；y_k、y_{k-1}分别为k、$k-1$时刻的采样值。

限幅滤波主要用于变化比较缓慢的参数，如温度、物理位置等测量系统。应用这种方法时，关键是δ值的选择，δ太大，各种干扰信号将"乘虚而入"，使系统误差增大；δ太小，又会使某些有用信号被"拒之门外"，使计算机采样效率变低。因此，门限值δ的选取是非常重要的，通常按照参数可能的最大变化速度V_{max}及采样周期T来决定δ值，即

$$\delta = TV_{max} \tag{3.29}$$

（2）限速滤波

限速滤波最多可用3次采样值来决定采样结果，设顺序采样时刻：$k-2$、$k-1$、k所采样的信号为：y_{k-2}、y_{k-1}、y_k，则

$$y_k = \begin{cases} y_k & |y_{k-1} - y_k| \leq \delta \\ y_{k-1} & |y_{k-2} - y_{k-1}| \leq \delta \\ \dfrac{y_k + y_{k-1}}{2} & |y_{k-1} - y_k| > \delta \quad \& \quad |y_{k-2} - y_{k-1}| > \delta \end{cases} \tag{3.30}$$

限速滤波是一种折衷的方法，既照顾了采样的实时性，也照顾了采样值变化的连续性。但这种方法有明显的缺点，首先在于δ，要根据现场检测、测试之后而定，对不同的过程变量，要不断给计算机提供新的信息，不够灵活；其次，限速滤波不能反映采样点数 > 3 时各采样数值受干扰的情况，因而其应用受到一定的限制。

在实际使用中，可用$\dfrac{|y_{k-1} - y_k| + |y_{k-2} - y_{k-1}|}{2}$代替$\delta$，这样也可基本保持限速滤波的本来面目，虽增加运算量，但灵活性提高了。

2. 中位值滤波法

中位值滤波法就是对某一被测参数连续采样 N 次(一般 N 取奇数)，然后把 N 次采样值按大小排队，取中间值为本次采样值。中位值滤波能有效地克服因偶然因素引起的波动或采样器不稳定引起的误码等造成的脉冲干扰。对温度、液位等缓慢变化的被测参数采用此法能收到良好的滤波效果，但对于流量、压力等快速变化的参数一般不宜采用中位值滤波法。

从图 3.47 可以看出 $N = 3$ 时采样的中位值滤波的滤波效果。如果 3 次采样中有一次发生干扰，则不管这个干扰发生在什么位置，都将被删除掉，如图 3.47a 所示。

当 3 次采样中有两次发生脉冲干扰时，若这两次干扰是异向作用(如图 3.47b 所示)，则同样可以滤掉这两次干扰，取得准确值。

若这两次干扰是同向作用(如图 3.47c 所示)，或发生如图 3.47d 所示的 3 次干扰时，中位值滤波便显得无能为力，以致会把错误信息送入计算机中。

中位值滤波程序设计的实质是，首先将 N 个采样值从小到大或从大到小进行排队，然后取中间值。N 个数据按大小排序采用"冒泡法"(也叫大数沉底法)。

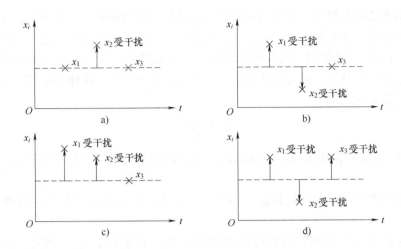

图 3.47　中位值滤波效果讨论

注：x 为各个采样值；虚线为真实信号。

3. 算术平均滤波法

算术平均滤波法是要按输入的 N 个采样数据 y_i（$i=1$，2，…，N），寻找这样一个 y，使 y 与各采样值之间的偏差的平方和最小，即

$$E = \left[\sum_{i=1}^{N} (y - y_i)^2 \right] \qquad (3.31)$$

由一元函数求极值的原理可得

$$\bar{y} = \frac{1}{N} \sum_{i=1}^{N} y_i \qquad (3.32)$$

算术平均滤波法适用于对一般具有随机干扰的信号进行滤波。这种信号的特点是有一个平均值，信号在某一数值范围附近作上下波动，在这种情况下仅取一个采样值作依据显然是不准确的，算术平均滤波法对信号的平滑程度完全取决于 N 值。当 N 值较大时，平滑度高，但灵敏度低；当 N 值较小时，平滑度低，但灵敏度高。应视具体情况选取 N 值，以便既少占用计算机时间，又达到最好的效果。对于一般流量测量，常取 $N=12$；若为压力，则取 $N=4$。

算术平均滤波程序可直接按上述算法编制，只需要注意两点：

1）y_i 的输入方法。对于定时测量，为了减少数据的存储容量，可对测得的 y 值直接按公式进行计算，但对于某些应用场合，为了加快数据测量的速度，可采用先测量数据并把它们存放在存储器中，测量完 N 点后，再对测得的 N 个数据进行平均值计算。

2）选取适当的 y_i、$\bar{y}$ 的数据格式，即确定 y_i、$\bar{y}$ 是定点数还是浮点数。采用浮点数计算比较方便，但计算时间较长；采用定点数可加快计算速度，但是必须考虑累加时是否会产生溢出。

4. 递推平均滤波法

前面的算术平均滤波法每计算一次数据，需测量 N 次。对于测量速度较慢或要求数据计算速率较高的实时系统，此方法是无法使用的。例如某 A/D 芯片转换速率为每秒 10 次，而要求每秒输入 4 次数据时，则 N 不能大于 2。下面介绍一种只需进行一次测量，就能得到当前算术平均滤波值的方法——递推平均滤波法。

递推平均滤波法是把 N 个测量数据看成一个队列。队列的长度固定为 N，每进行一次新的测量，把测量结果放入队尾，而扔掉原来队首的一个数据，这样在队列中始终有 N 个"最新"的数据。在计算滤波值时，只要把队列中的 N 个数据进行算术平均，就可得到新的滤波值。这样每进行一次测量，就可计算得到一个新的平均滤波值。这种滤波算法称为递推平均滤波法，其数学表达式为

$$\bar{y}_k = \frac{1}{N}\sum_{i=0}^{N-1} y_{k-i} \tag{3.33}$$

式中，$\bar{y}_k$ 为第 k 次采样值经滤波后的输出；y_{k-i} 为未经滤波的第 $k-i$ 次采样值；N 为递推平均项数。

第 k 次采样的 N 项递推平均值是 k，$k-1$，$\cdots$，$k-N+1$ 次采样值的平均值，它与算术平均法相似。

递推平均滤波法对周期性干扰有良好的抑制作用，平滑度高，灵敏度低。但对偶然出现的脉冲性干扰的抑制作用差，不易消除由于脉冲干扰所引起的采样值偏差，因此它不适用于脉冲干扰比较严重的场合，而适用于高频振荡的系统。通过观察不同 N 值下递推平均的输出响应来选取 N 值；以便既少占用计算机时间，又能达到最好的滤波效果。其工程经验值如表 3.3 所示。

表 3.3 N 的工程经验值

参　　数	流　　量	压　　力	液　　面	温　　度
N 值	12	4	4 ~ 12	1 ~ 4

递推平均滤波法与算术平均滤波法在数学处理上是完全相似的，只是这 N 个数据的实际意义不同。采用定点数表示的递推平均滤波法，在程序上与算术平均滤波法没有明显的不同，此处不再给出。

5. 加权递推平均滤波法

在算术平均滤波法和递推平均滤波法中，N 次采样值在输出结果中的比例是均等的，即 $1/N$。用这样的滤波算法，对于时变信号会引入滞后，N 越大、滞后越严重。为了增加新采样数据在递推平均中的比例，以提高系统对当前采样值中所受干扰的灵敏度，可采用加权递推平均滤波法。它是对递推平均滤波算法的改进，即不同时刻的数据加以不同的权，通常越接近现时刻的数据，权取得越大。N 项加权递推平均滤波法为

$$\bar{y}_k = \sum_{i=0}^{N-1} C_i y_{k-i} \tag{3.34}$$

式中，C_0，C_1，$\cdots$，C_{N-1} 为常数，且满足如下条件：

$$\begin{cases} C_0 + C_1 + \cdots + C_{N-1} = 1 \\ C_0 > C_1 > \cdots > C_{N-1} > 0 \end{cases} \tag{3.35}$$

常系数 C_0，C_1，$\cdots$，C_{N-1} 的选取有多种方法，其中最常用的是加权系数法。设 τ 为对象的纯滞后时间，且：

$$\delta = 1 + e^{-\tau} + e^{-2\tau} + \cdots + e^{-(N-1)\tau} \tag{3.36}$$

则

$$C_0 = \frac{1}{\delta}, \quad C_1 = \frac{e^{-\tau}}{\delta}, \quad \cdots, \quad C_{N-1} = \frac{e^{-(N-1)\tau}}{\delta}$$

因此 τ 越大，δ 越小，则给予新的采样值的权系数就越大，而给予先前采样值的权系数就越小，从而提高了新的采样值在平均过程中的地位。因此，加权递推平均滤波法适用于有较大纯滞后时间常数 τ 的对象和采样周期较短的系统。对于纯滞后时间常数较小、采样周期较长、缓慢变化的信号，则不能迅速反映系统当前所受干扰的严重程度，滤波效果差。

6. 低通滤波法

在模拟量输入通道等硬件电路中，常用一阶惯性 RC 模拟滤波器来抑制干扰，如图 3.48 所示。当用这种模拟方法来实现对低频干扰的滤波时，首先遇到的问题是要求滤波器有大的时间常数和高精度的 RC 网络。时间常数 T_f 越大，要求 R 值越大，其漏电流也随之增大，从而使 RC 网络的误差增大和设备

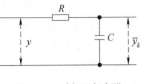

图 3.48 低通滤波器

的体积增大，降低了滤波效果。而一阶惯性滤波算法是一种以数字形式通过算法来实现动态的 RC 滤波方法，它能很好地克服上述模拟滤波器的缺点，在滤波常数要求大的场合，此法更为实用。

由图 3.48 不难得出模拟低通滤波器的传递函数，即

$$G(s) = \frac{\bar{y}_k}{y_k} = \frac{1}{RCs + 1} = \frac{1}{T_f s + 1} \tag{3.37}$$

离散化后，可得

$$\bar{y}_k = (1 - \alpha) y_k + \alpha \bar{y}_{k-1} \tag{3.38}$$

式中，$\alpha = \dfrac{T_f}{T + T_f}$；$y_k$ 为未经滤波的第 k 次采样值；T_f、T 分别为滤波时间常数和采样周期；α 由实验确定，只要使被检测的信号不产生明显的纹波即可。

当 $T \ll T_f$ 时，即输入信号的频率很高，而滤波器的时间常数 T_f 较大时，上述算法便等价于一般的模拟滤波器。

一阶惯性滤波算法对周期性干扰具有良好的抑制作用，适用于波动频繁的参数滤波，其不足之处是带来了相位滞后，灵敏度低。滞后的程度取决于 α 值的大小。同时，它不能滤除频率高于采样频率二分之一（称为奈奎斯特频率）的干扰信号。例如，采样频率为 100Hz，则它不能滤去 50Hz 以上的干扰信号。对于高于奈奎斯特频率的干扰信号，应该采用模拟滤波器。

7. 复合滤波法

在实际应用中，所面临的随机扰动往往不是单一的，有时既要消除脉冲干扰，又要作数据平滑。因此常把前面所介绍的两种以上的方法结合起来使用，形成复合滤波。例如防脉冲扰动平均值滤波算法就是一种应用实例。这种算法的特点是先用中位值滤波法滤掉采样值中的脉冲性干扰，然后把剩余的各采样值进行递推平均滤波。其基本算法如下：

如果 $y_1 \leqslant y_2 \leqslant \cdots \leqslant y_n$，其中：$3 \leqslant n \leqslant 14$（$y_1$ 和 y_n 分别是所有采样值中的最小值和最大值），则

$$\bar{y}_n = \frac{y_2 + y_3 + \cdots + y_{n-1}}{n - 2} \tag{3.39}$$

由于这种滤波算法兼容了递推平均滤波法和中位值滤波法的优点，所以，无论是对缓慢变化的过程变量，还是对快速变化的过程变量都能起到较好的滤波效果。

8. 案例分析

为了直观展现上述滤波方法对不同噪声的滤波效果，下面人工合成几段基本信号，然后在它们的波形上叠加上不同的噪声，测试这些滤波方法在不同信号、不同噪声下的输出结果。

例 3.3　一个受随机干扰的信号如图 3.49 所示，它由 5 段信号组成。

第一段信号为 $y_t = \sqrt{t}$，用来模拟大多数系统从 0 开始启动的采样波形，该段信号受到了约为信号本身 1/5 强度的随机噪声的干扰，用以测试滤波函数对噪声的过滤程度。

第二段是一段长度为 200，均值为 12.5，幅值为 7.5 的方波信号，其上叠加了幅度为信号本身 1/10 的毛刺噪声，测试函数对直流采样过程中毛刺的过滤效果，以及对阶跃信号的响应速度。

第三段为 $y_t = 0.1t + 5$ 的斜坡信号，但是叠加了 3 个三角形的噪声信号，用来模拟一些高惯性系统受到脉冲冲击后产生的周期较长的干扰杂波。

第四段为 $y_t = 5\sin\left[2\pi(t - 400)/200\right] + 15$ 混有信号本身 1/10 强度的随机噪声和 1/5 强度的毛刺噪声，模拟在正弦逆变电路设计中碰到的系统底噪与周期性开关噪声。

第五段为直流信号 $y = 15$ 叠加了一个长周期的小幅正弦纹波 $y_t = 0.15\sin\left[2\pi(t - 600)/100\right]$，同时伴有一定的毛刺，用来模拟 DC-DC 变换器中常出现的输出伴纹波信号。

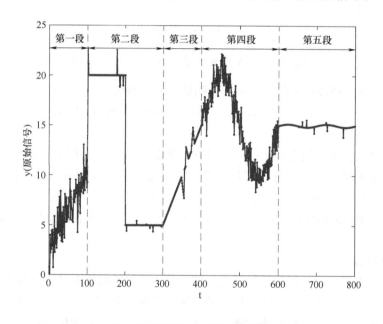

图 3.49　受随机干扰的原始信号

试分析各种滤波算法的结果。

解：（1）限幅滤波

本例中，设置 $\delta = 3$，每次采集到的数据和前一次的数据进行比较，如果前后采样值差值的绝对值小于 δ，则本次采集到的数据有效，否则无效，舍弃。其结果如图 3.50 所示。

该滤波方法能够克服偶然因素引入的脉冲干扰，也可以消除波形上的尖峰毛刺，但是不能抑制周期性的干扰，而且其完全削除大幅度的阶跃信号，容易造成控制失调，一般不适用

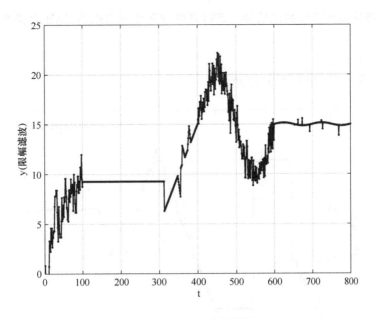

图 3.50　限幅滤波的结果

于开关电源这类变化剧烈、需要迅速反馈的场景，适用于水温控制等变化缓慢、安全性高的应用。

（2）中位值滤波

本例中 $N=5$，其结果如图 3.51 所示。这种滤波方法能够有效地克服偶然因素引起的波动干扰，特别是对于像温度、液位等变化缓慢的被测参数有良好的滤波效果，但是对于流量、速度或者其他快速变化的信号参数，则不适合使用这种方法。此外，中位值滤波法的程序设计要稍复杂一些，排序可以使用冒泡法或者选择排序法等，由于引入了排序算法，所以

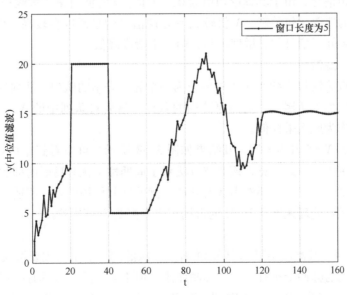

图 3.51　中位值滤波的结果

该方法不能处理速度要求很高的信号。其运算处理速度和占用的 RAM 直接受所选择的数值 N 决定。

（3）算术平均滤波

本例中 $N=5$，其结果如图 3.52 所示。

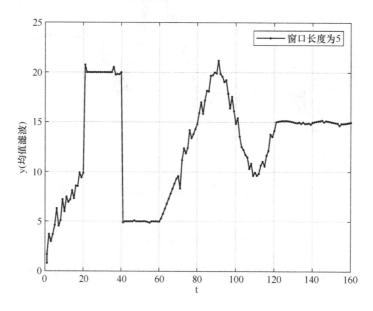

图 3.52　算术平均滤波的结果

这种滤波方法是适用于对具有随机干扰的信号进行处理，并且被处理的信号必须具有一个平均值，信号在这个平均值上下波动。该方法对于高速信号并不适用。对于毛刺信号，可以看到，算术平均滤波将其分担到了周围的采样点上，不如中位值滤波那样能够完全去除。但是对于随机噪声信号，由于其理论均值为 0，算术平均滤波对第一段噪声有良好的滤除效果。此外，N 值的选取比较关键，N 值较大者处理信号的平滑度会较高，但是灵敏度降低；相反，N 值较小者处理信号的灵敏度提高，但是平滑度降低。

（4）递推平均滤波

如前所述，该算法将连续 N 个采样值设为一个先入先出的队列，队列的长度为 N，每次采样得到的新数据加入队尾，并扔掉原队列的队首，然后对队列中的 N 个数据进行算术平均，获得的结果作为此次采样值。

本例中设置了 $N=5$ 和 $N=20$，其结果如图 3.53 所示。可以看到窗口长度为 20 的波形更好，但延迟也更大。由此可见，该滤波方法对于周期性干扰有良好的抑制作用，平滑度也很高，但是灵敏度较低，对于偶然出现的脉冲干扰的抑制作用较差，不适用于脉冲干扰比较严重的场合，其运算处理速度和 RAM 的占用率也直接受 N 值影响。

（5）低通滤波

本例中 $\alpha=0.4$，其滤波结果如图 3.54 所示。该滤波的输出值主要取决于上次滤波的输出值，对偶然出现的脉冲干扰有一定的抑制作用，但不能消除，且具有一定的惯性。

（6）复合滤波（递推中位值平均滤波）设定一个长度为 N 的先进先出队列，每个周期采样一个新的数值，插入采样队列队尾并移除队首的旧值。对这个队列进行插入排序，然后去

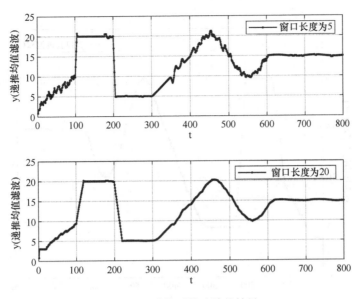

图 3.53　递推平均滤波的结果

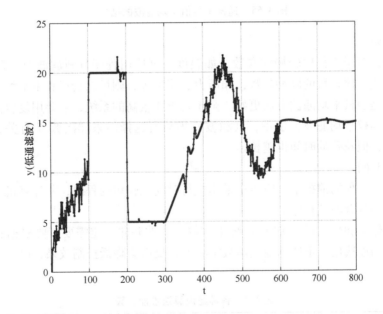

图 3.54　低通滤波的结果

掉最大值与最小值，取中间剩下值的平均数作为最终结果。本例中，设置 $N=32$，其结果如图 3.55 所示。波形平滑，没有突变的噪声与毛刺现象，对各种噪声适应性比较均衡，但波形向后的延迟很多，差不多与滤波长度相当，这也是此方法的弊端。

9. 各种数字滤波性能的比较

以上介绍了 6 种数字滤波方法，以及 1 种复合数字滤波方法，读者可根据需要设计出更多的数字滤波程序，每种滤波程序都有各自的特点（见表 3.4），可根据具体的测量参数进行合理的选用。

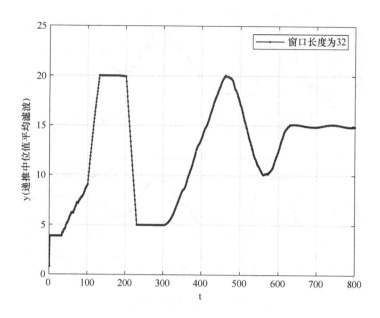

图 3.55　递推中位值平均滤波的结果

（1）滤波效果

一般来说，对于变化比较慢的参数，如温度，可选用程序判断滤波及一阶惯性滤波方法。对于那些变换比较快的脉冲参数，如压力、流量等，则可以选择算术平均和加权平均滤波方法，特别是加权平均滤波方法更好。至于要求比较高的系统，需要用复合滤波方法。在算术平均法和加权平均滤波方法中，其滤波效果与所选择的采样次数 N 有关，N 越大，则滤波效果越好，但花费的时间也越长。

（2）滤波时间

在考虑滤波效果的前提下，应尽量采用执行时间比较短的程序，若计算机时间允许，可采用效果更好的复合滤波程序。

注意，在热工和化工过程 DDC 系统中，数字滤波并非一定需要，要根据具体情况，经过分析、实验加以选用。不适当地应用数字滤波，反而会降低控制效果，以致失控，因此必须注意。

表 3.4　各种滤波算法性能比较

序号	滤波方法	优　点	缺　点
1	限幅滤波法	有效克服因偶然因素引起的脉冲干扰	无法抑制周期性的干扰，平滑度差
2	中位值滤波法	有效克服因偶然因素引起的脉冲干扰，对温度、液位变化缓慢的被测参数有良好的滤波效果	不宜用于流量、速度等快速变化的参数
3	算术平均滤波法	适用于具有随机干扰的信号。该方法有一个均值，信号某一数值范围附近上下波动	不适用对数据计算速度较快的实时控制系统，比较浪费 RAM

（续）

序号	滤波方法	优　点	缺　点
4	递推平均滤波法	对周期性干扰有良好的抑制作用，平滑度高，适用于高频振荡系统	灵敏度低，对偶然出现的脉冲性干扰抑制作用较差，不易消除由于脉冲干扰所引起的采样偏差
5	递推中位值平均滤波法	适用于有较大滞后时间常数的对象和采样周期较短的系统	对于纯滞后时间常数小、采样周期较长、变化缓慢的信号，不能迅速反映系统当前所受干扰的严重程度，滤波效果差
6	低通滤波法	对周期性干扰具有良好的抑制作用，适用于波动频率较高的场合	相位滞后，灵敏度低，滞后程度取决于 α 值大小，不能消除频率高于采样频率的 1/2 的干扰信号

3.8　过程通道的抗干扰措施

3.8.1　系统干扰与可靠性问题

过程通道的电路一般都放在控制现场，即使不放在现场，也会通过较长的导线与现场设备连接。而控制现场都存在大量的干扰源，且分布区域较广，从而使过程通道的距离也较长，各种干扰源很容易沿着过程通道进入计算机控制系统。一般而言，形成干扰一般有 3 个要素。

1）干扰源。产生干扰的元件、设备或信号，也就是 du/dt 或 di/dt 大的地方就是干扰源。例如，雷电、继电器、晶闸管、电机、高频时钟等都可能成为干扰源。

2）传播路径。干扰从干扰源传播到敏感器件的通路或媒介称为传播路径。典型的干扰传播路径是通过导线的传导和空间的辐射。

3）敏感器件。容易被干扰的对象，如 A/D、D/A 转换器，数字 IC，弱信号放大器等。

干扰的作用方式一般可分为共模干扰、串模干扰、长线传输干扰。

1. 共模干扰

所谓共模干扰是指在电路输入端相对公共接地点同时出现的干扰，也称为共态干扰、对地干扰、纵向干扰、同向干扰等。因为在计算机控制系统中，一般要用长导线把计算机发出的控制信号传送到现场的某个控制对象，或者把安装在某个装置中的传感器所产生的被测信号传送到计算机的 A/D 转换器。因此，被测信号的参考接地点和计算机输入信号的参考接地点之间往往存在着一定的电位差。共模干扰主要是由电源的地、放大器的地以及信号源的地之间的传输线上电压降造成的，如图 3.56 所示。

2. 串模干扰

所谓串模干扰是指叠加在被测信号上的干扰噪声，也称为正态干扰、常态干扰、横向干扰等，其表现形式如图 3.57 所示。被测信号是指有用的直流信号或缓慢变化的交变信号，而干扰噪声是指无用的、变化较快的杂乱交变信号。

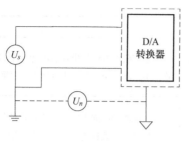

图 3.56　共模干扰示意图

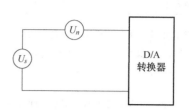

图 3.57　串模干扰示意图

3. 长线传输干扰

在计算机控制系统中，由于数字信号的频率很高，很多情况下传输线要按长线对待。例如，对于 10ns 级的电路，几米长的连线应作为长线来考虑，而对于 ns 级的电路，1m 长的连线就要当作长线处理。

信号在长线中传输时会遇到 3 个问题：一是长线传输易受到外界干扰；二是具有信号延时；三是高速度变化的信号在长线中传输时，还会出现波反射现象。

当信号在长线中传输时，由于传输线的分布电容和分布电感的影响，信号会在传输线内部产生向前进的电压波和电流波，称为入射波；另外，如果传输线的终端阻抗与传输线的波阻抗不匹配，那么当入射波到达终端时，便会引起反射；同样，反射波到达传输线始端时，如果始端阻抗不匹配，还会引起新的反射。这种信号的多次反射现象，使信号波形失真和畸变，并且引起干扰脉冲。

3.8.2　共模干扰的抑制

抑制共模干扰的主要方法是设法消除不同接地点之间的电位差。

1. 采用差分放大器作为信号前置放大

共模电压 U_n 对放大器的影响，实际上是转换成串模干扰的形式，加入到放大器输入端。因此，要抑制它，就要尽量做到线路平衡。采用差分放大器可以有效抑制共模干扰。图 3.58 分别讨论差分放大器为单端输入和双端输入两种情况表示的共模电压是如何引入输入端的。

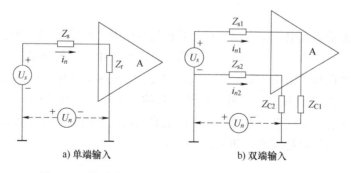

a) 单端输入　　　　　　　b) 双端输入

图 3.58　单端输入和双端输入情况下共模电压的干扰

当差分放大器为单端输入时，由共模电压 U_n 引入差分放大器输入端的串模干扰电压 U_{n1} 为

$$U_{n1} = \frac{U_n Z_s}{Z_s + Z_r} \tag{3.40}$$

因为 $Z_r \gg Z_s$，所以：

$$U_{n1} = \frac{U_n Z_s}{Z_r} \tag{3.41}$$

式中，Z_s 是信号源内阻；Z_r 是差分放大器输入阻抗。显然，Z_s 越小，Z_r 越大，则越有利于提高共模干扰的能力。

当差分放大器为双端输入时，由于共模电压 U_n 引入差分放大器输入端的串模电压 U_{n2} 为

$$U_{n2} = i_{n1} Z_{s1} - i_{n2} Z_{s2} = \frac{U_n Z_{s1}}{Z_{s1} + Z_{c1}} - \frac{U_n Z_{s2}}{Z_{s2} + Z_{c2}} \tag{3.42}$$

因为 $Z_{c1} \gg Z_{s1}$，$Z_{c2} \gg Z_{s2}$，所以：

$$U_{n2} \approx \left(\frac{Z_{s1}}{Z_{c1}} - \frac{Z_{s2}}{Z_{c2}} \right) U_n \tag{3.43}$$

式中，Z_{s1}、Z_{s2} 为信号源内阻；Z_{c1}、Z_{c2} 为差分放大器输入对地的漏阻抗。为了提高抗共模干扰的能力，信号引入线要尽量短，Z_{c1} 和 Z_{c2} 则要尽量大，而且阻值要相等。理论上，若：

$$\frac{Z_{s1}}{Z_{c1}} = \frac{Z_{s2}}{Z_{c2}} \tag{3.44}$$

则 $U_{n2} = 0$。由此可见，双端输入时，抗共模能力很强。

为了衡量一个差分放大器抑制共模干扰的能力，常用共模抑制比 K_{CMRR} 来表示，即

$$K_{\mathrm{CMRR}} = 20 \lg \frac{U_n}{U_{nr}} \tag{3.45}$$

式中，U_n 是共模干扰电压；U_{nr} 是由 U_n 转换成的串模干扰电压。

显然，单端输入方式的 K_{CMRR} 较小，说明它的抗共模抑制能力较差；而双端输入方式，U_n 引入的串模干扰电压 U_{nr} 较小，K_{CMRR} 较大，所以抗共模干扰能力强。

在计算机控制系统模拟量输入板卡或模块的前置放大器中，现场来的模拟量输入信号有单端输入和差分输入两种方式。显然对于存在共模干扰的场合，不能采用单端输入方式，而应采用差分输入方式，否则共模干扰电压会全部转换成串模干扰电压。

2. 变压器隔离

利用变压器把模拟信号电路与数字信号电路隔离，也就是把模拟地与数字地断开，使共模干扰电压不成回路，从而抑制了共模干扰。注意，隔离前和隔离后应分别采用两组互相独立的电源，切断两部分的地线联系，如图 3.59 所示。

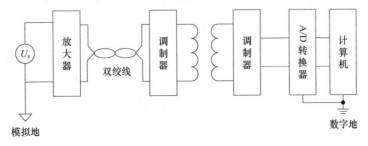

图 3.59　变压器隔离

3. 光电隔离

光电隔离是利用光电耦合器完成信号的传送，实现电路的隔离，如图 3.60 所示。根据所用的器件及电路不同，通过光电耦合器既可以实现模拟信号的隔离，更可以实现数字量的隔离。注意，光电隔离前后两部分电路应分别采用两组独立的电源。

光电耦合器有以下几个特点：

1）由于是密封在一个管壳内，不会受到外界光的干扰。

2）由于是靠光传送信号，切断了各部件电路之间地线的联系。

3）发光二极管动态电阻非常小，而干扰源的内阻一般很大，能够传送到光电耦合器输入端的干扰信号变得很小。

4）光电耦合器的传输比和晶体管的放大倍数相比，一般很小，其发光二极管只有在通过一定的电流时才发光，如果没有足够的能量，仍不能使发光二极管发光，从而可以有效地抑制干扰信号。

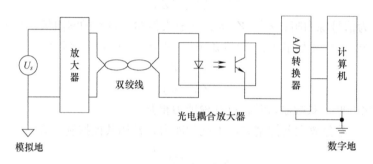

图 3.60　光电隔离图

4. 浮地屏蔽

采用浮地输入双层屏蔽放大器来抑制共模干扰，如图 3.61 所示。所谓浮地，就是利用屏蔽方法使信号的"模拟地"浮空，从而达到抑制共模干扰的目的。

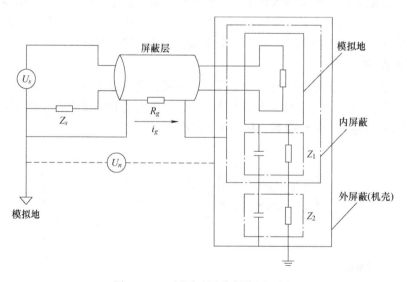

图 3.61　双层浮地屏蔽保护原理图

在图 3.61 中，Z_s 为信号源的内阻；R_g 为信号线的屏蔽内阻；Z_1 为输入级对内屏蔽层的漏阻抗；Z_2 为内屏蔽层与外屏蔽层之间的漏阻抗。由图 3.61 可知，屏蔽线 R_g 和 Z_2 为共模电流 i_g 提供了通路，但这一电流不会产生串模干扰。共模电压 U_n 中只有在屏蔽线 R_g 上的压降（占比很小），会在模拟量输入回路中产生共模干扰电流，这个数值很小，因而对共模干扰的抑制起很大作用。

3.8.3 串模干扰的抑制

抑制串模干扰主要从干扰信号与工作信号的不同特性入手，针对不同情况采取相应的措施。

1. 在输入回路中接入模拟滤波器

如果串模干扰频率比被测信号频率高，则采用输入低通滤波器来抑制高频串模干扰；如果串模干扰频率比被测信号频率低，则采用高通滤波器来抑制低频串模干扰；如果串模干扰频率落在被测信号频谱的两侧，则应采用带通滤波器。一般情况下，串模干扰均比被测信号变化快，所以常用二阶阻容低通滤波网络作为 A/D 转换器的输入滤波器。

2. 使用双积分式 A/D 转换器

当尖峰型串模干扰为主要干扰时，使用双积分式 A/D 转换器，或在软件上采用判断滤波的方法加以消除。双积分式 A/D 转换器对输入信号的平均值而不是瞬时值进行转换，所以对尖峰干扰具有抑制能力。如果双积分式 A/D 转换器的积分周期等于主要串模干扰的周期或为主要串模干扰周期的整数倍，则通过积分比较变换后，对串模干扰有更好的抑制效果。

3. 采用双绞线作为信号线

若串模干扰和被测信号的频率相当，则很难用滤波的方法消除。此时，必须采用其他措施，消除干扰源。通常可在信号源到计算机之间选用带屏蔽层的双绞线或同轴电缆，并确保接地正确可靠。采用双绞线作为信号引线的目的是减少电磁。双绞线能使各个小环路的感应电势相互抵消。一般双绞线的节距越小，抗干扰能力越强。

4. 电流传送

当传感器信号距离主机很远时很容易引入干扰。如果在传感器出口处将被测信号由电压信号转换为电流信号，以电流形式传送信号，将大大提高信噪比，从而提高传输过程中的抗干扰能力。

5. 对信号提前处理

电磁感应造成的串模干扰，对被测信号尽可能地进行前置放大，从而达到提高回路中信号噪声比的目的，或者尽可能早地完成 A/D 转换，或者采取隔离和屏蔽措施。

6. 选择合理的逻辑器件来抑制

一是采用高抗扰度逻辑器件，通过高阈值电平来抑制低噪声的干扰；二是采用低速的逻辑器件来抑制高频干扰。

3.8.4 长线传输干扰的抑制

采用终端阻抗匹配或始端阻抗匹配，可以消除长线传输中的波反射或者把它抑制到最低限度。

1. 波阻抗 R_p 的求解

为了进行阻抗匹配，必须事先知道传输线的波阻抗 R_p，波阻抗的测量如图 3.62 所示。

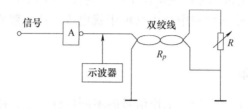

图 3.62　测量传输线波阻抗图

2. 终端匹配

最简单的终端匹配方法如图 3.63a 所示，如果传输线的波阻抗是 R_p，那么当 $R = R_p$ 时，便实现了终端匹配，消除了波反射。此时，终端波形和始端波形的形状相一致，只是时间上滞后。由于终端电阻变低，则加大负载，使波形的高电平下降，从而降低了高电平的抗干扰能力，但对波形的低电平没有影响。为了克服上述匹配方法的缺点，可采用图 3.63b 所示的终端匹配方法。

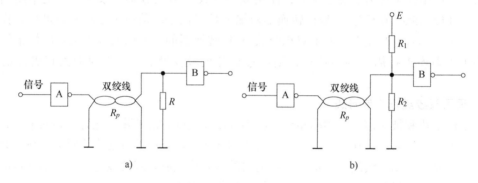

a)　　　　　　　　　　　　　　　b)

图 3.63　终端匹配图

3. 始端匹配

在传输线始端串入电阻 R，如图 3.64 所示，也能基本上消除反射，达到改善波形的目的。

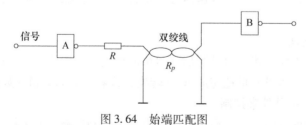

图 3.64　始端匹配图

3.9　本章小结

本章介绍了过程通道在计算机控制系统中的地位和作用，模拟量输入输出通道和数字量输入输出通道的各个组成部分、常用的数据处理方法，以及过程通道的可靠性措施。通过一系列案例对过程通道典型器件的特点和接口设计进行了详细的阐述，并给出了主要接口电路设计方法。

习题与思考题

1. 在计算机控制系统中为什么要有 I/O 接口？

2. 模拟量输入通道中为什么要加采样保持器？采样保持器的组成及要求是什么？

3. 用 ADC0809 测量某罐温度，其温度波动范围为 30 ~ 50℃，要求温度变送器输出 0 ~ 5V，试求测量该温度的分辨率和精度。

4. D/A 转换输出电路有哪几种输出方式？

5. 仪表放大器与普通运算放大器有何不同？其特点有哪些？

6. 光电隔离的工作原理，以及使用时的注意事项。

7. 数字滤波与硬件滤波器比较有哪些优点？

8. 标度变换程序在工程上有什么意义？在什么情况下可以使用标度变换程序？

9. 有一台智能温度测试仪，量程为 0 ~ 100℃。若某时刻，计算机采集到的数字量为 0CDH，求此时实际温度是多少(设仪表是线性的)。

10. 什么叫做线性化处理？线性化处理的方法有哪几种？各适用什么场合？

11. 什么是串模干扰和共模干扰？如何抑制？

12. 尖峰干扰是一种频繁出现的叠加于电网正弦波上的高能随机脉冲，如何防治尖峰脉冲干扰？

第 4 章

数字控制器设计与应用

本章知识点：

◇ 数字 PID 控制器设计

◇ 最少拍有纹波控制器设计

◇ 最少拍无纹波控制器设计

◇ 纯滞后对象控制器设计

◇ 采用状态空间进行输出反馈与极点配置设计

◇ 二次型性能最优设计

基本要求：

◇ 掌握数字 PID 控制器设计方法与步骤

◇ 掌握最少拍有纹波和无纹波控制器设计方法

◇ 理解纯滞后对象的大林算法和史密斯预估控制算法

◇ 了解采用状态空间的输出反馈和极点配置设计方法

◇ 了解二次型性能最优设计方法

能力培养：

通过对数字 PID 控制器、最少拍有纹波/无纹波控制器、纯滞后对象的数字控制器，以及基于状态空间模型的控制器等知识点的学习，培养学生阅读、理解、分析与设计计算机控制系统常用控制算法的基本能力。学生能够根据被控对象的具体特征与控制系统的性能指标，合理选择与设计相应的数字控制器。运用本章所学知识，分析和解决数字控制器工程应用中出现的问题，培养一定的工程实践能力。

4.1 数字 PID 控制算法

4.1.1 基本原理

PID 是英文单词比例（Proportional）、积分（Integral）、微分（Derivative）的缩写，PID 调节的实质是由系统输出反馈计算得到输入的偏差值，按比例、积分、微分的函数关系进行运算，其运算结果用于输出控制。在连续控制系统中，PID 控制器应用十分广泛。该算法设计技术成熟，参数整定方便，结构更改灵活，能满足一般的控制要求。用计算机实现 PID 控制（即数字 PID 控制）的过程中，由于程序实现灵活，很容易克服连续 PID 控制中存在的问题，经修正可以得到更完善的数字 PID 控制算法，更能满足生产过程的各种要求。

在连续控制系统中，PID 控制算法可表示为

$$u(t) = K_{\mathrm{P}}\Big[e(t) + \frac{1}{T_{\mathrm{I}}} \int_0^t e(\tau)\mathrm{d}\tau + T_{\mathrm{D}}\frac{\mathrm{d}e(t)}{\mathrm{d}t} \Big] \tag{4.1}$$

式中，K_{P} 为比例系数；T_{I} 为积分时间常数；T_{D} 为微分时间常数；$u(t)$ 为控制量；$e(t) = r(t) - y(t)$ 为系统偏差；这里 $r(t)$ 为给定系统期望值；$y(t)$ 为系统输出值，即被控量。

对式(4.1)进行拉普拉斯变换后，获得 PID 调节器的传递函数，如图 4.1 所示。

$$D(s) = \frac{U(s)}{E(s)} = K_{\mathrm{P}}\Big[1 + \frac{1}{T_{\mathrm{I}}s} + T_{\mathrm{D}}s \Big] \tag{4.2}$$

PID 控 制 器 的 三 个 参 数（K_{P}、T_{I}、T_{D}）直接影响了控制器的性能。

1. 比例环节

主要用于提高系统的动态响应速度，减少系统稳态误差（即提高系统的控制精度）。该环节成比例地反映控制系统的偏差信号，一旦产出偏差，控制器立即产生控制作用，以减少偏差，使实际值接近目标值 $r(t)$。

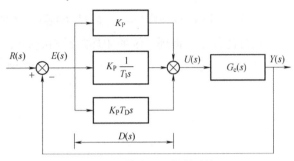

图 4.1　模拟 PID 控制系统

控制作用的强弱主要取决于比例系数 K_{P} 的大小，比例系数过大，会使系统的动态特性变差，引起输出振荡，还可能导致闭环系统的不稳定；比例系数过小，被控对象会产生较大的静态误差，达不到预期的控制效果，所以在选择比例系数 K_{P} 时要合理适当。

2. 积分环节

积分环节的作用是把偏差的积累作为输出。只要系统有偏差，积分环节的作用就一直存在。直到偏差 $e(t) = 0$，输出 $u(t)$ 才可能维持在某一常量，从而使系统在给定值 $r(t)$ 不变的条件下趋于稳态。

积分环节的调节作用虽然会消除系统的静态误差，但也会降低系统的响应速度，增加系统的超调量。积分常数 T_{I} 越大，积分的积累作用越弱。增大积分常数 T_{I} 会减慢静态误差的消除过程，但可以减少超调量，提高系统的稳定性，所以在选择积分系数 T_{I} 时也要合理适当。

3. 微分环节

微分环节的作用是阻止偏差的变化。它是根据偏差的变化趋势［变化速度 $\mathrm{d}e(t)/\mathrm{d}t$］进行控制。偏差变化越快，微分控制器的输出越大，并能在偏差值变大之前进行修正。

微分环节的引入，将有助于减小超调量，克服振荡，使系统趋于稳定。但微分的作用对输入信号的噪声很敏感，对那些噪声大的系统一般不用微分，或在微分起作用之前先对输入信号进行滤波。适当地选择微分常数 T_{D}，可以使微分的作用达到最优。

例 4.1　考虑某一被控对象 $G(s) = \dfrac{1}{(s+1)^3}$，采样周期 $T = 1\mathrm{s}$，以 MATLAB 工具研究比例、积分、微分各个环节的作用。

解： 1）仅采用比例控制，$T_{\mathrm{I}} \to \infty$，$T_{\mathrm{D}} = 0$，改变 K_{P} 值，用 MATLAB 编写如下程序代码。

```
1    clc; clear all; close all
2    z = [ ];
3    p = [ -1 -1 -1];
4    k = 1;
5    sys = zpk(z,p,k);                    % plant
```

```
6    %% P controller
7    kp =[0.1:0.2:1]';
8    for i =1:length(kp)
9        Gc = feedback(kp(i) * sys,1);        % close loop
10       step(Gc);                            %   step response
11       hold on;
12   end
13   legend(strcat('Kp =',num2str(kp)))
```

运行此程序，得到系统的闭环阶跃响应曲线，如图4.2所示。

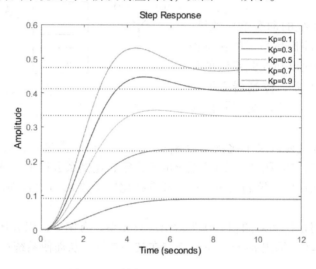

图4.2　P控制的阶跃输入响应曲线

由图4.2可以看出，比例环节的主要作用是：K_P值增大，系统响应的速率加快，闭环系统响应的幅值增加；当达到某个值时，系统将处于不稳定。

2）将K_P值固定到$K_P=1$，$T_D=0$，改变T_I值，用MATLAB编写如下程序代码。

```
1    clc; clear all; close all
2    z =[];
3    p =[-1 -1 -1];
4    k =1;
5    sys = zpk(z,p,k);                       % plant
6    %% PI controller
7    Kp =1;
8    Ti =[0.7:0.2:1.5]';
9    figure
10   for i =1:length(Ti)
11       PI =tf(Kp *[1,1/Ti(i)],[1,0]);     % PI controller
12       Gc = feedback(PI * sys,1);         % close loop
13       step(Gc);                          %   step response
14       hold on;
15   end
```

```
16    legend(strcat('Kp = ',num2str(Kp),';Ti = ',num2str(Ti)))
17    axis([0 20 0 2.5]);
```

运行此程序，得到系统的闭环阶跃响应曲线，如图4.3所示。

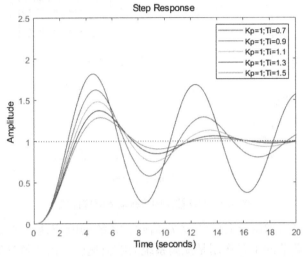

图 4.3　PI 控制的阶跃输入响应曲线

由图4.3可知，当增加积分时间常数 T_1 值时，系统超调量减小，同时系统的响应速度变慢。因此，积分环节的主要作用是消除系统的稳态误差，其作用的强弱取决于积分时间常数 T_1 值的大小。

3）固定 $K_P = 1$，$T_1 = 1$，改变 T_D 值，用 MATLAB 编写如下程序代码。

```
1     clc; clear all; close all
2     z =[];
3     p =[-1 -1 -1];
4     k =1;
5     sys =zpk(z,p,k);                          % plant
6     %% PID controller
7     Kp =1;
8     Ti =1;
9     Td =[0.1:0.3:2]';
10    figure
11    for i =1:length(Td)
12        PID =tf(Kp*[Ti*Td(i),Ti,1]/Ti,[1,0]);  % PID controller
13        Gc =feedback(PID*sys,1);                % close loop
14        step(Gc);                               %  step response
15        hold on;
16    end
17    legend(strcat('Kp = ',num2str(Kp),';Ti = ',num2str(Ti),...
18        ';Td = ',num2str(Td)))
19    axis([0 20 0 2]);
```

运行此程序，得到系统的闭环阶跃响应曲线，如图4.4所示。

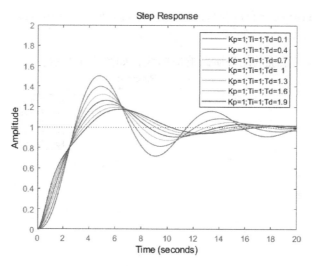

图 4.4 PID 控制的阶跃输入响应曲线

由图 4.4 可知，当增加微分时间常数 T_D 值时，系统的响应速度加快，同时响应的幅值也增加。因此，微分环节的主要作用是提高系统的响应速度。由于该环节产生的控制量与信号变化率有关，所以对于信号无变化或变化缓慢的系统不起作用。

4.1.2 数字 PID 控制器

由于计算机控制是一种采样控制，它根据采样时刻的偏差值计算控制量 $u(t)$，当采样周期足够小时，可以用"求和"替代"积分"、用"后向差分"替代"微分"，对连续 PID 控制式（4.1）离散化，即

$$\begin{cases} u(t) \approx u(k) \\ e(t) \approx e(k) \\ \int_0^t e(\tau)\,\mathrm{d}\tau \approx T\sum_{j=1}^{k} e(j) \\ \dfrac{\mathrm{d}e(t)}{\mathrm{d}t} \approx \dfrac{e(k) - e(k-1)}{T} \end{cases} \tag{4.3}$$

式中，T 为采样周期；k 为采样序号。

将式（4.3）代入式（4.1），得到数字 PID 位置式控制算式：

$$u(k) = K_P\left\{e(k) + \frac{T}{T_1}\sum_{j=1}^{k} e(j) + \frac{T_D}{T}[e(k) - e(k-1)]\right\} \tag{4.4}$$

数字 PID 位置式控制器的输出 $u(k)$ 是全量输出，是执行机构所应该达到的位置（如阀门开度），它与过去的状态有关，计算机的运算工作量大，需要对偏差 $e(k)$ 做累加，而且计算机的故障有可能使 $u(k)$ 做大幅度的变化，这种情况往往是工业过程中不允许的，甚至有些场合可能会造成严重事故。为此，在工业应用中还采用另一种数字 PID 增量式控制算法。

根据递推原理，由式（4.4）可得

$$u(k-1) = K_P\left\{e(k-1) + \frac{T}{T_1}\sum_{j=1}^{k-1} e(j) + \frac{T_D}{T}[e(k-1) - e(k-2)]\right\} \tag{4.5}$$

式（4.4）与式（4.5）相减得到数字 PID 增量式控制算式：

$$\Delta u(k) = K_P[e(k) - e(k-1)] + K_P\frac{T}{T_I}e(k) + K_P\frac{T_D}{T}[e(k) - 2e(k-1) + e(k-2)] \quad (4.6)$$

式中，$\Delta u(k) = u(k) - u(k-1)$。

为了便于编程，可将式(4.6)进一步简化，得

$$\Delta u(k) = q_0 e(k) + q_1 e(k-1) + q_2 e(k-2) \quad (4.7)$$

式中，

$$\begin{cases} q_0 = K_P\left(1 + \frac{T}{T_I} + \frac{T_D}{T}\right) \\ q_1 = -K_P\left(1 + \frac{2T_D}{T}\right) \\ q_2 = K_P\frac{T_D}{T} \end{cases} \quad (4.8)$$

数字 PID 增量式控制算法与位置式控制算法比较，有如下优点：

1）由式(4.6)可知，增量式控制算式仅需要当前时刻与前两个时刻的偏差值，计算量和存储量都小，且计算的是增量，当存在计算误差或精度不足时，对控制量的计算影响较小。位置式控制算式(4.4)用到过去所有的偏差值，容易产生较大的累加误差，存储量和计算量较大。

2）数字 PID 增量式控制容易实现无扰动切换，因为它是对前一时刻控制量的增量式变化，对执行机构的冲击小。数字 PID 位置式是对前一稳定运行点控制量的绝对数值大小的变化，变化大，对执行机构容易产生冲击。

3）数字 PID 增量式控制本质上具有良好的抗干扰能力，若某个时刻采样值受到干扰，则其影响最多持续三个采样周期；但在数字 PID 位置式控制中，此干扰影响会一直存在。

4）数字 PID 位置式控制比增量式控制更容易产生积分饱和。关于"积分饱和"，后续章节会给出相应的说明。

4.1.3 案例分析

例 4.2 设被控对象为

$$G(s) = \frac{523500}{s^3 + 87.35s^2 + 10470s}$$

采样时间 $T = 1\text{ms}$，针对离散系统的输入信号为方波信号和正弦信号，设计数字 PID 位置式控制器。

解： 此例中，数字 PID 控制器的参数设置为：$K_P = 0.5$，$\frac{K_P}{T_I} = 0.001$，$K_P T_D = 0.001$，其 MATLAB 仿真结果如图 4.5 所示，无论参考信号是方波信号，还是正弦信号，只要 PID 参数设置合适，系统均能较好地跟踪给定的输入。

例 4.3 设被控对象为

$$G(s) = \frac{400}{s^2 + 50s}$$

采样时间 $T = 1\text{ms}$，针对给定正弦输入信号，设计数字 PID 增量式控制器。

解： 此例中，数字 PID 控制器的参数设置为：$K_P = 8$，$\frac{K_P}{T_I} = 0.1$，$K_P T_D = 10$，其 MATLAB 仿真结果如图 4.6 所示，系统能较好地跟踪给定的输入。

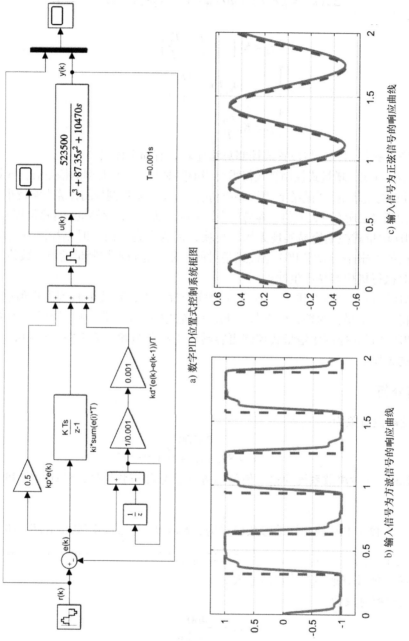

a) 数字PID位置式控制系统框图

b) 输入信号为方波信号的响应曲线

c) 输入信号为正弦信号的响应曲线

图 4.5 数字 PID 位置式控制仿真结果

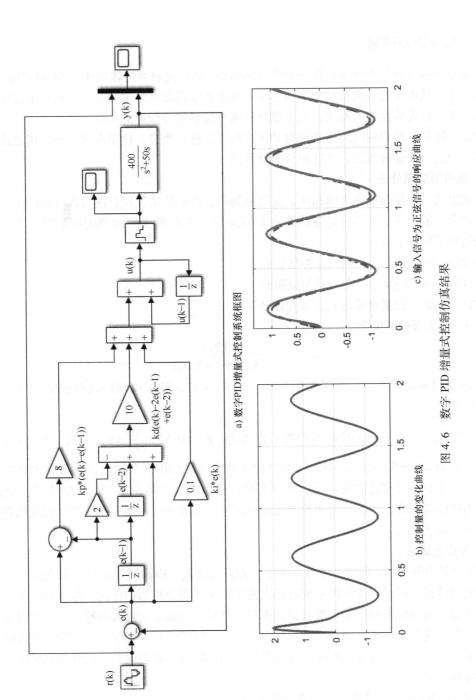

a) 数字PID增量式控制系统框图

b) 控制量的变化曲线

c) 输入信号为正弦信号的响应曲线

图 4.6 数字 PID 增量式控制仿真结果

4.2 数字 PID 控制算法改进

4.2.1 积分饱和抑制

所谓积分饱和就是指系统存在一个方向的偏差，PID 控制器的输出由于积分作用的不断累加而扩大，从而导致控制器输出不断增大，超出正常范围进入饱和区。当系统出现反向的偏差时，需要首先从饱和区退出，而不能对反向的偏差进行快速的响应。

为了解决积分饱和的问题，必须对 PID 控制算法进行改进，这里介绍三种常用方法：遇限削弱积分法、积分分离法、变速积分 PID 算法。

1. 遇限削弱积分法

顾名思义，当控制量进入饱和区、受到限制时，控制算法仅计算削弱积分项的运算，停止增大积分项的运算。其思路是在计算 $u(k)$ 的时候，先判断上一时刻的控制量 $u(k-1)$ 是否已经超出了限制范围。

1）若 $u(k-1) > u_{max}$，则只累加负偏差。

2）若 $u(k-1) < u_{min}$，则只累加正偏差。

这样可以避免控制量长时间停留在饱和区。

例 4.4 设被控对象为

$$G(s) = \frac{523500}{s^3 + 87.35s^2 + 10470s}$$

采样时间 $T = 1\text{ms}$，给定输入信号为阶跃信号 $r(k) = 30$，试采用遇限削弱积分法设计数字 PID 控制算法。

解： 此例中，数字 PID 控制器的参数设置为：$K_P = 0.85$，$\frac{K_P}{T_I} = 9$，$K_P T_D = 0$，控制量的上下限分别为 $u_{max} = 6$，$u_{min} = -6$，其 MATLAB 仿真结果如图 4.7 所示。在数字 PID 位置式控制中，由于积分引起的饱和作用，使得系统产生了较大的超调量（图 4.7c 中的点画线）；而采用遇限削弱积分法后，可避免控制量长时间停留在饱和区，避免系统产生较大的超调量（图 4.7c 中的实线）。

2. 积分分离法

PID 控制中引入积分环节，主要是为了消除静态误差，提高控制精度。但在启动、结束或大幅度增减指令时，短时间内系统有很大输出，由于积分积累的作用，致使控制量超过执行机构可能运行的最大动作范围所对应的极限控制量，引起系统较大的超调，甚至引起系统较大的振荡，这在工业生产中是绝对不允许的。积分分离的基本思想是：当偏差较大时取消积分作用，当被控量接近给定值时，引入积分控制，以减小静态误差，提高控制精度。具体实现步骤如下：

1）根据实际情况，设置一个偏差阈值 $\varepsilon > 0$。

2）设置一个阈值常数：

$$\beta = \begin{cases} 1 & |e(k)| \leq \varepsilon \\ 0 & |e(k)| > \varepsilon \end{cases} \tag{4.9}$$

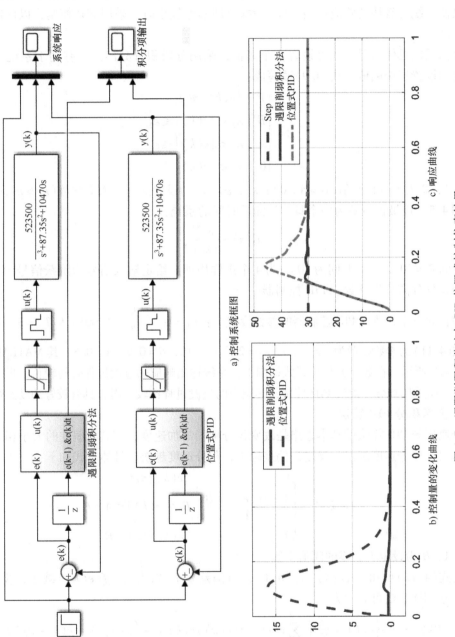

a) 控制系统框图

b) 控制量的变化曲线

c) 响应曲线

图 4.7 遇限削弱积分法与 PID 位置式控制仿真结果

3）对数字 PID 位置式算法改进：

$$u(k) = K_P\left\{e(k) + \beta\frac{T}{T_I}\sum_{j=1}^{k}e(j) + \frac{T_D}{T}(e(k) - e(k-1))\right\} \qquad (4.10)$$

式（4.10）表明，当$|e(k)| > \varepsilon$，即偏差较大时，采用 PD 控制，可避免产生过大的超调量，又使系统有较快的响应；当$|e(k)| \leqslant \varepsilon$，即偏差较小时，采用 PID 控制，以保证系统的控制精度。

根据系统具体情况，也可设置多个阈值，采用分段积分分离法，有利于系统的快速调节。比如设置三个阈值，式（4.9）改写成：

$$\beta = \begin{cases} 1 & |e(k)| \leqslant \varepsilon_3 \\ B & \varepsilon_3 < |e(k)| \leqslant \varepsilon_2 \\ A & \varepsilon_2 < |e(k)| \leqslant \varepsilon_1 \\ 0 & \varepsilon_1 < |e(k)| \end{cases} \qquad (4.11)$$

式中，A、B 为系统预设值（$B > A > 0$）；ε_1、ε_2、ε_3 为设置的三个阈值常数（$\varepsilon_1 > \varepsilon_2 > \varepsilon_3$）。

例 4.5　设被控对象为一个具有纯滞后时间的系统：

$$G(s) = \frac{e^{-80s}}{60s + 1}$$

采样时间 $T = 20s$，滞后时间为 $80s$，为 4 个采样周期，给定输入信号为阶跃信号 $r(k) = 30$，试采用积分分离法设计数字 PID 控制器。

解：此例中，数字 PID 控制器的参数设置为：$K_P = 0.8$，$\frac{K_P}{T_I} = 0.005$，$K_P T_D = 3$，积分分离法算式（4.11）的参数设置为：$\varepsilon_1 = 30$、$\varepsilon_2 = 20$、$\varepsilon_3 = 10$，$B = 0.9$，$A = 0.6$，其 MATLAB 仿真结果如图 4.8 所示。在数字 PID 位置式控制中，系统输出响应的过渡过程时间较长，即动态性能不理想。而采用积分分离法 PID 控制，其响应的过渡过程比较平滑，具有较好的动态性能。

3. 变速积分 PID 算法

变速积分 PID 算法的基本思想是改变积分项的累加速度，使其与偏差的大小相对应，即偏差越大，积分速度越慢；反之，偏差越小，积分速度越快。具体算式如下：

$$f(e(k)) = \begin{cases} 1 & |e(k)| \leqslant B \\ \dfrac{A - |e(k)| + B}{A} & B < |e(k)| \leqslant A + B \\ 0 & |e(k)| \geqslant A + B \end{cases} \qquad (4.12)$$

式中，A、B 为设定大于零的阈值常数。

由式（4.12）可知，$f(e(k)) \in [0,1]$，当偏差 $e(k)$ 增大时，$f(e(k))$ 减小，反之增加。变速积分 PID 算法可表示为

$$u(k) = K_P\left\{e(k) + \frac{T}{T_I}\left(\sum_{j=1}^{k-1}e(j) + f(e(k))e(k)\right) + \frac{T_D}{T}(e(k) - e(k-1))\right\} \quad (4.13)$$

由式（4.13）可知，当偏差很大时，$f(e(k))$ 取 0，不累积本次偏差，即本次积分作用减弱至零；当偏差较大时，$f(e(k))$ 在 $[0, 1]$ 之间，对本次偏差 $e(k)$ 进行部分累积，即本次偏差 $e(k)$ 产生部分积分作用；当偏差较小时，$f(e(k))$ 取 1，完全将本次偏差 $e(k)$ 进行累积，实现完全积分。由此可见，上述"积分分离法"是变速积分 PID 算法的特例。

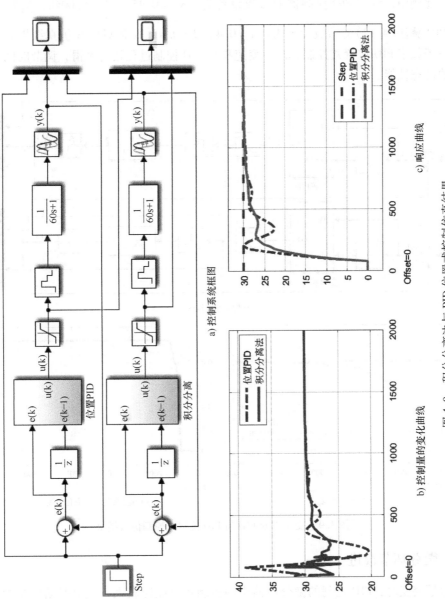

a) 控制系统框图

b) 控制量的变化曲线

c) 响应曲线

图 4.8 积分分离法与 PID 位置式控制仿真结果

显然，变速积分 PID 算法实现了按偏差的大小调节积分作用，既可以消除由于偏差大而引起的积分饱和现象，减少超调，改善系统的调节品质，也可以应用积分环节来消除稳态静差，还可以改善系统的动态品质。

例 4.6 接上例，设计变速积分 PID 控制器。

解： 此例中，数字 PID 控制器的参数设置为：$K_P = 0.45$，$\dfrac{K_P}{T_I} = 0.0048$，$K_P T_D = 12$，变速积分 PID 算法 (4.12) 的参数设置为：$A = 0.4$、$B = 0.6$。其 MATLAB 仿真结果如图 4.9 所示。相对于数字 PID 位置式控制算法，变速积分 PID 控制过程较为平滑，调节时间短，且具有较好的动态性能。

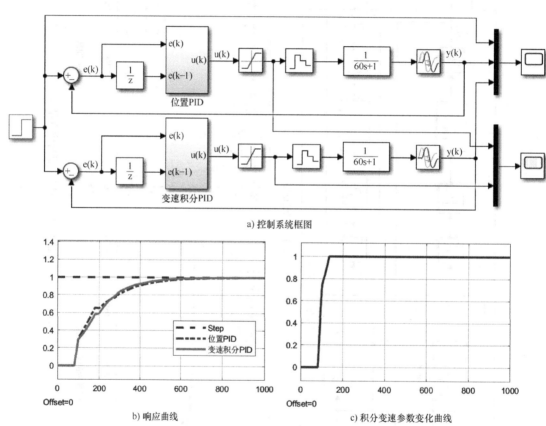

a) 控制系统框图

b) 响应曲线

c) 积分变速参数变化曲线

图 4.9 变速积分 PID 与 PID 位置式控制仿真结果

4.2.2 微分环节改进

当信号突变时，PID 控制的微分项输出的控制量可能比较大，尤其是阶跃信号输入时，微分项急剧增加，容易引起调节过程的振荡，导致系统的动态品质下降。其主要原因为：

1）纯微分环节只在第一个采样周期时控制器有输出（见图 4.10a）。

2）当 T 较小时，T_D/T 作用较大，容易引起执行机构在控制信号过大的情况下，进入饱和区或截止区，导致执行机构呈现非线性特性，进而导致系统出现过大超调和持续振荡，动态品质变差。

3）微分作用对噪声（高频扰动）较敏感，容易导致控制过程振荡，降低了调节品质。

为了克服这一缺点，又使微分环节有效，可采用不完全微分 PID 控制算法，即在典型 PID 控制器输出端串联一个一阶惯性环节，如图 4.11 所示。

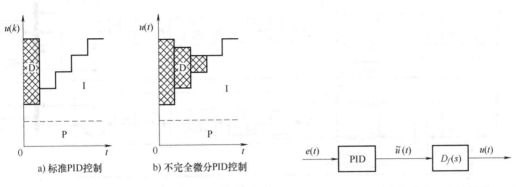

图 4.10　PID 控制的阶跃响应　　　　　　图 4.11　不完全微分 PID 控制器

一阶惯性环节 $D_f(s)$ 的传递函数为

$$D_f(s) = \frac{1}{T_f s + 1} \tag{4.14}$$

所以，$T_f \dfrac{\mathrm{d}u(t)}{\mathrm{d}t} + u(t) = \tilde{u}(t)$

而，$\tilde{u}(t) = K_P \Big[e(t) + \dfrac{1}{T_I} \displaystyle\int_0^t e(t)\,\mathrm{d}t + T_D \dfrac{\mathrm{d}e(t)}{\mathrm{d}t} \Big]$，所以

$$T_f \frac{\mathrm{d}u(t)}{\mathrm{d}t} + u(t) = K_P \Big[e(t) + \frac{1}{T_I} \int_0^t e(t)\,\mathrm{d}t + T_D \frac{\mathrm{d}e(t)}{\mathrm{d}t} \Big] \tag{4.15}$$

对式（4.15）进行离散化，得到不完全微分 PID 位置式控制算式：

$$u(k) = \alpha u(k-1) + (1-\alpha)\tilde{u}(k) \tag{4.16}$$

式中，$\alpha = \dfrac{T_f}{T + T_f}$。

同理，可以得到不完全微分 PID 增量式控制算式：

$$\Delta u(k) = \alpha \Delta u(k-1) + (1-\alpha)\Delta \tilde{u}(k) \tag{4.17}$$

例 4.7　设被控对象为一个具有纯滞后时间的系统：

$$G(s) = \frac{e^{-80s}}{60s + 1}$$

采样时间 $T = 20\text{s}$，滞后时间为 80s，为 4 个采样周期，设在被控对象的输出增加幅值为 0.01 的随机信号，试设计不完全微分 PID 控制器。

解：此例中，设低通滤波器为

$$D_f(s) = \frac{1}{180s + 1}$$

数字 PID 控制器的参数设置为：$K_P = 0.3$，$\dfrac{K_P}{T_I} = 0.0055$，$K_P T_D = 12$，其 MATLAB 仿真结果如图 4.12 所示。在数字 PID 位置式控制中，系统受随机干扰信号的影响较大，无论是系统响应还是控制量波动较大，而采用不完全微分 PID 控制，其系统响应的过渡过程比较平滑，控制量变化也较平稳，说明对干扰有较好的抑制。

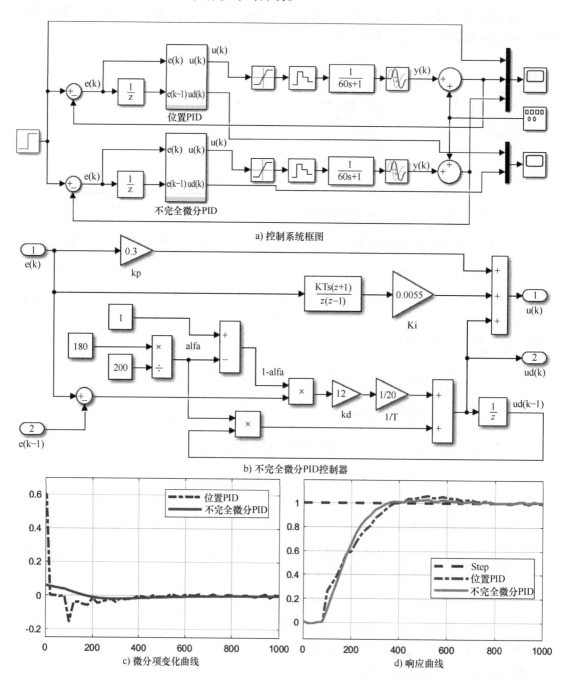

a) 控制系统框图

b) 不完全微分PID控制器

c) 微分项变化曲线

d) 响应曲线

图 4.12　不完全微分 PID 与 PID 位置式控制仿真结果

4.3　数字 PID 控制器参数整定

模拟 PID 控制器的整定是按照工艺对控制性能的要求，用工程整定方法来决定控制器的

参数 K_P、T_I、T_D，这是工程中使用较普遍、为广大工程技术人员所熟知的。

数字 PID 控制器参数的整定，除了需要确定 K_P、T_I、T_D 外，还需要确定系统的采样周期 T。生产过程（对象）通常有较大的惯性时间常数，而大多数情况，采样周期与对象的时间常数相比要小得多，所以数字 PID 控制器参数的整定可以仿照模拟 PID 控制器参数 K_P、T_I、T_D 整定的各种方法。

在选择控制器参数之前，首先要确定控制器的结构。在此基础上，进行 PID 控制器参数整定。一般而言：

1）对于一阶惯性对象，负荷变化不大，工艺要求不高，可采用比例（P）控制，如用于压力、液位、串级副控回路等。

2）对于一阶惯性与纯滞后环节串联的对象，负荷变化不大，要求控制精度较高，可采用比例积分（PI）控制，如用于压力、流量、液位的控制。

3）对于纯滞后时间 τ 较大，负荷变化也大，控制性能要求高的场合，可采用比例积分微分（PID）控制，如用于过热蒸汽温度控制、pH 值控制。

4）当对象为高阶（二阶以上）惯性环节，又有纯滞后特性，负荷变化较大，控制性能要求也高时，应采用串级控制，前馈-反馈、前馈-串级，或纯滞后补偿控制。

4.3.1 采样周期的选择

采样周期（T）的选择十分重要，它关系到数字 PID 的控制效果，甚至影响到系统的稳定性。数字 PID 控制是建立在用计算机对连续 PID 控制进行数字模拟基础上的控制，其理想结果是施行一种准连续控制，即数字控制与模拟控制具有相当的效果。为了达到这一目的，要求采样周期与系统时间常数相比充分小。一般认为采样周期越小，数字模拟越精确，控制效果就越接近于连续控制。但采样周期的选择受到多方面因素影响：

1）从系统控制品质的要求来看，希望采样周期取得小些，这样接近于连续控制，不仅控制效果好，而且可以采用模拟 PID 控制参数的整定方法。

2）从执行机构的特性要求来看，由于过程控制中通常采用电动调节阀或气动调节阀，它们的响应速度较低。如果采样周期过短，那么执行机构来不及响应，仍然达不到控制目的，所以采样周期不宜过短。

3）从控制系统抗扰动和快速响应的要求出发，要求采样周期短些。

4）从计算工作量来看，又希望采样周期长些。这样一台计算机可以控制更多的回路，保证每个回路有足够的时间来完成必要的运算。

5）从计算机的成本考虑，也希望采样周期长些。这样计算机的运算速度和采集数据的速率也可降低，从而降低硬件成本。但目前随着计算机技术的飞速发展，这方面的制约越来越小。

从控制系统方面考虑，影响采样周期选择的因素主要包括：

1）采样周期应远小于被控对象的扰动信号的周期，作用于系统的扰动信号频率 f_n 越高，要求采样频率 f_s 也相应提高，即采样周期 $f_s \geqslant f_n$。

2）采样周期应比被控对象的时间常数小得多，否则无法反映瞬变过程。当系统中仅是惯性时间常数起作用时，$\omega_s > 10\omega_m$（ω_m 为系统的通频带）；当系统中纯滞后时间 τ 占有一定分量时，应该选择 $T \approx \tau/10$；当系统中纯滞后时间 τ 占主导作用时，可选择 $T \approx \tau$。

3）考虑执行器的响应速度。如果执行器的响应速度比较慢，那么过短的采样周期将失去意义。

4）对象所要求的调节品质。在计算机运算速度允许的情况下，采样周期短，调节品质好。

5）性价比。从控制性能来考虑，希望采样周期短。但计算机运算速度，以及 A/D 和 D/A 的转换速度要相应地提高，导致计算机硬件的费用增加。

6）计算机所承担的工作量。如果控制的回路数多，计算量大，则采样周期要加长；反之，可以缩短。

采样周期受到多方面因素的制约，有些还是相互矛盾的，需综合考虑确定。因此，在实际应用中，人们一般根据经验，通过实验确定最合适的采样周期。例如，对温度、成分等响应慢、滞后较大的被控对象，采样周期选得长些；对流量、压力等响应快、滞后小的对象，采样周期选得短些。从系统的控制品质上看，采样周期取得短，品质会高些。如果以超调量作为系统的主要性能指标，采样周期可取得大些；如希望调节时间短，则采样周期应取小些。

表 4.1 给出了在工程应用中，计算机控制系统采样周期的经验数据。

表 4.1　常见对象选择采样周期的经验数据

受控物理量	采样周期/s	备　注
流量	1～5	优先选用 1～2s
压力	3～10	优先选用 6～8s
液位	6～18	优先选用 7s
温度	15～20	取纯滞后时间常数
成分	15～20	优先选用 18s

4.3.2　凑试法

凑试法是通过模拟或闭环运行（如果允许的话）观察系统的响应曲线（如阶跃响应），然后根据各调节参数对系统响应的大致影响，反复凑试参数，以达到满意的响应，从而确定 PID 控制参数。

1）增大比例系数 K_P，一般将加快系统的响应，在有静态误差的情况下有利于减小静态误差。但过大的比例系数会使系统有较大的超调，并产生振荡，使稳定性变坏。

2）增大积分时间 T_I，有利于减小超调，减小振荡，使系统更加稳定，但系统静态误差的消除将随之减慢。

3）增大微分时间 T_D，有利于加快系统响应，使超调量减小，稳定性增加，但系统对扰动的抑制能力减弱，对扰动有较敏感的响应。

在凑试时，可参考以上参数对控制过程的影响趋势，对参数实行下述"先比例、后积分、再微分"的整定步骤。

1）整定比例环节。将比例系数由小变大，并观察相应的系统响应，直至得到反应快、超调小的响应曲线。如果系统没有静态误差或静态误差已小到允许范围内，并且响应曲线已满足设计要求，那么只需用比例控制器即可，比例系数可由此确定。

2）加入积分环节。如果经比例调节后，系统的静态误差不能满足设计要求，则需加入积分环节。整定时，首先设置积分时间 T_I 为一较大值，并将经第一步整定得到的比例系数略微缩小（如缩小为原值的 0.8 倍），然后减小积分时间，使在保持系统良好动态性能的情况下，消除静态误差。在此过程中，可根据响应曲线的好坏反复改变比例系数与积分时间常数，以期得到满意的控制过程与整定参数。

3）加入微分环节。若使用比例积分控制器消除了静态误差，但动态过程经反复调整仍不能满意，则可加入微分环节，构成比例积分微分控制器。在整定时，可先设置微分时间 T_D 为零。在第二步整定的基础上，增大 T_D，同时相应地改变比例系数和积分时间，逐步凑试，以获得满意的调节效果和控制参数。

应该指出，所谓"满意"的调节效果，是随不同的对象和控制要求而异的。此外，PID 控制器的参数对控制质量的影响不十分敏感，因而在整定中，参数的选定并不是唯一的。事实上，在比例、积分、微分三部分产生的控制作用中，某部分的减小往往可由其他部分的增大来补偿。因此，用不同的整定参数完全有可能得到同样的控制效果。从应用的角度看，只要被控过程主要指标已达到设计要求，那么即可选定相应的控制器参数为有效的控制参数。

表 4.2 给出了常见被控对象的 PID 控制器参数选择范围。

表 4.2　常见被控对象的 PID 控制器参数选择范围

被控对象	特　点	比例系数	积分时间常数	微分时间常数
流量	对象的时间常数小，并有噪声	1 ~ 1.25	0.1 ~ 1	
压力	为容量系统，滞后不大，不要微分	1.4 ~ 3.5	0.4 ~ 3	
液位	在允许有静态误差时，可只要比例	1.25 ~ 5		
温度	多容系统，有较大的滞后，常用微分	1.6 ~ 5	3 ~ 10	0.5 ~ 3

4.3.3　扩充临界比例度法

临界比例度法适用于有自平衡性的被控对象，它是对模拟控制器中使用的临界比例度法的扩充，具体步骤如下：

1）选择一个足够小的采样周期，即通常小于被控对象纯滞后时间的 1/10。

2）将控制器选为纯比例控制器，形成闭环系统，运行系统。然后逐渐增大比例系数（减少比例度 $\delta = 1/K_P$），使系统对阶跃输入的响应达到临界振荡状态，如图 4.13 所示。将此时的比例系数记为 K_r（临界比例系数，临界比例度 $\delta_r = 1/K_r$），临界振荡的周期记为 T_r。

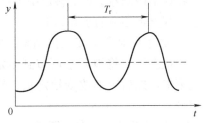

图 4.13　扩充临界比例度

3）选择控制度。所谓控制度，就是以模拟调节为基准，将数字控制效果与其相比。控制效果的评价函数通常采用误差平方积分，即

$$控制度 = \frac{\left[\int_0^\infty e^2(t)\,\mathrm{d}t\right]_{数字}}{\left[\int_0^\infty e^2(t)\,\mathrm{d}t\right]_{模拟}} \tag{4.18}$$

实际应用时，并不需要计算出两个误差平方积分，控制度仅是表示控制效果的物理概念。例如，当控制度为 1.05 时，就可认为数字控制与模拟控制效果相同；当控制度为 2 时，表明数字控制效果是模拟控制效果的 1/2。从提高数字控制系统的品质来说，控制度应该选择小些，但就系统的稳定性看，控制度宜选大些。

4）根据选定的控制度，应用齐格勒-尼柯尔斯(Ziegler-Nichols)提供的经验公式，就可以把实验获得的两个临界值作为基准参数，计算出不同类型控制器的参数(见表4.3)。采样周期也可以应用该公式计算出来。

5）按计算得到的参数运行，观察系统运行效果。如果系统稳定性较差(如有振荡现象)，则可适当加大控制度，重复步骤4)，直到获得满意的控制效果。

表4.3 给出了扩充临界比例度法 PID 控制参数计算公式。

表 4.3 扩充临界比例度法 PID 控制参数计算公式

控制度	控制率	采样周期	比例系数	积分时间常数	微分时间常数
1.05	PI	$0.03T_r$	$0.55K_r$	$0.88T_r$	
	PID	$0.014T_r$	$0.63K_r$	$0.49T_r$	$0.14T_r$
1.2	PI	$0.05T_r$	$0.49K_r$	$0.91T_r$	
	PID	$0.043T_r$	$0.47K_r$	$0.47T_r$	$0.16T_r$
1.5	PI	$0.14T_r$	$0.42K_r$	$0.99T_r$	
	PID	$0.09T_r$	$0.34K_r$	$0.43T_r$	$0.20T_r$
2.0	PI	$0.22T_r$	$0.36K_r$	$1.05T_r$	
	PID	$0.16T_r$	$0.27K_r$	$0.40T_r$	$0.22T_r$
模拟控制	PI		$0.57K_r$	$0.83T_r$	
	PID		$0.70K_r$	$0.50T_r$	$0.13T_r$

4.3.4 扩充响应曲线法

在数字控制器参数的整定中也可以采用类似模拟控制器的响应曲线法，称为扩充响应曲线法。其整定参数的步骤如下：

1）数字控制器不接入控制系统中，让系统处于手动操作状态下，将被调量调节到给定值附近，并使之稳定下来。然后突然改变给定值，给系统一个阶跃输入信号。

2）记录下被调量在阶跃输入下的整个变化过程曲线，如图4.14所示。

3）在曲线最大斜率处做切线，求得滞后时间 τ、被控对象时间常数 T_m，以及它们的比值 T_m/τ。

4）根据选定的控制度，用表4.4以及由第3)步获得的参数，计算出数字控制器的参数和采样周期。

表4.4 给出了扩充响应曲线法 PID 控制参数计算公式。

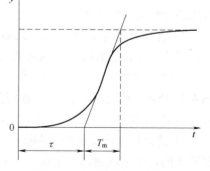

图 4.14 被调量在阶跃输入
下的响应曲线

表4.4 扩充响应曲线法 PID 控制参数计算公式

控制度	控制率	采样周期	比例系数	积分时间常数	微分时间常数
1.05	PI	0.1τ	$0.84T_{\mathrm{m}}/\tau$	3.40τ	
	PID	0.05τ	$1.15T_{\mathrm{m}}/\tau$	2.00τ	0.45τ
1.2	PI	0.2τ	$0.73T_{\mathrm{m}}/\tau$	3.60τ	
	PID	0.16τ	$1.00T_{\mathrm{m}}/\tau$	1.90τ	0.55τ
1.5	PI	0.5τ	$0.68T_{\mathrm{m}}/\tau$	3.90τ	
	PID	0.34τ	$0.85T_{\mathrm{m}}/\tau$	1.62τ	0.65τ
2.0	PI	0.8τ	$0.57T_{\mathrm{m}}/\tau$	4.20τ	
	PID	0.6τ	$0.6T_{\mathrm{m}}/\tau$	1.50τ	0.82τ
模拟控制	PI		$0.9T_{\mathrm{m}}/\tau$	3.30τ	
	PID		$1.20T_{\mathrm{m}}/\tau$	2.00τ	0.40τ

4.3.5 PID 归一参数整定法

上述数字 PID 控制器参数的整定，就是要确定 K_{P}、T_{I}、T_{D} 和 T 四个参数。为了减少在线整定参数的数目，根据大量实际经验的总结，人为假设约束的条件，以减少独立变量的个数，据 Ziegler-Nichols 整定式可得

$$\begin{cases} T \approx 0.1T_{\mathrm{r}} \\ T_{\mathrm{I}} \approx 0.5T_{\mathrm{r}} \\ T_{\mathrm{D}} \approx 0.125T_{\mathrm{r}} \end{cases} \tag{4.19}$$

式中，T_{r} 为纯比例控制时的临界振荡周期。

则有

$$\Delta u(k) = K_{\mathrm{P}}[e(k) - e(k-1)] + K_{\mathrm{P}}\frac{T}{T_{\mathrm{I}}}e(k) + K_{\mathrm{P}}\frac{T_{\mathrm{D}}}{T}[e(k) - 2e(k-1) + e(k-2)]$$

$$= K_{\mathrm{P}}[2.45e(k) - 3.5e(k-1) + 1.25e(k-2)] \tag{4.20}$$

这样，对四个参数的整定简化成了对一个参数 K_{P} 的整定，使问题明显地简化了。

4.3.6 案例分析

例 4.8 设被控对象为

$$G(s) = \frac{523500}{s^3 + 87.35s^2 + 10470s}$$

试采用扩充临界比例度法整定数字 PID 控制器的参数。

解： 扩充临界比例度法整定的第一步是获取系统的等幅振荡曲线。在 Simulink 中，仅采用比例控制（见图 4.15a），设置采样周期 $T = 0.001\mathrm{s}$，比例系数 K_{P} 值从大到小进行实验，每次仿真结束后观察示波器的输出，直到输出等幅振荡曲线为止。当 $K_{\mathrm{P}} = 1.675$ 时，系统输出出现等幅振荡，此时 $T_{\mathrm{r}} = 0.062\mathrm{s}$，$\delta_{\mathrm{r}} = 1/K_{\mathrm{r}} = 0.6$，响应曲线如图 4.15b 所示。

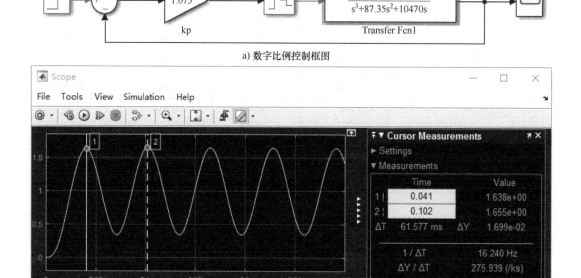

a) 数字比例控制框图

b) 系统输出出现临界振荡(临界比例系数K_r=1.675,振荡周期T_r=62ms)

图 4.15 仅数字比例控制效果图

第二步选定控制度 1.05 时,查表 4.3,分别求出 PID 参数值:$T = 1\text{ms}$、$K_P = 0.35$、$T_I = 0.03$、$T_D = 0.009$。最后将求得的各参数代入数字 PID 控制器闭环运行,观察控制效果,并做适当调整。如图 4.16 所示,参数无需调整,系统在 0.15s 基本稳定,满足设计要求。

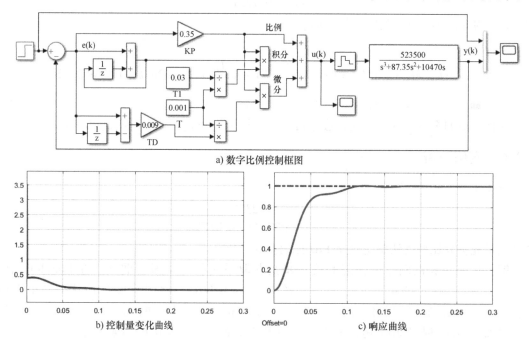

a) 数字比例控制框图

b) 控制量变化曲线

c) 响应曲线

图 4.16 扩充临界比例度法整定 PID 控制器参数的控制效果

4.4 最少拍控制器设计

有一典型数字反馈控制系统如图 4.17 所示。

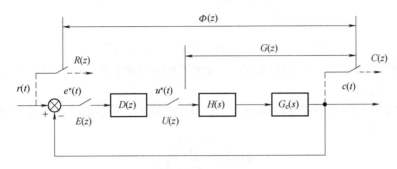

图 4.17 典型数字反馈控制系统

在图 4.17 中，$G_c(s)$ 为被控对象的连续传递函数，$H(s) = \dfrac{1 - e^{-Ts}}{s}$ 为零阶保持器的传递函数，T 为采样周期，则广义对象的脉冲传递函数为

$$G(z) = Z[H(s)G_c(s)] = Z\left[\frac{1 - e^{-Ts}}{s}G_c(s)\right] \tag{4.21}$$

$D(z)$ 为数字控制器的脉冲传递函数，则系统的闭环脉冲传递函数 $\Phi(z)$ 为

$$\Phi(z) = \frac{C(z)}{R(z)} = \frac{D(z)G(z)}{1 + D(z)G(z)} \tag{4.22}$$

系统的误差脉冲传递函数 $\Phi_e(z)$ 为

$$\Phi_e(z) = \frac{E(z)}{R(z)} = \frac{R(z) - C(z)}{R(z)} = 1 - \Phi(z) \tag{4.23}$$

式中，$E(z)$ 为误差信号 $e(t)$ 的 z 变换。

系统的数字控制器 $D(z)$ 为

$$D(z) = \frac{1}{G(z)} \cdot \frac{\Phi(z)}{1 - \Phi(z)} \tag{4.24}$$

若已知被控对象的连续传递函数 $G_c(s)$，则可采用如下步骤设计数字控制器 $D(z)$。

1）求带零阶保持器的被控对象的脉冲传递函数 $G(z)$。

2）根据性能指标要求（准确性、快速性、稳定性），以及物理可实现性，构造闭环脉冲传递函数 $\Phi(z)$。

3）求数字控制器的脉冲传递函数 $D(z)$。

4）求差分方程，编写控制程序。

5）与硬件连接，进行系统调试。

4.4.1 最少拍控制律

最少拍控制指对于典型输入信号，要求闭环系统在最少的采样周期内，到达无静态误差的稳态，且闭环脉冲传递函数具有以下形式：

$$\Phi(z) = m_1 z^{-1} + m_2 z^{-2} + \cdots + m_l z^{-l} \qquad (4.25)$$

式中，l 为可能情况下的最小正整数。

式(4.25)可以转化为

$$\Phi(z) = \frac{C(z)}{R(z)} = m_1 z^{-1} + m_2 z^{-2} + \cdots + m_l z^{-l} \qquad (4.26)$$

即

$$C(z) = (m_1 z^{-1} + m_2 z^{-2} + \cdots + m_l z^{-l}) R(z) \qquad (4.27)$$

该式的物理意义是在 l 个采样周期后，每个采样时刻的系统输出为恒定不变值，即系统在 l 拍之内到达稳态。

这里典型输入信号包括单位阶跃输入、单位速度输入、单位加速度输入，它们具有共同的 z 变换形式，即

$$R(z) = \frac{A(z)}{(1 - z^{-1})^q} \qquad (4.28)$$

式中，q 为正整数；$A(z)$ 为不包含 $z = 1$ 为零点的关于 z^{-1} 的多项式。

典型输入信号的具体信息如表4.5所示。

表 4.5 典型输入信号各种具体信息

名称	时间函数 $r(t)$	$R(z)$	q
单位阶跃输入	$1(t)$	$\dfrac{1}{1 - z^{-1}}$	1
单位速度输入	t	$\dfrac{Tz^{-1}}{(1 - z^{-1})^2}$	2
单位加速度输入	$\dfrac{1}{2}t^2$	$\dfrac{T^2 z^{-1}(1 + z^{-1})}{2(1 - z^{-1})^3}$	3

4.4.2 最少拍控制系统的设计及仿真

1. 最少拍控制系统的设计要求

一般而言，设计最少拍控制系统有如下要求：

1）准确性。闭环系统达到稳态后，系统在采样点的输出值能准确跟踪输入信号，无静态误差。

2）快速性。系统准确跟踪输入信号所需要的采样周期数应为最少。

3）稳定性。被控对象可以是稳定或不稳定的对象，但与数字控制器构成的闭环系统必须是稳定的。

4）物理可实现性。数字控制器 $D(z)$ 必须在物理上能够实现，也就是说在数字控制器的表达式中，不允许出现未来时刻的值，只能是当前及过去时刻的值。

2. 最少拍控制器的设计方法

假设被控对象 $G(z)$ 有 p 个采样周期的纯滞后，且有 i 个在单位圆上及圆外的零点(z_1, z_2, $\cdots$, z_i)，j 个单位圆上及圆外的极点(p_1, p_2, $\cdots$, p_j)，则最少拍控制器 $D(z)$ 为

$$D(z) = \frac{\Phi(z)}{G(z)[1 - \Phi(z)]} \qquad (4.29)$$

式中,

$$\Phi(z) = z^{-p}(1 - z_1 z^{-1}) \cdots (1 - z_i z^{-1}) \Phi_0(z) \tag{4.30}$$

$$1 - \Phi(z) = (1 - p_1 z^{-1}) \cdots (1 - p_j z^{-1})(1 - z^{-1})^q F(z) \tag{4.31}$$

而

$$\Phi_0(z) = m_1 z^{-1} + m_2 z^{-2} + \cdots + m_s z^{-s} \tag{4.32}$$

$$F(z) = 1 + f_1 z^{-1} + f_2 z^{-2} + \cdots + f_t z^{-t} \tag{4.33}$$

$$i + p + s = j + q + t \tag{4.34}$$

由式(4.29)可知,数字控制器的设计主要包括 $\Phi(z)$ 和 $1 - \Phi(z)$ 的设计,需同时考虑 $\Phi(z)$ 和 $1 - \Phi(z)$ 中 z^{-1} 的最高幂次相等关系,才能建立方程组,得到关于 $\Phi(z)$ 和 $1 - \Phi(z)$ 的系数。

1)准确性的要求。系统最终稳态误差: $E(z) = \Phi_e(z) R(z) = [1 - \Phi(z)] R(z)$ 为 0,即有

$$e(\infty) = \lim_{z \to 1} \left[\frac{z-1}{z} E(z) \right] = \lim_{z \to 1} \left[\frac{z-1}{z} \Phi_e(z) R(z) \right]$$
$$= \lim_{z \to 1} \left[(1 - z^{-1}) \frac{A(z)}{(1 - z^{-1})^q} \Phi_e(z) \right] \tag{4.35}$$

由上式可知,为达到无静态误差的要求, $\Phi_e(z)$ 必然包需含有 $R(z)$ 的因子 $(1 - z^{-1})^q$,令:

$$\Phi_e(z) = (1 - z^{-1})^q F(z) \tag{4.36}$$

式中, $F(z) = 1 + f_1 z^{-1} + f_2 z^{-2} + \cdots + f_t z^{-t}$。

2)快速性的要求。系统的稳态误差应尽快为零,则必然有

$$F(z) = 1 \tag{4.37}$$

3)稳定性的要求。若被控对象 $G(z)$ 中含有 i 个单位圆外的零点 $(z_1, z_2, \cdots, z_i)$,由式(4.29)可知,有可能在控制器 $D(z)$ 中形成单位圆外的极点,从而使控制器不稳定。因此,在设计控制器时,应使闭环脉冲传递函数 $\Phi(z)$ 也包含这些零点,从而使式(4.29)右边的分子分母相抵消,保证控制器 $D(z)$ 不含有单位圆外的极点。

另一方面,若被控对象 $G(z)$ 中含有 j 个单位圆外的极点 $(p_1, p_2, \cdots, p_j)$(即被控对象 $G(z)$ 为不稳定对象),由式(4.29)可知,将在控制器 $D(z)$ 中形成单位圆外的零点,在理论上可得到一个稳定的控制系统,但控制量的纹波很大,控制效果也较差。因此,在设计控制器时,应使 $1 - \Phi(z)$ 也包含这些极点,使之能够相抵消,保证控制器 $D(z)$ 不含有单位圆外的零点。

4)物理可实现性考虑。若被控对象 $G(z)$ 含有 p 个采样周期的纯滞后,即

$$G(z) = z^{-p} G_0(z) \tag{4.38}$$

式中, $G_0(z)$ 为不含纯滞后的被控对象传递函数。

由式(4.29)可得控制器 $D(z)$ 为

$$D(z) = \frac{z^p \Phi(z)}{G_0(z)(1 - \Phi(z))} \tag{4.39}$$

为保证 $D(z)$ 不含有 z 的正幂项, $\Phi(z)$ 中必须包含 z^{-p} 项。

3. 最少拍控制器的设计步骤

最少拍控制器具体设计步骤如下:

1）由式(4.21)求带零阶保持器的被控对象的脉冲传递函数 $G(z)$。

2）根据被控对象的脉冲传递函数 $G(z)$，确定 $\Phi(z)$ 和 $1-\Phi(z)$ 一般表达式，其对应关系如表4.6所示。

表4.6　$\Phi(z)$ 和 $1-\Phi(z)$ 的一般表达式

脉冲传递函数 $G(z)$	闭环脉冲传递函数 $\Phi(z)$	误差脉冲传递函数 $1-\Phi(z)$
不含纯滞后、单位圆外零点、极点	$\Phi(z)=\Phi_0(z)$	$1-\Phi(z)=(1-z^{-1})^q$
仅含单位圆外零点	$\Phi(z)=(1-z_1z^{-1})\cdots(1-z_iz^{-1})\Phi_0(z)$	$1-\Phi(z)=(1-z^{-1})^qF(z)$
仅含单位圆外极点	$\Phi(z)=\Phi_0(z)$	$1-\Phi(z)=(1-p_1z^{-1})\cdots(1-p_jz^{-1})(1-z^{-1})^q$
仅含纯滞后	$\Phi(z)=z^{-p}\Phi_0(z)$	$1-\Phi(z)=(1-z^{-1})^qF(z)$

若 $G(z)$ 中同时含有纯滞后、单位圆外的零点和极点，或者其中的任意两项，则可由式(4.30)和式(4.31)获得 $\Phi(z)$ 和 $1-\Phi(z)$ 的一般表达式。

3）确定 $\Phi_0(z)$ 和 $F(z)$ 中 z^{-1} 的最高幂次，由式(4.34)计算，这里 q 由典型输入信号确定。

4）将 $\Phi(z)$ 表达式代入 $1-\Phi(z)$ 中，获得恒等式，以及对应的方程组，计算确定 $\Phi_0(z)$ 和 $F(z)$ 中的参数。

5）由 $\Phi_0(z)$、$F(z)$ 以及被控对象的纯滞后、单位圆外的零点和极点，确定 $\Phi(z)$ 和 $1-\Phi(z)$ 具体的表达式。

6）由式(4.29)计算获得控制器的传递函数 $D(z)$。

4. 案例分析

例4.9　某被控对象的传递函数为 $G_c(s)=\dfrac{2.1}{s^2(s+1.252)}$，经采样（$T=1\mathrm{s}$）和零阶保持，其对应的脉冲传递函数为 $G(z)=\dfrac{0.265z^{-1}(1+2.78z^{-1})(1+0.2z^{-1})}{(1-z^{-1})^2(1-0.286z^{-1})}$，试设计对于单位阶跃输入的最少拍控制器。

解：单位阶跃输入 $R(z)=\dfrac{1}{1-z^{-1}}$，则有 $q=1$。因此，$\Phi_e(z)=1-z^{-1}$，$\Phi(z)=z^{-1}$。

$$D(z)=\frac{1}{G(z)}\frac{\Phi(z)}{1-\Phi(z)}$$

$$=\frac{(1-z^{-1})^2(1-0.286z^{-1})}{0.265z^{-1}(1+2.78z^{-1})(1+0.2z^{-1})}\frac{z^{-1}}{(1-z^{-1})}$$

$$=\frac{3.77(1-z^{-1})(1-0.286z^{-1})}{(1+2.78z^{-1})(1+0.2z^{-1})}$$

$$U(z)=\frac{\Phi(z)}{G(z)}R(z)=\frac{3.774(1-z^{-1})(1-0.286z^{-1})}{(1+2.78z^{-1})(1+0.2z^{-1})}$$

$$=3.774-16.1z^{-1}+46.96z^{-2}-130.985z^{-3}+\cdots$$

$$C(z)=\Phi(z)R(z)=z^{-1}+z^{-2}+\cdots$$

其 MATLAB 仿真结果如图 4.18 所示，尽管一拍后，系统的输出能跟踪阶跃输入信号（见图 4.18c），但控制器输出序列为：3.774，-16.1，49.96，-130.985，… （见图 4.18b），控制器的输出序列发散，所以系统是不稳定的。

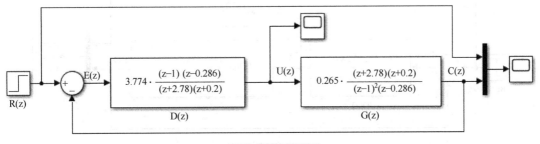

a) 数字控制系统框图

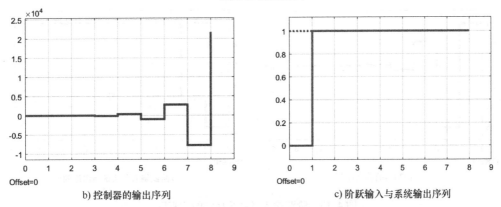

b) 控制器的输出序列　　　　　　　　　c) 阶跃输入与系统输出序列

图 4.18　阶跃输入时系统不稳定的仿真图

究其原因，被控对象的传递函数 $G(z)$ 中含有单位圆外的零点 $z = -2.78$，在设计闭环脉冲传递函数 $\Phi(z)$ 时，应包含这个零点，即

$$
\begin{cases}
\Phi(z) = (1 + 2.78z^{-1})m_1 z^{-1} \\
\Phi_e(z) = (1 - z^{-1})(1 + f_1 z^{-1})
\end{cases}
$$

解此方程组得：$m_1 = 0.265$，$f_1 = 0.735$，故：

$$
\begin{aligned}
D(z) &= \frac{1}{G(z)} \frac{\Phi(z)}{1 - \Phi(z)} \\
&= \frac{(1 - z^{-1})^2(1 - 0.286z^{-1})}{0.265z^{-1}(1 + 2.78z^{-1})(1 + 0.2z^{-1})} \frac{(1 + 2.78z^{-1})0.265z^{-1}}{(1 - z^{-1})(1 + 0.735z^{-1})} \\
&= \frac{(1 - z^{-1})(1 - 0.286z^{-1})}{(1 + 0.2z^{-1})(1 + 0.735z^{-1})} \\
U(z) &= \frac{\Phi(z)}{G(z)}R(z) = \frac{(1 - z^{-1})(1 - 0.286z^{-1})}{(1 + 0.2z^{-1})} \\
&= 1 - 1.486z^{-1} + 0.5832z^{-2} - 0.1166z^{-3} \\
C(z) &= \Phi(z)R(z) = \frac{0.265z^{-1}(1 + 2.78z^{-1})}{1 - z^{-1}} \\
&= 0.265z^{-1} + z^{-2} + z^{-3} + \cdots
\end{aligned}
$$

其 MATLAB 仿真结果如图 4.19 所示，改进后控制器的输出序列逐渐收敛（如图 4.19b 所示），且两拍后，系统的输出能够跟踪阶跃输入信号，如图 4.19c 所示。

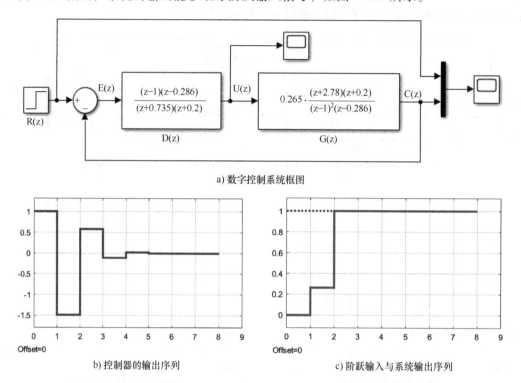

a) 数字控制系统框图

b) 控制器的输出序列   c) 阶跃输入与系统输出序列

图 4.19　阶跃输入时系统稳定的仿真图

实际上，改进后系统仍有波动（即波纹），原因是传递函数 $G(z)$ 有一个零点 $z = -0.2$，它在构成 $\Phi(z)$ 时没有顾及。为了消除波纹，令：

$$\begin{cases} \Phi(z) = (1 + 2.78z^{-1})(1 + 0.2z^{-1})m_1z^{-1} \\ \Phi_e(z) = (1 - z^{-1})(1 + f_1z^{-1} + f_2z^{-2}) \end{cases}$$

解此方程组可得：$m_1 = 0.22$，$f_1 = 0.78$，$f_2 = 0.1223$，故：

$$\begin{aligned} D(z) &= \frac{1}{G(z)} \frac{\Phi(z)}{1 - \Phi(z)} \\ &= \frac{(1 - z^{-1})^2(1 - 0.286z^{-1})}{0.265z^{-1}(1 + 2.78z^{-1})(1 + 0.2z^{-1})} \frac{(1 + 2.78z^{-1})(1 + 0.2z^{-1})0.22z^{-1}}{(1 - z^{-1})(1 + 0.78z^{-1} + 0.1223z^{-2})} \\ &= \frac{0.83(1 - 1.286z^{-1} + 0.286z^{-2})}{1 + 0.78z^{-1} + 0.1223z^{-2}} \end{aligned}$$

$$\begin{aligned} U(z) &= \frac{\Phi(z)}{G(z)}R(z) = 0.83(1 - z^{-1})(1 - 0.28z^{-1}) \\ &= 0.83 - 1.0676z^{-1} + 0.2374z^{-2} \end{aligned}$$

$$\begin{aligned} C(z) &= \Phi(z)R(z) = \frac{0.22z^{-1}(1 + 2.78z^{-1})(1 + 0.22z^{-1})}{1 - z^{-1}} \\ &= 0.22z^{-1} + 0.8754z^{-2} + z^{-3} + \cdots \end{aligned}$$

其 MATLAB 仿真结果如图 4.20 所示，改进后控制器的输出无波纹（如图 4.20b 所示），三拍后，系统输出跟踪阶跃输入信号，无静态误差，如图 4.20c 所示。

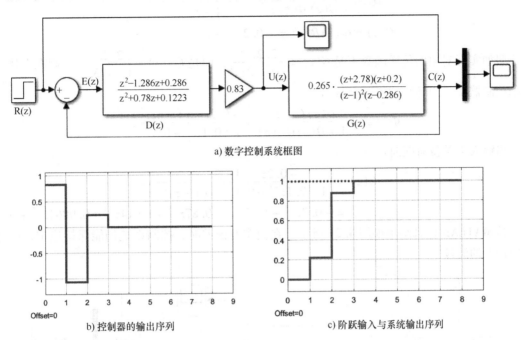

a) 数字控制系统框图

b) 控制器的输出序列

c) 阶跃输入与系统输出序列

图 4.20 阶跃输入时系统无波纹仿真图

评价： 由上述案例分析可以发现，在设计最少拍控制器时，除考虑系统可实现性外，还必须要考虑系统的稳定性。

实际上，广义对象的传递函数 $G(z)$ 存在下列两种情况：

1）如果 $G(z)$ 所有零极点在单位圆内，则系统稳定。

2）如果 $G(z)$ 含有单位圆上和圆外的零极点，则 $G(z)$，$D(z)$ 含有不稳定的零极点，系统不稳定。尽管系统的闭环脉冲传递函数 $\Phi(z)$ 为

$$\Phi(z) = \frac{C(z)}{R(z)} = \frac{D(z)\,G(z)}{1 + D(z)\,G(z)} \tag{4.40}$$

但在设计最少拍控制器时，$G(z)$、$D(z)$ 的零极点不能相互对消，获得理论上的稳定闭环系统。其原因是：当参数漂移时，零极点对消不能准确实现，甚至会出现不稳定的极点。因此，应注意在控制器中不应出现与对象不稳定极点相消的零点。

可通过以下案例观察：当零极点不能准确抵消时会发生什么现象。

例 4.10 设广义对象的脉冲传递函数为 $G(z) = \dfrac{2.2z^{-1}}{1 + 1.2z^{-1}}$，该被控对象单位圆外有极点 $z = -1.2$，试设计一个对阶跃输入为最少拍的控制器 $D(z)$。

解： 单位阶跃输入：$R(z) = \dfrac{1}{1 - z^{-1}}$，则有 $q = 1$。因此，$\Phi_e(z) = (1 + 1.2z^{-1})(1 - z^{-1})$，$\Phi(z) = m_1 z^{-1} + m_2 z^{-2}$。

解得：$m_1 = -0.2$，$m_2 = 1.2$

因此，控制器为

$$D(z) = \frac{1}{G(z)}\frac{\Phi(z)}{\Phi_e(z)} = \frac{-0.091(1-6z^{-1})}{1-z^{-1}}$$

$$C(z) = \Phi(z)R(z) = -0.2z^{-1} + z^{-2} + z^{-3} + \cdots$$

假如实际对象的传递函数不是 $G(z) = \dfrac{2.2z^{-1}}{1+1.2z^{-1}}$，而是 $G^*(z) = \dfrac{2.2z^{-1}}{1+1.3z^{-1}}$，则在上述最少拍控制器下，闭环脉冲传递函数为

$$\Phi^*(z) = \frac{D(z)G^*(z)}{1+D(z)G^*(z)} = \frac{-0.2z^{-1}(1-6z^{-1})}{1+0.1z^{-1}-0.1z^{-2}}$$

当输入为单位阶跃时：

$$C(z) = \frac{-0.2z^{-1}(1-6z^{-1})}{(1+0.1z^{-1}-0.1z^{-2})(1-z^{-1})}$$

$$= -0.2z^{-1} + 1.02z^{-2} + 0.87z^{-3} + 1.014z^{-4} + 0.9864z^{-5} + \cdots$$

其 MATLAB 仿真结果如图 4.21 所示，在模型有误差时，控制系统仍能保持稳定，但会产生较大的波纹。

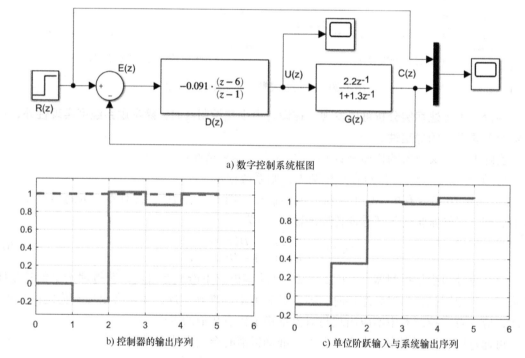

a) 数字控制系统框图

b) 控制器的输出序列   c) 单位阶跃输入与系统输出序列

图 4.21   阶跃输入时系统不稳定的仿真图

5. 最少拍控制器的局限性

最少拍控制器的设计过程和得到的数字控制器结构都较简单，但是也存在如下一些局限性。

（1）系统的适应性差

按某种典型输入设计的最少拍系统，对于其他形式的输入时，系统就不是最少拍，甚至会引起较大的超调和静态误差。一般来说，针对某典型输入 $R(z)$ 设计得到的最少拍 $\Phi(z)$：

◇ 用于次数较低的 $R(z)$，系统将出现大超调，但能稳定，且无静态误差。

◇ 用于次数较高的 $R(z)$，系统将有稳定的静态误差。

例 4.11 某被控对象的脉冲传递函数为 $G(z) = \dfrac{0.5z^{-1}}{1 - 0.5z^{-1}}$，设采样时间 $T = 1\text{s}$，选择单位速度输入来设计最少拍数字控制器 $D(z)$。

解： 由单位速度输入：$\dfrac{z^{-1}}{(1 - z^{-1})^2}$，可知 $q = 2$。因此，$\varPhi_e(z) = (1 - z^{-1})^2$，$\varPhi(z) = 2z^{-1} - z^{-2}$，由此得到数字控制器 $D(z)$：

$$D(z) = \frac{4(1 - 0.5z^{-1})^2}{(1 - z^{-1})^2}$$

系统的输出为

$$C(z) = R(z)\varPhi(z) = 2z^{-2} + 3z^{-3} + 4z^{-4} \cdots$$

各采样时刻的输出值为 0，0，2，3，4，…（见图 4.22c），即在两拍后，就能准确跟踪速度输入。

若保持数字控制器 $D(z)$ 不变，而输入变为单位阶跃信号 $\dfrac{1}{1 - z^{-1}}$，则有

$$C(z) = \frac{2z^{-1} - z^{-2}}{1 - z^{-1}} = 2z^{-1} + z^{-2} + z^{-3} \cdots$$

此时，各采样时刻的输出值为 0，2，1，1，…（见图 4.22b），需要两拍后才能达到期望值，显然已不是最少拍系统，且系统的第一拍输出幅值为 2，超调量为 100%。

用同样数字控制器 $D(z)$，而输入变为单位加速度输入 $\dfrac{z^{-1}(1 + z^{-1})}{2(1 - z^{-1})^2}$，则有

$$C(z) = \frac{z^{-1}(1 + z^{-1})(2z^{-1} - z^{-2})}{2(1 - z^{-1})^2} = z^{-2} + 3.5z^{-3} + 7z^{-4} + 11.5z^{-5} \cdots$$

此时，各采样时刻的输出值为 0，0，3.5，7，11.5，…（见图 4.22d），与期望值 $r(t) = \dfrac{1}{2}t^2$ 在采样时刻的值 0，0.5，2，4.5，8，…相比，存在稳态误差。

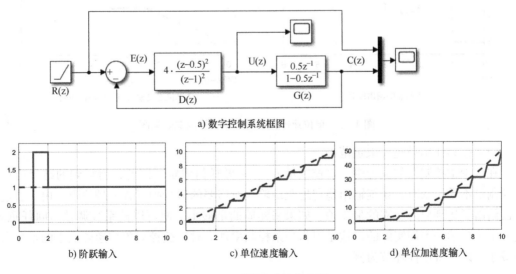

a) 数字控制系统框图

b) 阶跃输入   c) 单位速度输入   d) 单位加速度输入

图 4.22 系统无波纹仿真图

（2）对参数变化过于灵敏

根据最少拍控制器的设计方法，闭环系统 $\Phi(z)$ 只有多重极点 $z=0$。理论上可以证明，这一多重极点对系统参数变化的灵敏度可达无穷。因此，如果系统参数发生变化，将使实际控制严重偏离期望值。

例 4.12 接上例，若被控对象的时间常数发生变化，使被控对象的传递函数变为 $G(z)=\dfrac{0.6z^{-1}}{1-0.4z^{-1}}$，则系统的闭环脉冲传递函数为

$$\Phi(z)=\frac{2.4z^{-1}(1-0.5z^{-1})^2}{1-0.6z^{-2}+0.2z^{-3}}$$

在单位速度输入时其输出序列为

$$C(z)=R(z)\Phi(z)=2.4z^{-2}+2.4z^{-3}+4.44z^{-4}\cdots$$

各采样时刻的输出值为 0，0，2.4，2.4，4.44，…（见图 4.23c），显然与期望值 0，1，2，3，…，相差甚远，已不再具备最少拍响应的性质。

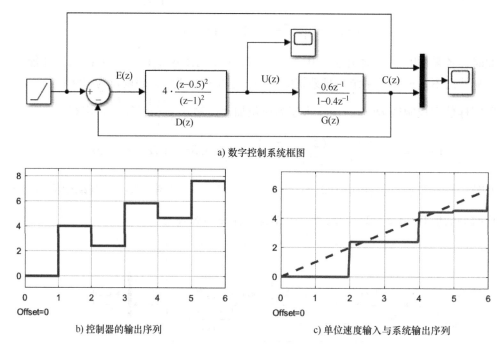

a) 数字控制系统框图

b) 控制器的输出序列

c) 单位速度输入与系统输出序列

图 4.23　单位速度输入时最少拍控制器效果图

（3）控制作用易超过限定范围

在最少拍控制器的设计中，对控制量 $U(z)$ 未做任何限定。因此，所得到的结果应该是在控制量不受限制时，系统输出稳定地跟踪输入所需要的最少拍过程。理论上，由于通过设计已给出了达到稳态所需的最少拍，如果采样周期足够小，便可以使系统调整时间任意短。这一结论当然是不切实际的。这是因为当采样频率加大时，被控对象传递函数中的常系数将会减小，以一阶惯性环节为例：

$$G(z)=\frac{(1-\sigma)z^{-1}}{1-\sigma z^{-1}} \tag{4.41}$$

式中，$\sigma = \exp(-T/T_1)$（T_1 为本连续系统的时间常数）。

采样周期 T 的减小，将引起 σ 增大，使常数系数 $1 - \sigma$ 减小。与此同时，控制量 $U(z) = \dfrac{\Phi(z)}{G(z)}R(z)$ 将随之增大。由于执行机构的饱和特性，控制量将被限定在最大值以内，实际系统将很难按最少拍设计的控制量序列进行操作，因而控制效果会变坏。此外，在控制量过大时，由于对象实际上存在非线性，其传递函数也会有所变化。这些都将使最少拍设计的目标不能如愿实现。

（4）在采样点之间有纹波

最少拍控制只能保证在采样点上的稳态误差为零。在很多情况下，系统在采样点之间出现纹波（即在两个采样点之间的输出有波动，与给定值有偏差），这不但使实际控制不能达到预期目的，而且增加了功率损耗和机械磨损。因此，最少拍控制在工程上的应用受到很大限制，但是人们可以针对最少拍控制的局限性进行改进设计，以获得较为满意的控制效果。

4.4.3 最少拍无纹波系统的设计及仿真

系统输出在采样点之间存在纹波，主要是由控制量序列的波动引起的，其根源在于控制量的 z 变换含有非零极点。根据系统采样理论，如果采样传递环节只含有单位圆内的极点，那么这个系统是稳定的，但极点的位置将影响系统离散脉冲响应。特别当极点在负实轴上或在第二、三象限时（具有负实部的极点），系统的离散脉冲响应将有剧烈的振荡。控制量出现这样的波动，势必就会使系统在采样点之间的输出产生纹波。

根据上述理论，设计最少拍无纹波控制器，就要设法使控制量的 z 变换中不包含有非零极点（特别是负实部的极点）。在前述关于最少拍控制器的设计中，当被控对象存在这样的零点时，没有像处理单位圆外的零点那样处理这些零点，致使控制器中包含有非零极点，使系统输出存在纹波。具体的改进方法是：

1）满足有纹波系统的性能要求和 $D(z)$ 的物理可实现的约束条件；

2）被控对象 $G_c(s)$ 含有无纹波系统所必须的积分环节；

3）$\Phi(z)$ 包含 $G(z)$ 的全部零点。

这种做法将提高 $\Phi(z)$ 中 z^{-1} 的幂次，从而增加系统的调节时间，但系统输出在采样点之间的纹波可以消除。

例 4.13 某被控对象的脉冲传递函数为：$G(z) = \dfrac{3.68z^{-1}(1 + 0.718z^{-1})}{(1 - z^{-1})(1 - 0.368z^{-1})}$，采样周期 $T = 1\text{s}$，试设计单位速度输入的最少拍无纹波控制器 $D(z)$。

解： 根据最少拍无纹波设计原则：$\Phi(z)$ 应包含 $G(z)$ 的所有零点，并包含 z^{-1} 项，则闭环系统的传递函数为

$$\begin{cases} \Phi(z) = 1 - \Phi_e(z) = z^{-1}(1 + 0.718z^{-1})(a_0 + a_1z^{-1}) \\ \Phi_e(z) = (1 - z^{-1})^2(1 + bz^{-1}) \end{cases}$$

解此方程组可得：$a_0 = 1.407$，$a_1 = -0.826$，$b = 0.592$。

由此，数字控制器 $D(z)$ 为

$$D(z) = \frac{1 - \Phi_e(z)}{G(z)\Phi_e(z)} = \frac{0.382(1 - 0.368z^{-1})(1 - 0.587z^{-1})}{(1 - z^{-1})(1 + 0.592z^{-1})}$$

闭环系统的输出序列为

$$C(z) = \Phi(z)R(z) = \frac{Tz^{-1}}{(1-z^{-1})^2}z^{-1}(1+0.718z^{-1})(1.407-0.826z^{-1})$$

$$= 1.41z^{-2} + 3z^{-3} + 4z^{-4} + 5z^{-5} + \cdots$$

数字控制器的输出序列为

$$U(z) = \frac{C(z)}{G(z)} = \frac{Tz^{-1}}{(1-z^{-1})^2}z^{-1}(1+0.718z^{-1})(1.407-0.826z^{-1})\frac{(1-z^{-1})(1-0.368z^{-1})}{3.68z^{-1}(1+0.718z^{-1})}$$

$$= 0.38z^{-1} + 0.02z^{-2} + 0.10z^{-3} + 0.10z^{-4} + \cdots$$

在第三拍，$U(z)$ 为常数，系统输出无纹波。无纹波系统的数字控制器和系统的输出波形如图 4.24 所示。

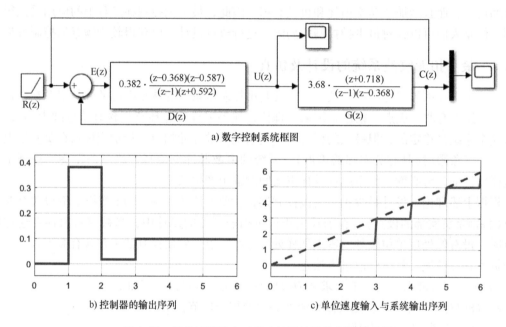

a) 数字控制系统框图

b) 控制器的输出序列

c) 单位速度输入与系统输出序列

图 4.24　单位速度输入时最少拍无纹波控制器效果图

4.5　纯滞后对象的控制算法

4.5.1　大林算法

1. 大林算法的基本原理

在许多工业过程中，被控对象一般都有纯滞后特性，而且经常遇到纯滞后较大的对象。美国 IBM 公司的大林(Dahlin)，在 1968 年提出了一种针对工业生产过程中含有纯滞后对象的控制算法，具有较好的效果。

假设带有纯滞后的一阶、二阶惯性环节的被控对象分别为

$$G_c(s) = \frac{Ke^{-\tau s}}{T_1 s + 1} \tag{4.42}$$

$$G_c(s) = \frac{Ke^{-\tau s}}{(T_1 s + 1)(T_2 s + 1)} \tag{4.43}$$

式中，τ 为纯滞后时间；T_1、T_2 为时间常数；K 为放大系数。为简单起见，设 $\tau = NT$，N 为正整数。

其对应的脉冲传递函数分别为

$$G(z) = Z\left[\frac{1 - e^{-Ts}}{s} \cdot \frac{Ke^{-NTs}}{T_1 s + 1}\right] = Kz^{-N-1}\frac{1 - e^{-T/T_1}}{1 - e^{-T/T_1}z^{-1}} \tag{4.44}$$

$$G(z) = Z\left[\frac{1 - e^{-Ts}}{s} \cdot \frac{Ke^{-NTs}}{(T_1 s + 1)(T_2 s + 1)}\right] = \frac{K(C_1 + C_2 z^{-1})z^{-N-1}}{(1 - e^{-T/T_1}z^{-1})(1 - e^{-T/T_2}z^{-1})} \tag{4.45}$$

式中，

$$\begin{cases} C_1 = 1 + \dfrac{1}{T_2 - T_1}(T_1 e^{-T/T_1} - T_2 e^{-T/T_2}) \\ C_2 = e^{-T\left(\frac{1}{T_1} + \frac{1}{T_2}\right)} + \dfrac{1}{T_2 - T_1}(T_1 e^{-T/T_2} - T_2 e^{-T/T_1}) \end{cases} \tag{4.46}$$

大林算法的设计目标：设计合适的数字控制器，使整个闭环系统的传递函数为具有时间纯滞后的一阶惯性环节，而且要求闭环系统的纯滞后时间等于对象的纯滞后时间。这时：

$$\Phi(s) = \frac{e^{-\tau s}}{T_\tau s + 1}, \tau = NT \tag{4.47}$$

采用零阶保持器，且采样周期 T，则闭环系统的脉冲传递函数 $\Phi(z)$ 为

$$\Phi(z) = Z\left[\frac{1 - e^{-Ts}}{s}\Phi(s)\right] = Z\left[\frac{1 - e^{-Ts}}{s} \cdot \frac{e^{-NTs}}{T_\tau s + 1}\right] = \left[(1 - z^{-1})z^{-N}\right]Z\left[\frac{1}{s} - \frac{T_\tau}{T_\tau s + 1}\right] \tag{4.48}$$

即

$$\Phi(z) = \frac{(1 - e^{-T/T_\tau})z^{-N-1}}{1 - e^{-T/T_\tau}z^{-1}} \tag{4.49}$$

数字控制器的传递函数为

$$D(z) = \frac{1}{G(z)}\frac{\Phi(z)}{1 - \Phi(z)} = \frac{1}{G(z)}\frac{z^{-N-1}(1 - e^{-T/T_\tau})}{1 - e^{-T/T_\tau}z^{-1} - (1 - e^{-T/T_\tau})z^{-N-1}} \tag{4.50}$$

当被控对象为带有纯滞后的一阶惯性环节时，得

$$D(z) = \frac{(1 - e^{-T/T_\tau})(1 - e^{-T/T_1}z^{-1})}{K(1 - e^{-T/T_1})[1 - e^{-T/T_\tau}z^{-1} - (1 - e^{-T/T_\tau})z^{-N-1}]} \tag{4.51}$$

当被控对象为带有纯滞后的二阶惯性环节时，得

$$D(z) = \frac{(1 - e^{-T/T_\tau})(1 - e^{-T/T_1}z^{-1})(1 - e^{-T/T_2}z^{-1})}{K(C_1 + C_2 z^{-1})[1 - e^{-T/T_\tau}z^{-1} - (1 - e^{-T/T_\tau})z^{-N-1}]} \tag{4.52}$$

2. 振铃现象及其抑制

例 4.14 已知被控对象的传递函数为：$G_c(s) = \dfrac{e^{-1.46s}}{3.34s + 1}$，$T = 1\text{s}$，试用大林算法，求数字控制器 $D(z)$。

解：广义对象的脉冲传递函数为

$$G(z) = \frac{0.1493z^{-2}(1 + 0.733z^{-1})}{1 - 0.7413z^{-1}}$$

设期望的闭环系统为时间常数 $T_\tau = 2$ 的一阶惯性环节，并带有 $N = 1$ 个采样周期的纯滞

后。这里，滞后时间不是采样周期的整数倍，系统的闭环脉冲传递函数为

$$\Phi(z) = \frac{0.3935z^{-2}}{1 - 0.6065z^{-1}}$$

数字控制器的脉冲传递函数为

$$D(z) = \frac{2.6356(1 - 0.7413z^{-1})}{(1 + 0.733z^{-1})(1 - z^{-1})(1 + 0.3935z^{-1})}$$

当输入为单位阶跃时，系统输出为

$$C(z) = \Phi(z)R(z) = \frac{0.3935z^{-2}}{(1 - 0.6065z^{-1})(1 - z^{-1})}$$

$$= 0.3935z^{-2} + 0.6322z^{-3} + 0.7769z^{-4} + 0.8647z^{-5} + \cdots$$

数字控制器的输出为

$$U(z) = \frac{C(z)}{G(z)} = \frac{2.6356(1 - 0.7423z^{-1})}{(1 - 0.6065z^{-1})(1 - z^{-1})(1 + 0.733z^{-1})}$$

$$= 2.6356 + 0.3484z^{-1} + 1.8096z^{-2} + 0.6078z^{-3} + 1.4093z^{-4} + \cdots$$

其 MATLAB 仿真结果如图 4.25 所示。

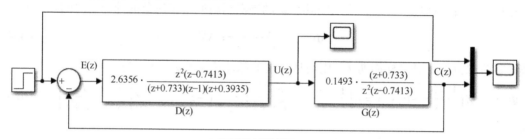

a) 数字控制系统框图

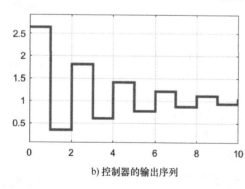

b) 控制器的输出序列

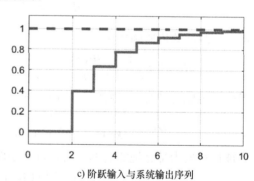

c) 阶跃输入与系统输出序列

图 4.25　大林算法的仿真图

由图 4.25 可知，系统输出在采样点上按指数形式跟随给定值，但控制量有大幅度的摆动，其振荡频率为采样频率的 1/2。这种现象称为振铃（Ringing）。

振铃可导致执行机构磨损，使回路动态性能变坏。引起振铃的根源是 $U(z)$ 中 $z = -1$ 附近的极点，极点在 $z = -1$ 时最严重，离 $z = -1$ 越远，振铃现象就越弱。在单位圆内右半平面上有零点时，会加剧振铃现象，而右半平面有极点时，会减轻振铃现象。

消除振铃的方法：找出数字控制器中产生振铃现象的极点，令其中 $z = 1$。这样取消了这个极点，就可以消除振铃现象。根据终值定理，系统的稳态输出 $Y(\infty) = \lim_{z \to 1}(z - 1)Y(z)$，

显然系统进入稳态后 $z=1$，这样处理不影响输出的稳态值。

例 4.15 接上例，$D(z) = \dfrac{2.6356(1-0.7413z^{-1})}{(1+0.733z^{-1})(1-z^{-1})(1+0.3935z^{-1})}$

用以上消除振铃方法，令 $z=1$，即用 $(1+0.733)$ 代替 $(1+0.733z^{-1})$ 项，可得

$$D(z) = \frac{1.5208(1-0.7413z^{-1})}{(1-z^{-1})(1+0.3935z^{-1})}$$

数字控制器输出 $U(t)$ 如图 4.26a 所示，基本上是消除了振铃，其输出响应 $C(t)$ 与有振铃算法的响应十分相似。

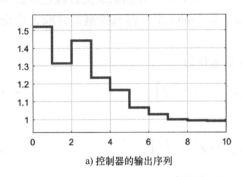
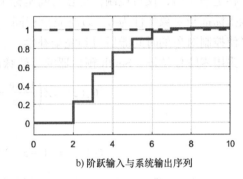

a) 控制器的输出序列　　　　　　　　b) 阶跃输入与系统输出序列

图 4.26　振铃消除仿真图

一般而言：

1）若对象为纯滞后的一阶惯性系统。

◇ 滞后时间是采样周期整数倍，$G(z)$ 不会出现左半平面的实数零点，不会产生振铃现象。

◇ 滞后时间不是采样周期整数倍，$G(z)$ 有可能出现左半平面的实数零点，因而有可能产生振铃。

2）若对象为二阶滞后的惯性环节。

$G(z)$ 总有一个在单位圆内负实轴上的零点，因此必定会产生振铃现象。

4.5.2　史密斯预估控制算法

为克服纯滞后环节带来的不利效应，改善时滞系统的控制品质，1957 年史密斯（O. J. M. Smith）提出了一种以模型为基础的预估补偿控制方法。

如图 4.27 所示，$G_p(s)$ 和 τ 分别为控制对象的不包含滞后环节的传递函数和纯滞后时间常数，该算法的基本思想是在控制回路中增加 Smith 预估器 $G_p(s)(1-e^{-\tau s})$，与常规控制器 $D(s)$ 并联，共同组成纯滞后控制器：

$$D^*(s) = \frac{D(s)}{1+D(s)G_p(s)(1-e^{-\tau s})} \tag{4.53}$$

使系统的闭环传递函数 $\Phi(s)$ 的分母项中不含纯滞后环节：

$$\Phi(s) = \frac{D^*(s)G_p(s)e^{-\tau s}}{1+D^*(s)G_p(s)e^{-\tau s}} = \frac{D(s)G_p(s)}{1+D(s)G_p(s)}e^{-\tau s} \tag{4.54}$$

式（4.54）说明，对于常规控制器 $D(s)$ 来说，包含原控制对象 $G_p(s)e^{-\tau s}$ 与 Smith 预估器

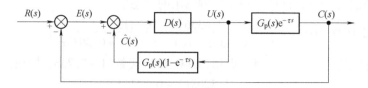

图 4.27　史密斯预估控制框图

的广义被控对象只相当于 $G_p(s)$，即纯滞后环节 $e^{-\tau s}$ 被放在了闭环控制回路之外。拉普拉斯的位移定理说明，仅将控制作用在时间坐标上推移了一个时间，控制系统的过渡过程及其他性能指标都与对象特性为 $G_p(s)$ 时完全相同。因此，将 Smith 预估器与控制器并联，理论上可以使控制对象的时间滞后得到完全补偿。

采用零阶保持器，Smith 预估器的等效脉冲传递函数为

$$G_\tau(z) = Z\left(\frac{1-e^{-Ts}}{s}G_p(s)(1-e^{-\tau s})\right) \qquad (4.55)$$

即

$$G_\tau(z) = (1-z^{-1})(1-z^{-N})Z\left(\frac{G_p(s)}{s}\right) \qquad (4.56)$$

式中，$\tau = NT$，一般地，采样周期 T 取纯滞后时间 τ 的整数倍。

上述 Smith 预估器 $G_\tau(z)$ 的输入为控制器 $D(z)$ 的输出，式(4.56)中后移算子 z^{-1} 和 z^{-N} 可以通过计算机存储单元的移位方便地实现。$D(z)$ 除了常用的 PID 控制器外，还可以是其他的控制器，如具有纯滞后补偿的数字控制器。

例 4.16　设被控对象的传递函数为：$G(s) = \dfrac{e^{-80s}}{60s+1}$，采样时间为 20s，试设计 Smith 预估器。

解：被控对象的脉冲传递函数为

$$G(z) = Z(H(s)G(s)) = \frac{0.2835z^{-4}}{z-0.7165}$$

由式(4.56)得到，Smith 预估的脉冲传递函数为

$$G_\tau(z) = (1-z^{-1})(1-z^{-4})Z\left(\frac{1}{s(60s+1)}\right) = \frac{0.2835z^{-1}-0.2835z^{-5}}{1-0.7165z^{-1}}$$

采用数字 PI 控制器，其中 $k_P = 0.5$，$k_I = 0.01$。其仿真结果如图 4.28 所示。系统具有良好的动态性能，为了进一步说明 Smith 预估器的作用，对该系统仅采用 PI 控制器(参数相同)，其结果如图 4.29 所示，系统的动态、静态性能均比 Smith 预估控制系统差。

由此可见，Smith 预估控制的物理意义：预先估计出过程在基本扰动作用下的动态响应，然后由预估器进行补偿，使被延迟的被控量超前反馈到控制器，使控制器提前动作，从而降低超调量，并加速调节过程。

Smith 预估控制是基于系统模型已知的情况下来实现的，因此，必须要获得系统动态模型，即系统传递函数和纯滞后时间，而且模型与设计系统要有足够的精确度。一般而言：

1) 模型误差越大，Smith 预估补偿效果越差。

将图 4.27 转化为图 4.30，则 Smith 预估器的反馈量计算表达式为

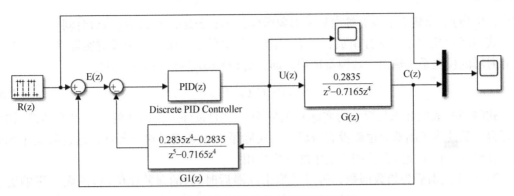

a) 具有纯滞后补偿的数字控制系统框图(模型精确)

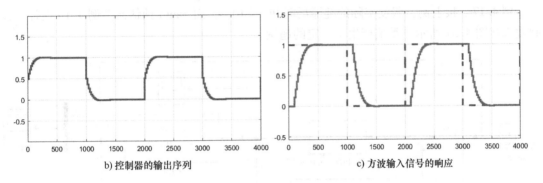

b) 控制器的输出序列

c) 方波输入信号的响应

图 4.28 具有 Smith 预估器的控制系统仿真(模型精确)

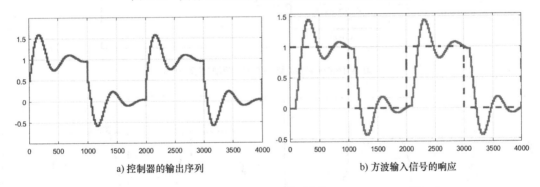

a) 控制器的输出序列

b) 方波输入信号的响应

图 4.29 PI 控制的系统仿真

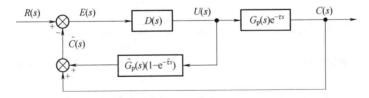

图 4.30 具有 Smith 预估器的控制系统

$$\hat{C}(s) = G_\tau(s)U(s) + G_p(s)e^{-\tau s}U(s)$$

$$= \hat{G}_p(s)(1 - e^{-\hat{\tau}s})U(s) + G_p(s)e^{-\tau s}U(s)$$

$$= \hat{G}_p(s)U(s) + G_p(s)e^{-\tau s}U(s) - \hat{G}_p(s)e^{-\hat{\tau}s}U(s) \tag{4.57}$$

式中，$\hat{G}_p(s)$表示建立的没有纯滞后的对象数学模型；$\hat{\tau}$表示估计的纯滞后时间。

式(4.57)主要由三部分组成：没有时滞的模型系统输出、有时滞的实际系统输出，以及有时滞的模型系统输出。若模型精确，即：$\hat{G}_p(s) = G_p(s)$，$\hat{\tau} = \tau$，则有

$$\hat{G}(s) = \hat{G}_p(s) U(s) \tag{4.58}$$

式(4.58)表明在满足模型与实际对象完全一致的条件下，预估的输出没有纯滞后时间的延迟，反馈到控制器时也就没有滞后。而实际系统很难满足这个条件，这也限制了Smith预估补偿方法在工业过程控制系统中的推广应用。

2）由于纯滞后为指数函数，所以模型中纯滞后时间$\hat{\tau}$的误差比$\hat{G}_p(s)$的误差影响更大，即$\hat{\tau}$的精度比$\hat{G}_p(s)$的精度更关键。

例4.17 接上例，假设实际的纯滞后时间$\tau = 100s$，而Smith预估器按例4.16设计，控制效果如图4.31所示，系统产生了一定的超调。

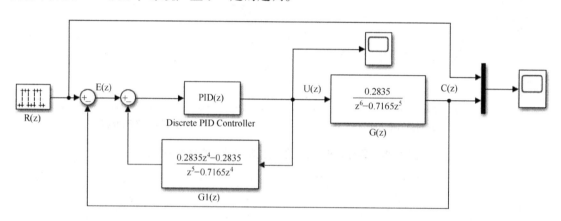

a) 具有纯滞后补偿的数字控制系统框图(模型不精确)

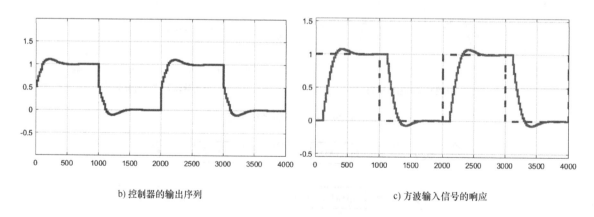

b) 控制器的输出序列　　　　　　　　　　　c) 方波输入信号的响应

图4.31　具有Smith预估器的控制系统仿真(模型不精确)

3）对纯滞后时间较小的过程，采用Smith预估控制效果会较好，纯滞后时间$\hat{\tau}$的误差影响较小。

4）Smith预估控制是按某一特定的工作来设计的，当工作状况发生变化，引起实际过程的时滞变化或时间常数、增益等变化时，Smith预估补偿的效果会变差。

4.6　基于状态空间模型的反馈控制器设计

设线性定常系统被控对象的连续方程为

$$\begin{cases} \dot{\boldsymbol{x}}(t) = \boldsymbol{A}\boldsymbol{x}(t) + \boldsymbol{B}\boldsymbol{u}(t) & \boldsymbol{x}(t)\big|_{t=t_0} = \boldsymbol{x}(t_0) \\ \boldsymbol{y}(t) = \boldsymbol{C}\boldsymbol{x}(t) \end{cases} \tag{4.59}$$

式中，$\boldsymbol{x}(t) \in \Re^{n \times 1}$ 为状态向量；$\boldsymbol{u}(t) \in \Re^{r \times 1}$ 为控制向量；$\boldsymbol{y}(t) \in \Re^{m \times 1}$ 输出向量；$\boldsymbol{A} \in \Re^{n \times n}$，$\boldsymbol{B} \in \Re^{n \times r}$，$\boldsymbol{C} \in \Re^{n \times m}$ 为系统的参数矩阵。

4.6.1　输出反馈设计法

采用状态空间模型的输出反馈设计法的目的：利用状态空间表达式，设计出数字控制器 $D(z)$，使多变量计算机控制系统满足所需要的性能指标，即在控制器 $D(z)$ 的作用下，系统输出 $\boldsymbol{y}(t)$ 经过 N 次采样（N 拍）后，跟踪参考输入函数 $\boldsymbol{r}(t) \in \Re^{m \times 1}$ 的瞬变响应时间为最少。这里，设参考输入函数为阶跃函数向量。

系统的闭环结构形式如图 4.32 所示。

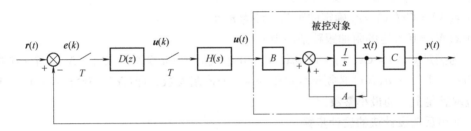

图 4.32　具有输出反馈的闭环系统

首先将被控对象式（4.59）离散化，再设计数字控制器 $D(z)$。

1. 连续状态方程的离散化

在 $\boldsymbol{u}(t)$ 的作用下，系统式（4.59）的解为

$$\boldsymbol{x}(t) = e^{A(t-t_0)}\boldsymbol{x}(t_0) + \int_{t_0}^{t} e^{A(t-\tau)}\boldsymbol{B}\boldsymbol{u}(\tau)\,\mathrm{d}\tau \tag{4.60}$$

式中，$e^{A(t-t_0)}$ 为被控对象的状态转移矩阵。

如图 4.32 所示，被控对象的前面有一个零阶保持器，即

$$\boldsymbol{u}(t) = \boldsymbol{u}(k) \qquad kT \leq t < (k+1)T$$

式中，T 为采样周期。

在式（4.60）中，令 $t_0 = kT$，$t = (k+1)T$，同时考虑零阶保持器的作用，则式（4.60）变为

$$\boldsymbol{x}(k+1) = e^{AT}\boldsymbol{x}(k) + \boldsymbol{B}\boldsymbol{u}(k)\int_{kT}^{(k+1)T} e^{A((k+1)T-\tau)}\,\mathrm{d}\tau \tag{4.61}$$

若令 $t = (k+1)T - \tau$，则上式可进一步转化为离散状态方程：

$$\begin{cases} \boldsymbol{x}(k+1) = \boldsymbol{F}\boldsymbol{x}(k) + \boldsymbol{G}\boldsymbol{u}(k) \\ \boldsymbol{y}(k) = \boldsymbol{C}\boldsymbol{x}(k) \end{cases} \tag{4.62}$$

式中，$F = e^{AT}$，$G = B\int_0^T e^{A\tau}\mathrm{d}\tau$。

式(4.62)为线性定常系统式(4.59)的等效离散状态方程。

2. 最少拍无纹波系统的跟踪条件

由系统的输出方程可知，输出 $y(t)$ 以最少的 N 拍跟踪参考输入 $r(t)$，必须满足的条件是：

$$y(N) = Cx(N) = r_0$$

仅按上式要求设计的系统是有纹波系统，若要满足无纹波设计要求，则还必须满足：

$$\dot{x}(N) = 0$$

这是因为，在 $NT \leqslant t < (N+1)T$ 的间隔内，控制信号 $u(t) = u(N)$ 为常向量，由式 (4.59)可知，当 $\dot{x}(N) = 0$ 时，在 $NT \leqslant t < (N+1)T$ 的间隔内，$x(t) = x(N)$，而且不变。也就是说，若使 $t \geqslant NT$ 时的控制信号满足

$$u(t) = u(N), \qquad t \geqslant NT$$

此时，$x(t) = x(N)$且不变，则使条件式 $y(N) = Cx(N) = r_0$ 对 $t \geqslant NT$ 时,始终满足：

$$y(t) = Cx(t) = Cx(N) = r_0, \quad t \geqslant NT$$

这样，满足最少拍无纹波系统设计的条件如下：

1) $y(N) = Cx(N) = r_0$ 确定的跟踪条件为 m 个；

2) $\dot{x}(N) = 0$ 确定的附加跟踪条件为 n 个；

3) 为满足 $y(N) = Cx(N) = r_0$ 和 $\dot{x}(N) = 0$ 组成的 $m+n$ 个跟踪条件，$N+1$ 个 r 维控制向量 $\{u(0), u(1), \cdots, u(N)\}$ 必须至少提供 $m+n$ 个控制参数，即 $(N+1)r \geqslant (m+n)$，最少拍数 N 应取满足上式的最小整数。

3. 输出反馈设计法的设计步骤

(1) 将连续状态方程离散化

如前所述，式(4.60)式(4.62)可求得系统的离散状态方程：

$$\begin{cases} x(k+1) = Fx(k) + Gu(k) \\ y(k) = Cx(k) \end{cases} \tag{4.63}$$

(2) 求满足跟踪条件和附加条件的 $U(z)$

由被控对象的离散状态方程式(4.63)可得

$$x(k) = F^k x(0) + \sum_{j=0}^{k-1} F^{k-j-1} Gu(j) \tag{4.64}$$

这样，被控对象在控制信号 $\{u(0), u(1), \cdots, u(N)\}$ 作用下，第 N 的状态为

$$x(N) = F^N x(0) + \sum_{j=0}^{N-1} F^{N-j-1} Gu(j) \tag{4.65}$$

假定系统的初始条件$x(0) = 0$，则有

$$x(N) = \sum_{j=0}^{N-1} F^{N-j-1} Gu(j) \tag{4.66}$$

根据跟踪条件$y(N) = Cx(N) = r_0$，有

$$r_0 = y(N) = Cx(N) = \sum_{j=0}^{N-1} CF^{N-j-1} Gu(j) \tag{4.67}$$

用分块矩阵来表示，得

$$r_0 = \sum_{j=0}^{N-1} CF^{N-j-1}Gu(j) = \begin{bmatrix} CF^{N-1}G & \cdots & CG \end{bmatrix} \begin{bmatrix} u(0) \\ \vdots \\ u(N-1) \end{bmatrix} \qquad (4.68)$$

再由系统状态方程 $\begin{cases} \dot{x}(t) = Ax(t) + Bu(t) \\ y(t) = Cx(t) \end{cases}$ 和条件 $\dot{x}(N) = 0$，有

$$\dot{x}(N) = Ax(N) + Bu(N) = 0 \qquad (4.69)$$

结合式（4.66），有

$$\sum_{j=0}^{N-1} AF^{N-j-1}Gu(j) + Bu(N) = 0 \qquad (4.70)$$

或

$$\begin{bmatrix} AF^{N-1}G & \cdots & AG & B \end{bmatrix} \begin{bmatrix} u(0) \\ \vdots \\ u(N-1) \\ u(N) \end{bmatrix} = 0 \qquad (4.71)$$

由式（4.68）与式（4.71）联立方程组，得

$$\begin{bmatrix} CF^{N-1}G & \cdots & CG & 0 \\ AF^{N-1}G & \cdots & AG & B \end{bmatrix} \begin{bmatrix} u(0) \\ \vdots \\ u(N-1) \\ u(N) \end{bmatrix} = \begin{bmatrix} r_0 \\ 0 \end{bmatrix} \qquad (4.72)$$

若此方程组有解，并设解为

$$u(j) = P(j)r_0, \qquad j = 0,1,\cdots,N$$

当 $k = N$ 时，控制信号 $u(k)$ 应满足：

$$u(k) = u(N) = P(N)r_0, \quad k \geqslant N$$

这样，就由跟踪条件求得了控制序列 $\{u(0),u(1),\cdots,u(N)\}$，其 z 变换为

$$U(z) = \sum_{k=0}^{\infty} u(k)z^{-k} = \left[\sum_{k=0}^{N-1} P(k)z^{-k} + P(N) \sum_{k=N}^{\infty} z^{-k} \right] r_0$$

$$= \left[\sum_{k=0}^{N-1} P(k)z^{-k} + \frac{P(N)z^{-N}}{1-z^{-1}} \right] r_0 \qquad (4.73)$$

（3）求误差序列 $E(z)$

误差向量为

$$e(k) = r(k) - y(k) = r_0 - Cx(k)$$

如前所述，假定 $x(0) = 0$，结合式（4.64），可得

$$e(k) = r_0 - \sum_{j=0}^{k-1} CF^{k-j-1}Gu(j)$$

又 $u(j) = P(j)r_0(j = 0,1,\cdots,N)$，则

$$e(k) = \left(I - \sum_{j=0}^{k-1} CF^{k-j-1}GP(j) \right) r_0$$

故误差序列 z 变换为

$$E(z) = \sum_{k=0}^{\infty} e(k)z^{-k} = \sum_{k=0}^{N-1} e(k)z^{-k} + \sum_{k=N}^{\infty} e(k)z^{-k}$$

根据设计要求(即最少拍无纹波)可知，当 $k \geqslant N$ 时，系统误差为 0，即：$\sum\limits_{k=N}^{\infty} e(k)z^{-k} = 0$，

所以：

$$E(z) = \sum_{k=0}^{N-1} e(k)z^{-k} = e(k) = \sum_{k=0}^{N-1} \left(I - \sum_{j=0}^{k-1} CF^{k-j-1}GP(j) \right) r_0 z^{-1} \tag{4.74}$$

(4) 求控制器的脉冲传递函数 $D(z)$

结合式(4.73)和式(4.74)，可得数字控制器为

$$D(z) = \frac{U(z)}{E(z)} \tag{4.75}$$

4. 案例分析

例 4.18 某二阶单输入单输出系统，其状态方程为 $\begin{cases} \dot{x}(t) = Ax(t) + Bu(t) \\ y(t) = Cx(t) \end{cases}$，其系统矩

阵：$A = \begin{bmatrix} -1 & 0 \\ 1 & 0 \end{bmatrix}$，$B = \begin{bmatrix} 1 \\ 0 \end{bmatrix}$，$C = \begin{bmatrix} 0 & 1 \end{bmatrix}$，采样周期 $T = 1\text{s}$，初始状态 $x(0) = \begin{bmatrix} 0 \\ 0 \end{bmatrix}$，试设计

最少拍无纹波控制器 $D(z)$。

解 因为：

$$F = e^{AT} = \begin{bmatrix} e^{-1} & 0 \\ 1 - e^{-1} & 1 \end{bmatrix} = \begin{bmatrix} 0.368 & 0 \\ 0.632 & 1 \end{bmatrix}$$

$$G = B \int_0^T e^{A\tau} d\tau = \begin{bmatrix} 1 - e^{-1} \\ e^{-1} \end{bmatrix} = \begin{bmatrix} 0.632 \\ 0.368 \end{bmatrix}$$

则被控对象的连续状态方程离散化为

$$\begin{cases} x(k+1) = Fx(k) + Gu(k) \\ y(k) = Cx(k) \end{cases}$$

由最少拍无纹波的设计要求可知：

$$(N+1)r \geqslant m+n$$

由系统的状态方程可知：$n = 2$，$m = 1$，$r = 1$。因此，$N = 2$ 即可满足设计要求。

由式(4.72)可得

$$\begin{bmatrix} CFG & CG & 0 \\ AFG & AG & B \end{bmatrix} \begin{bmatrix} u(0) \\ u(1) \\ u(2) \end{bmatrix} = \begin{bmatrix} r_0 \\ 0 \end{bmatrix}$$

进一步，得

$$\begin{bmatrix} u(0) \\ u(1) \\ u(2) \end{bmatrix} = \begin{bmatrix} P(0) \\ P(1) \\ P(2) \end{bmatrix} r_0 = \begin{bmatrix} 1.58 \\ -0.58 \\ 0 \end{bmatrix} r_0$$

即 $P(0) = 1.58$，$P(1) = -0.58$，$P(2) = 0$。

再由式(4.73)和 $N = 2$，可得输出序列为

$$U(z) = \left[\sum_{k=0}^{1} P(k)z^{-k} + \frac{P(N)z^{-2}}{1 - z^{-1}} \right] r_0 = \left[P(0) + P(1)z^{-1} + \frac{P(2)z^{-2}}{1 - z^{-1}} \right] r_0$$

$$= (1.58 - 0.58z^{-1}) r_0$$

再由式(4.74) 和 $N = 2$,可得误差序列为

$$E(z) = \sum_{k=0}^{1} \left(I - \sum_{j=0}^{k-1} CF^{k-j-1} GP(j) \right) r_0 z^{-1} = (I + (I - CGP(0)) z^{-1}) r_0$$
$$= (1 + 0.419 z^{-1}) r_0$$

所以, 所设计的数字控制器 $D(z)$ 为

$$D(z) = \frac{U(z)}{E(z)} = \frac{1.58 - 0.58 z^{-1}}{1 - 0.419 z^{-1}}$$

其仿真结果如图 4.33 所示,依据输出反馈,系统 2 拍后即可跟踪阶跃输入信号。

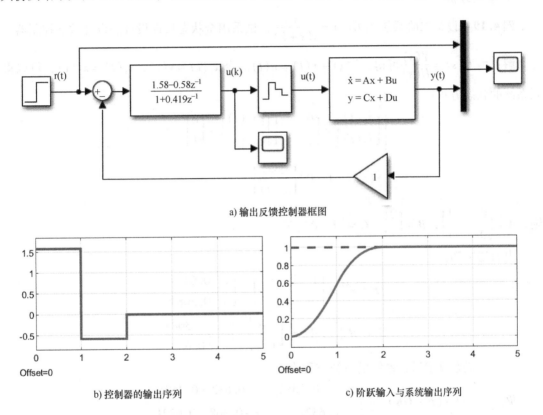

a) 输出反馈控制器框图

b) 控制器的输出序列   c) 阶跃输入与系统输出序列

图 4.33 输出反馈最少拍无纹波控制器效果图

4.6.2 全状态反馈设计法

1. 设计过程

离散状态空间设计法就是利用离散的状态空间表达式,根据性能指标要求,设计一个能满足设计要求的计算机控制系统。离散状态空间设计法的主要优点是能够处理多输入-多输出系统、时变系统,以及非线性系统。

设受控系统的离散状态方程为

$$x(k+1) = Fx(k) + Gu(k) \tag{4.76}$$

如果系统能控,则该系统的极点能实现任意配置,令引入状态反馈后的 $u(k)$ 为

$$u(k) = r(k) - Kx(k) \tag{4.77}$$

式中，$r(k)$ 与 $x(k)$ 分别为系统的参考向量与状态向量；$K \in \Re^{1 \times n}$ 为状态反馈增益。

引入状态反馈后，系统的状态方程变为

$$x(k+1) = (F - GK)x(k) + Gr(k) \tag{4.78}$$

令 $\Psi^*(z) = \prod_{i=1}^{n}(z - z_i)$ 为系统期望的特征多项式，z_i 为期望的特征根，而式（4.78）的特征多项式为：$\Psi(z) = |zI - (F - GK)|$。令 $\Psi^*(z) = \Psi(z)$，即可求得状态反馈矩阵 $K = (k_1, k_2, \cdots, k_n)$。

2. 案例分析

例 4.19　设某二阶系统为 $G(s) = \dfrac{1}{s(s+1)}$，试采用全状态反馈设计法设计数字控制器。

解： 由 $G(s) = \dfrac{Y(s)}{U(s)}$ 可得，$\ddot{y}(t) + \dot{y}(t) = u(t)$。令 $x_1(t) = y(t)$，$\dot{x}_1(t) = x_2(t)$，可以得到系统的状态方程：

$$\begin{cases} \begin{bmatrix} \dot{x}_1(t) \\ \dot{x}_2(t) \end{bmatrix} = \begin{bmatrix} 0 & 1 \\ 0 & -1 \end{bmatrix} \begin{bmatrix} x_1(t) \\ x_2(t) \end{bmatrix} + \begin{bmatrix} 0 \\ 1 \end{bmatrix} u(t) \\[3mm] y(t) = \begin{bmatrix} 1 & 0 \end{bmatrix} \begin{bmatrix} x_1(t) \\ x_2(t) \end{bmatrix} \end{cases}$$

则，$A = \begin{bmatrix} 0 & 1 \\ 0 & -1 \end{bmatrix}$，$B = \begin{bmatrix} 0 \\ 1 \end{bmatrix}$，$C = \begin{bmatrix} 1 & 0 \end{bmatrix}$。

由前述可知：

$$F = e^{AT} = \begin{bmatrix} 1 & 1 - e^{-1} \\ 0 & e^{-1} \end{bmatrix} = \begin{bmatrix} 1 & 0.632 \\ 0 & 0.368 \end{bmatrix}$$

$$G = B \int_0^T e^{A\tau} d\tau = \begin{bmatrix} e^{-1} \\ 1 - e^{-1} \end{bmatrix} = \begin{bmatrix} 0.368 \\ 0.632 \end{bmatrix}$$

引入全状态反馈后，系统的特征方程为

$$\Psi(z) = |zI - (F - GK)| = \begin{vmatrix} z - 1 + 0.368k_1 & -0.632 + 0.368k_2 \\ 0.632k_1 & z - 0.368 + 0.632k_2 \end{vmatrix}$$

$$= (z - 1 + 0.368k_1)(z - 0.368 + 0.632k_2) - (0.632k_1)(-0.632 + 0.368k_2)$$

为了获得快速的过渡过程，选择两个闭环极点均处于单位圆的圆心，即 $z_1 = z_2 = 0$，则可得 $k_1 = 1.58$，$k_2 = 1.24$。

控制器 $u(k)$ 为

$$u(k) = r(k) - 1.58x_1(k) - 1.24x_2(k)$$

其仿真结果如图 4.34 所示，由系统全状态反馈，系统 2 拍即可跟踪阶跃输入信号。

备注 1： 全状态反馈控制器设计的充分必要条件是被控对象完全能控。其 MATLAB 命令为 rank(ctrb(F,G)) == size(F,1)。

备注 2： 依据全状态反馈设计方法得到的控制器并不能得到任意状态的结果。若要求系统状态到达某一个特定的指定状态，则需要在输入端增加一个比例环节。其 MATLAB 计算代码如下：

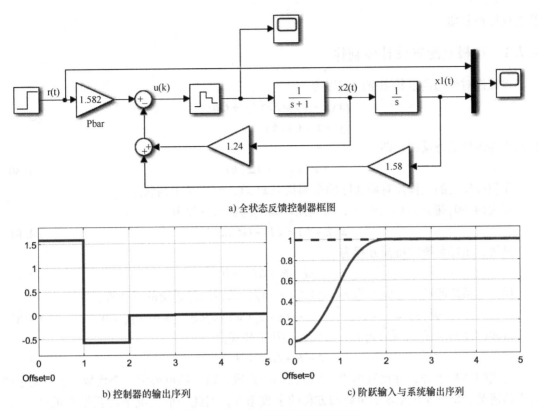

a) 全状态反馈控制器框图

b) 控制器的输出序列

c) 阶跃输入与系统输出序列

图 4.34　全状态反馈控制器效果图

```
1    s = size(F,1);
2    Z = [zeros([1,s]) 1];
3    P = inv([A,B;C,D]) * Z';
4    Px = P(1:s);
5    Pu = P(1+s);
6    Pbar = Pu + K * Px;
```

4.7　基于状态空间模型的极点配置设计

在现代控制理论中，反馈可采用输出反馈，也可采用状态反馈。输出反馈的一个突出优点是获得信息不存在困难，因而工程上易于实现，但是它不能满足任意给定的动态性能指标。与输出反馈相比，状态反馈可以更多地获得和利用系统的信息，可以达到更好的性能指标。因此，现代控制理论中较多地使用了状态反馈控制。

一个系统的各种性能指标很大程度上是由系统的极点决定的，通过状态反馈改变系统极点的位置，就可以改变系统的性能指标。基于状态空间模型按极点配置设计的控制器由两部分组成：一部分是状态观测器，它根据所测到的输出 $y(k)$ 重构出状态 $x(k)$；另一部分是控制规律，它直接反馈重构的状态 $x(k)$，构成状态反馈控制。

根据分离性原理，控制器的设计可以分为两个独立的部分：一是假设全部状态可用于反馈，按极点配置设计控制规律；二是按极点配置设计观测器。最后把两部分结合起来，构成状态反馈控制器。

4.7.1 按极点配置设计控制律

设被控对象的离散状态空间方程为

$$\begin{cases} x(k+1) = Fx(k) + Gu(k) \\ y(k) = Cx(k) \end{cases} \tag{4.79}$$

控制律为线性状态反馈，即

$$u(k) = -Lx(k) \tag{4.80}$$

先假设反馈的是被控对象实际的全部状态 $x(k)$，而不是重构状态。

将式(4.80)带入式(4.79)中，得到闭环系统的状态方程为

$$x(k+1) = (F - GL)x(k) \tag{4.81}$$

显然，闭环系统的特征方程为

$$|zI - F + GL| = 0 \tag{4.82}$$

设闭环系统所期望的极点为 $z_i(i=1,2,\cdots,n)$，求得闭环系统的特征方程为

$$\Psi_c(z) = (z-z_1)(z-z_2)\cdots(z-z_n) = z^n + \beta_1 z^{n-1} + \cdots + \beta_n = 0 \tag{4.83}$$

由式(4.82)和式(4.83)可知，反馈控制律 L 应满足：

$$|zI - F + GL| = \Psi_c(z) \tag{4.84}$$

将式(4.84)展开，并比较两边 z 的同次幂的系数，则一共可得到 n 个代数方程。对于单输入的情况，L 中未知元素的个数与方程的个数相等，因此一般情况下可获得 L 的唯一解。而对于多输入的情况，仅根据式(4.84)并不能完全确定 L，设计计算比较复杂，需同时附加其他的限制条件才能完全确定 L。本节只讨论单输入的情况。

可以证明，对于任意的极点配置，L 具有唯一解的充分必要条件是被控对象完全可控，即

$$rank([\begin{matrix} G & FG & \cdots & F^{n-1}G \end{matrix}]) = n \tag{4.85}$$

这个结论的物理意义也是很明显的，只有当系统的所有状态都是可控的，才能通过适当的状态反馈控制，使得闭环系统的极点配置到任意指定的位置。

4.7.2 按极点配置设计状态观测器

在上述讨论中，按极点配置设计控制律时，假设系统的全部状态均可用于反馈，实际上难以做到，因为有些状态无法量测。因此，必须设计状态观测器，根据所量测的输出 $y(k)$ 重构全部状态，实际反馈的仅是重构的状态 $\hat{x}(k)$，而不是真实状态 $x(k)$。

常用的状态观测器有三种：预报观测器、现时观测器和降阶观测器。

1. 预报观测器

常用的观测器方程为

$$\hat{x}(k+1) = F\hat{x}(k) + Gu(k) + K(y(k) - C\hat{x}(k)) \tag{4.86}$$

式中，$\hat{x}(k)$ 是状态 $x(k)$ 的重构；K 为观测器的增益矩阵。

由于 $(k+1)T$ 时刻的状态重构只用到了 kT 时刻的量测值 $y(k)$，所以式(4.86)称为预报观测器，其结构图如图4.35所示。

定义重构误差为：$\tilde{x}(k+1) = x(k+1) - \hat{x}(k+1)$。由式(4.79)和式(4.86)可得状态重

构误差方程为

$$\begin{aligned}
\tilde{x}(k+1) &= x(k+1) - \hat{x}(k+1) \\
&= Fx(k) + Gu(k) - F\hat{x}(k) - Gu(k) - K(Cx(k) - C\hat{x}(k)) \\
&= (F - KC)(x(k) - \hat{x}(k)) \\
&= (F - KC)\tilde{x}(k)
\end{aligned} \tag{4.87}$$

由此可得预报观测器的特征方程为

$$|zI - F + KC| = 0 \tag{4.88}$$

显然，状态重构误差 $\tilde{x}(k)$ 的动态性能取决于特征方程式(4.88)根的分布，即矩阵 $(F - KC)$，如果 $(F - KC)$ 的特性是快速收敛的，那么对于任何初始误差 $\tilde{x}(0)$，$\tilde{x}(k)$ 都将快速收敛到零。因此，只要适当地选择增益矩阵 K，便可获得要求的状态重构性能。

如果给出观测器的极点 $z_i(i=1, 2, \cdots, n)$，则可求得观测器的特征方程式为

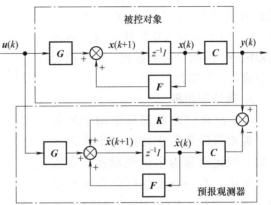

图 4.35　预报观测器结构图

$$\Psi_b(z) = (z - z_1)(z - z_2)\cdots(z - z_n) = z^n + \beta_1 z^{n-1} + \cdots + \beta_n \tag{4.89}$$

为获得所需要的状态重构性能，应有

$$|zI - F + KC| = \Psi_b(z) \tag{4.90}$$

对于单输入单输出系统，通过比较式(4.90)两边 z 的同次幂的系数，就可求得 K 中的 n 个未知数。可以证明，对于任意的极点配置，K 具有唯一解的充分必要条件是对象是完全能观测的，即

$$rank\left(\begin{bmatrix} C \\ CF \\ \vdots \\ CF^{n-1} \end{bmatrix}\right) = n \tag{4.91}$$

2. 现时观测器

在采用预报观测器时，现时的状态重构 $\hat{x}(k)$ 只用到了前一时刻的输出 $y(k-1)$，使得现时的控制信号 $u(k)$ 中只包含了前一时刻的观测值。当采样周期较长时，这种控制方式将影响系统的性能，为此，可采用如下观测器方程：

$$\begin{cases} \overline{x}(k+1) = F\hat{x}(k) + Gu(k) \\ \hat{x}(k+1) = \overline{x}(k+1) + K(y(k+1) - C\overline{x}(k+1)) \end{cases} \tag{4.92}$$

由于 $(k+1)T$ 时刻的状态重构 $\hat{x}(k+1)$ 用到了现时刻的输出 $y(k+1)$，所以式(4.92)称为现时观测器，其结构图如图 4.36 所示。

重构状态误差为

$$\begin{aligned}
\tilde{x}(k+1) &= x(k+1) - \hat{x}(k+1) \\
&= [Fx(k) + Gu(k)] - [\overline{x}(k+1) + K(y(k+1) - C\overline{x}(k+1))] \\
&= [Fx(k) + Gu(k)] - [\overline{x}(k+1) + KC(x(k+1) - \overline{x}(k+1))] \\
&= [Fx(k) + Gu(k)] - [F\hat{x}(k) + Gu(k) + KCF(x(k) - \hat{x}(k))]
\end{aligned}$$

$$= (F - KCF)(x(k) - \hat{x}(k))$$
$$= (F - KCF)\tilde{x}(k) \tag{4.93}$$

由此可得现时观测器的特征方程为

$$|zI - F + KCF| = 0 \tag{4.94}$$

如前所述，为使现时观测器具有期望的极点配置，应使 $|zI - F + KCF| = \Psi_b(z)$。对于单输入单输出系统，通过比较两边 z 的同次幂的系数，就可求得 K 中的 n 个未知数。

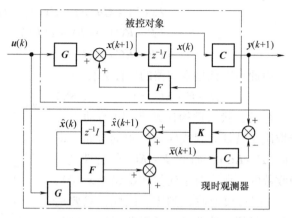

图 4.36　现时观测器结构图

3. 降阶观测器

以上两种观测器都是重构全部状态，观测器阶数等于被控对象状态的个数，因此也称为全阶观测器。在实际系统中，有些状态是可以直接测量的，因此可不必重构，以减少计算量，只需根据系统可测量，重构其余不能测量的状态。这样便可得到较低阶的状态观测器，称为**降阶观测器**。

将原状态向量分成两部分，一部分是可以直接测量的 $x_a(k)$；另一部分是需要重构的 $x_b(k)$，则被控对象的离散状态方程式(4.79)可以分块表示为

$$x(k+1) = \begin{bmatrix} x_a(k+1) \\ x_b(k+1) \end{bmatrix} = \begin{bmatrix} F_{aa} & F_{ab} \\ F_{ba} & F_{bb} \end{bmatrix} \begin{bmatrix} x_a(k) \\ x_b(k) \end{bmatrix} + \begin{bmatrix} G_a \\ G_b \end{bmatrix} u(k) \tag{4.95}$$

将上式展开，可写成：

$$\begin{cases} x_b(k+1) = F_{bb}x_b(k) + [F_{ba}x_a(k) + G_b u(k)] \\ x_a(k+1) - F_{aa}x_a(k) - G_a u(k) = F_{ab}x_b(k) \end{cases} \tag{4.96}$$

比较式(4.96)与式(4.79)，可建立如下的对应关系：

$$x(k) \leftrightarrow x_b(k)$$
$$F \leftrightarrow F_{bb}$$
$$Gu(k) \leftrightarrow F_{ba}x_a(k) + G_b u(k)$$
$$y(k) \leftrightarrow x_a(k+1) - F_{aa}x_a(k) - G_a u(k)$$
$$C \leftrightarrow F_{ab}$$

对照预报观测器方程式(4.86)，可以写成相应于式(4.96)的观测器方程式：

$$\hat{x}_b(k+1) = F_{bb}\hat{x}_b(k) + [F_{ba}x_a(k) + G_b u(k)] +$$
$$K[x_a(k+1) - F_{aa}x_a(k) - G_a u(k) - F_{ab}\hat{x}_b(k)] \tag{4.97}$$

上式便是根据已知可测量的状态重构出其余状态 $x_b(k)$ 的观测器方程，由于 $x_b(k)$ 的维数小于 $x(k)$ 的维数，所以称为**降阶观测器**。

同理可得到重构状态误差方程：

$$\tilde{x}_b(k+1) = x_b(k+1) - \hat{x}_b(k+1)$$
$$= (F_{bb} - KF_{ab})[x_b(k) - \hat{x}_b(k)] \tag{4.98}$$

从而求得降阶观测器的特征方程：

$$|z\boldsymbol{I} - \boldsymbol{F}_{bb} + \boldsymbol{K}\boldsymbol{F}_{ab}| = 0 \tag{4.99}$$

如前所述，使 $|z\boldsymbol{I} - \boldsymbol{F}_{bb} + \boldsymbol{K}\boldsymbol{F}_{ab}| = \boldsymbol{\Psi}_b(z)$，对于单输入单输出系统，通过比较两边 z 的同次幂的系数，就可求得增益矩阵 $\boldsymbol{K}$。

4. 案例分析

例 4.20 设被控对象的连续状态方程为

$$\begin{cases} \dot{\boldsymbol{x}}(t) = \begin{bmatrix} 0 & 1 \\ 0 & 0 \end{bmatrix}\boldsymbol{x}(t) + \begin{bmatrix} 0 \\ 1 \end{bmatrix}\boldsymbol{u}(t) \\ y(t) = \begin{bmatrix} 1 & 0 \end{bmatrix}\boldsymbol{x}(t) \end{cases}$$

采样周期为 $T = 0.1\mathrm{s}$，要求确定观测器增益矩阵 $\boldsymbol{K}$。

1）设计预报观测器，并将观测器特征方程的两个极点配置在 $z_1 = 0.2$，$z_2 = 0.2$ 处。

2）设计现时观测器，并将观测器特征方程的两个极点配置在 $z_1 = 0.2$，$z_2 = 0.2$ 处。

3）假定 x_1 为能够测量的状态，x_2 是需要估计的状态，设计降阶观测器，并将观测器特征方程的极点配置在 $z_2 = 0.2$ 处。

解： 由前节所述的连续状态方程离散化方法，得到离散状态方程的系数矩阵：

$$\boldsymbol{F} = \mathrm{e}^{AT} = \begin{bmatrix} 1 & T \\ 0 & 1 \end{bmatrix} = \begin{bmatrix} 1 & 0.1 \\ 0 & 1 \end{bmatrix}, \quad \boldsymbol{G} = \boldsymbol{B}\int_0^T \mathrm{e}^{AT}\mathrm{d}\tau = \begin{bmatrix} \dfrac{T^2}{2} \\ T \end{bmatrix} = \begin{bmatrix} 0.005 \\ 0.1 \end{bmatrix}$$

由已知条件，知观测器的特征方程为

$$\boldsymbol{\Psi}_b(z) = (z - 0.2)(z - 0.2) = z^2 - 0.4z + 0.04$$

$$|z\boldsymbol{I} - \boldsymbol{F} + \boldsymbol{K}\boldsymbol{C}| = z^2 - (2 - k_1)z + (1 - k_1 + 0.1k_2)$$

比较两式，可得

$$\begin{cases} 2 - k_1 = 0.4 \\ 1 - k_1 + 0.1k_2 = 0.04 \end{cases}$$

解得预报观测器的增益矩阵：$\boldsymbol{K} = \begin{bmatrix} 1.6 \\ 6.4 \end{bmatrix}$

又有

$$|z\boldsymbol{I} - \boldsymbol{F} + \boldsymbol{K}\boldsymbol{C}\boldsymbol{F}| = \left| \begin{bmatrix} z & 0 \\ 0 & z \end{bmatrix} - \begin{bmatrix} 1 & 0.1 \\ 0 & 1 \end{bmatrix} + \begin{bmatrix} k_1 \\ k_2 \end{bmatrix}\begin{bmatrix} 1 & 0 \end{bmatrix}\begin{bmatrix} 1 & 0.1 \\ 0 & 1 \end{bmatrix} \right|$$

$$= z^2 + (k_1 + 0.1k_2 - 2)z + 1 - k_1$$

$$\boldsymbol{\Psi}_b(z) = (z - 0.2)(z - 0.2) = z^2 - 0.4z + 0.04$$

比较两式，可得

$$\begin{cases} k_1 + 0.1k_2 - 2 = -0.4 \\ 1 - k_1 = 0.04 \end{cases}$$

解得现时观测器的增益矩阵：$\boldsymbol{K} = \begin{bmatrix} 0.96 \\ 6.4 \end{bmatrix}$

由前述可知：$\boldsymbol{F} = \begin{bmatrix} 1 & 0.1 \\ 0 & 1 \end{bmatrix} = \begin{bmatrix} F_{aa} & F_{ab} \\ F_{ba} & F_{bb} \end{bmatrix}$

其特征方程为

$$\boldsymbol{\varPsi}_b(z) = z - 0.2$$

$$|z\boldsymbol{I} - \boldsymbol{F}_{bb} + \boldsymbol{K}\boldsymbol{F}_{ab}| = z - 1 + 0.1k$$

根据等式两边 z 的同次幂的系数相等原则，得降阶观测器的增益矩阵 $\boldsymbol{K}_2 = 8$。

其 MATLAB 代码如下：

```
1    clc; clear all; close all
2    A = [0 1; 0 0];                        % 系统矩阵
3    B = [0; 1];
4    C = [1 0];
5    D = 0;
6    T = 0.1;                               % 采样周期
7    [F,G] = c2d(A,B,0.1);                  % 连续系统离散化
8    P = [0.2,0.2];                         % 观测器配置极点
9    rank(ctrb(F,G));                       % 检测系统是否可观
10   K1 = acker(F',C',P);                   % 预报观测器增益矩阵
11   K2 = acker(F',F'*C',P);               % 现时观测器增益矩阵
12   K3 = acker(F(2,2)',F(1,2)',P(1));     % 降阶观测器增益矩阵
```

4.7.3　按极点配置设计控制器

1. 控制器组成

全状态反馈控制律与状态观测器组合构成一个完整的控制系统。设被控对象的离散状态方程为

$$\begin{cases} \boldsymbol{x}(k+1) = \boldsymbol{F}\boldsymbol{x}(k) + \boldsymbol{G}\boldsymbol{u}(k) \\ \boldsymbol{y}(k) = \boldsymbol{C}\boldsymbol{x}(k) \end{cases} \tag{4.100}$$

控制器由预报观测器和状态反馈控制律组成（见图 4.37）即

$$\begin{cases} \hat{\boldsymbol{x}}(k+1) = \boldsymbol{F}\hat{\boldsymbol{x}}(k) + \boldsymbol{G}\boldsymbol{u}(k) + \boldsymbol{K}[\boldsymbol{y}(k) - \boldsymbol{C}\hat{\boldsymbol{x}}(k)] \\ \boldsymbol{u}(k) = -\boldsymbol{L}\hat{\boldsymbol{x}}(k) \end{cases} \tag{4.101}$$

2. 分离性原理

由预报观测器和状态反馈控制律组成的闭环系统的状态方程为

$$\begin{cases} \boldsymbol{x}(k+1) = \boldsymbol{F}\boldsymbol{x}(k) - \boldsymbol{G}\boldsymbol{L}\hat{\boldsymbol{x}}(k) \\ \hat{\boldsymbol{x}}(k+1) = \boldsymbol{F}\boldsymbol{C}\boldsymbol{x}(k) + (\boldsymbol{F} - \boldsymbol{G}\boldsymbol{L} - \boldsymbol{K}\boldsymbol{C})\hat{\boldsymbol{x}}(k) \end{cases} \tag{4.102}$$

写成矩阵形式：

$$\begin{bmatrix} \boldsymbol{x}(k+1) \\ \hat{\boldsymbol{x}}(k+1) \end{bmatrix} = \begin{bmatrix} \boldsymbol{F} & -\boldsymbol{G}\boldsymbol{L} \\ \boldsymbol{F}\boldsymbol{C} & \boldsymbol{F} - \boldsymbol{G}\boldsymbol{L} - \boldsymbol{K}\boldsymbol{C} \end{bmatrix} \begin{bmatrix} \boldsymbol{x}(k) \\ \hat{\boldsymbol{x}}(k) \end{bmatrix} \tag{4.103}$$

由此可求得闭环系统的特征方程为

$$\left| z\boldsymbol{I} - \begin{bmatrix} \boldsymbol{F} & -\boldsymbol{G}\boldsymbol{L} \\ \boldsymbol{K}\boldsymbol{C} & \boldsymbol{F} - \boldsymbol{G}\boldsymbol{L} - \boldsymbol{K}\boldsymbol{C} \end{bmatrix} \right|$$

$$= \begin{vmatrix} z\boldsymbol{I} - \boldsymbol{F} & \boldsymbol{G}\boldsymbol{L} \\ -\boldsymbol{K}\boldsymbol{C} & z\boldsymbol{I} - \boldsymbol{F} + \boldsymbol{G}\boldsymbol{L} + \boldsymbol{K}\boldsymbol{C} \end{vmatrix} \quad \leftarrow 第二列加到第一列$$

$$= \begin{vmatrix} z\boldsymbol{I} - \boldsymbol{F} + \boldsymbol{G}\boldsymbol{L} & \boldsymbol{G}\boldsymbol{L} \\ z\boldsymbol{I} - \boldsymbol{F} + \boldsymbol{G}\boldsymbol{L} & z\boldsymbol{I} - \boldsymbol{F} + \boldsymbol{G}\boldsymbol{L} + \boldsymbol{K}\boldsymbol{C} \end{vmatrix} \quad \leftarrow 第二行减去第一行$$

$$= \begin{vmatrix} zI - F + GL & GL \\ 0 & zI - F + KC \end{vmatrix}$$

$$= \left| zI - F + GL \right| \left| zI - F + KC \right|$$

$$= \Psi_c(z) \Psi_b(z) = 0 \tag{4.104}$$

由此可见，闭环系统的 $2n$ 个极点由两部分组成，一部分是按极点配置设计的控制规律给定的 n 个极点，称为控制极点；另一部分是按极点配置设计的状态观测器给定的 n 个极点，称为观测器极点。这两部分极点相互独立，这就是分离性原理。根据这一原理，按极点配置设计控制器，可设计观测器和得出状态反馈控制规律。

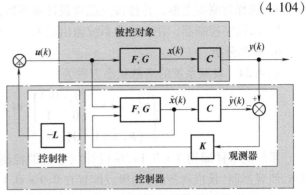

图 4.37　控制器的结构图

3. 观测器极点与类型选择

在设计控制器时，控制极点是按闭环系统的性能要求确定的，是整个闭环系统的主导极点。但是，由于控制规律反馈的是重构的状态，所以状态观测器会影响闭环系统的动态性能。为减少观测器对系统动态性能的影响，可考虑按状态重构的跟随速度比控制极点对应的系统响应速度快 $4 \sim 5$ 倍的要求给定观测器极点。

通常采用全阶观测器构成状态反馈，如果测量比较准确，且测量值就是被控对象的一个状态，则可考虑选用降阶观测器。如果控制器的计算延时与采样周期处于同一数量级，则可采用预报观测器，否则考虑采用现时观测器。

4. 数字控制器实现

由状态观测器和反馈控制律组成的控制器，它的输入是被控对象的输出 $y(k)$，输出是系统的控制量，即被控对象的输入 $u(k)$，采用预报观测器的数字控制器可由式（4.101）实现，还可差分方程实现。

设状态反馈控制规律为

$$u(k) = -L\hat{x}(k) \tag{4.105}$$

代入预报观测器方程，有

$$\hat{x}(k+1) = (F - GL - KC)\hat{x}(k) + Ky(k) \tag{4.106}$$

对于单输入单输出系统，将式（4.105）、式（4.106）做 z 变换，并消去 $\hat{x}(z)$，得数字控制器为

$$D(z) = \frac{U(z)}{Y(z)} = -L(zI - F + GL + KC)^{-1}K \tag{4.107}$$

由此可得到控制器的脉冲传递函数为

$$U(z) = -L(zI - F + GL + KC)^{-1}KY(z) \tag{4.108}$$

将脉冲传递函数转换为差分方程，就可以根据测量得到实际输出 $y(k)$，计算出系统的控制量 $u(k)$，从而可以在计算机上实现数字控制器。

5. 控制器设计步骤

设被控对象是完全能控和能观的，数字控制器设计步骤如下：

1）按对系统的性能要求给定 n 个控制极点；

2）按极点配置设计控制规律 L；

3）合理确定观测器极点；

4）选择观测器类型，并按极点配置设计观测器 K；

5）求数字控制器，并变换为系统输出的差分方程，计算机易于实现。

6. 案例分析

例 4.21 设某系统的离散状态方程为

$$\begin{cases} x(k+1) = \begin{bmatrix} 1 & 0.1 \\ 0 & 1 \end{bmatrix} x(k) + \begin{bmatrix} 0.05 \\ 1 \end{bmatrix} u(k) \\ y(k) = \begin{bmatrix} 1 & 0 \end{bmatrix} x(k) \end{cases}$$

系统的采样周期 $T = 0.1s$，试设计状态反馈控制器，以使控制极点配置在 $z_1 = 0.6$、$z_2 = 0.8$，使观测器（预报观测器）的极点配置在 $0.9 \pm j0.1$ 处。

解: 由状态方程系数矩阵可知，系统是能控和能观的。根据分离原理，系统控制器设计按以下进行。

首先，设计控制律。

根据特征方程: $|zI - F + GL| = \varPsi_c(z)$ 与系统配置的控制极点 $z_1 = 0.6$、$z_2 = 0.8$，得

$$z^2 + (0.05L_1 + 0.1L_2 - 2)z + (1 + 0.05L_1 - 0.1L_2) = (z - 0.6)(z - 0.8)$$

根据等式两边 z 的同次幂的系数相等原则，得

$$\begin{cases} 0.05L_1 + 0.1L_2 - 2 = -1.4 \\ 1 + 0.05L_1 - 0.1L_2 = 0.48 \end{cases}$$

从而解得: $L_1 = 0.8$，$L_2 = 0.56$，即

$$L = \begin{bmatrix} 0.8 & 0.56 \end{bmatrix}$$

其次，设计预报观测器。

根据特征方程 $|zI - F + KC| = \varPsi_b(z)$ 与系统配置的观测器极点 $0.9 \pm j0.1$，得

$$z^2 + (-2 + k_1)z + (1 - k_1 + 0.1k_2) = (z - 0.9 - j0.1)(z - 0.9 + j0.1)$$

根据等式两边 z 的同次幂的系数相等原则，得

$$\begin{cases} 2 - k_1 = 1.8 \\ 1 - k_1 + 0.2k_2 = 0.82 \end{cases}$$

从而解得: $k_1 = 0.2$，$k_2 = 0.2$，即

$$K = \begin{bmatrix} 0.2 \\ 0.2 \end{bmatrix}$$

最后，设计控制器。

系统的状态反馈控制器为

$$\begin{cases} \hat{x}(k+1) = F\hat{x}(k) + Gu(k) + K[y(k) - C\hat{x}(k)] \\ u(k) = -L\hat{x}(k) \end{cases}$$

且有 $F = \begin{bmatrix} 1 & 0.1 \\ 0 & 1 \end{bmatrix}$，$G = \begin{bmatrix} 0.05 \\ 1 \end{bmatrix}$，$C = \begin{bmatrix} 1 & 0 \end{bmatrix}$，$L = \begin{bmatrix} 0.8 & 0.56 \end{bmatrix}$，$K = \begin{bmatrix} 0.2 \\ 0.2 \end{bmatrix}$。

用 MATLAB 编写如下程序代码:

```
1   clc; clear all; close all
2   F =[1 0.1; 0 1];                    % 系统矩阵
3   G =[ 0.05; 1];
4   C =[1 0];
5   D =0;
6   T =0.1;                             % 采样时间
7   P1 =[0.6,0.8];                      % 配置控制极点
8   P2 =[0.9 +0.1i,0.9-0.1i];          % 配置观测器极点
9   L =place(F,G,P1);                   % 反馈控制增益矩阵
10  K =acker(F',C',P2);                 % 观测器增益矩阵
```

本案例的 Simulink 仿真效果如图 4.38 所示，系统能够跟踪设定输入。

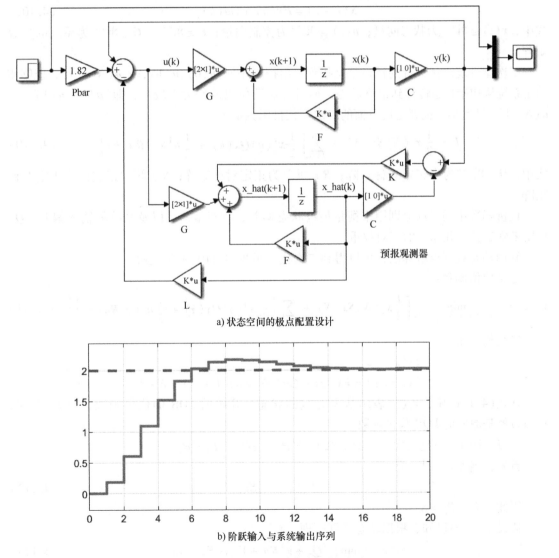

a) 状态空间的极点配置设计

b) 阶跃输入与系统输出序列

图 4.38   极点配置控制器效果图

4.8 二次型性能最优设计方法

在计算机控制系统中，除了使用极点配置获取系统的反馈增益矩阵 $\boldsymbol{K}$ 之外，还有一种使二次性能指标达到最优（最小值）的控制策略，即线性二次型调节器（Linear Quadratic Regulator，LQR）。其对象是现代控制理论中以状态空间形式给出的线性系统，而目标函数为被控对象状态和控制输入的二次型目标函数 J。LQR 最优设计指求出的状态反馈控制器要使二次型目标函数 J 取最小值，而 $\boldsymbol{K}$ 由权矩阵 $\boldsymbol{Q}$ 与 $\boldsymbol{R}$ 唯一确定。

4.8.1 LQR 最优控制器设计

某一完全可控线性离散系统的状态方程为

$$\boldsymbol{x}(k+1) = \boldsymbol{Fx}(k) + \boldsymbol{Gu}(k) \tag{4.109}$$

式中，$\boldsymbol{x}(t) \in \mathfrak{R}^{n \times 1}$ 为状态向量；$\boldsymbol{u}(t) \in \mathfrak{R}^{r \times 1}$ 为控制向量；$\boldsymbol{F} \in \mathfrak{R}^{n \times n}$，$\boldsymbol{G} \in \mathfrak{R}^{n \times r}$ 为系统的参数矩阵。

二次型性能最优设计的目标就是找到一组控制序列 $\{\boldsymbol{u}(0), \boldsymbol{u}(1), \cdots, \boldsymbol{u}(N-1)\}$，能够使给定系统从初始状态转移到最终状态，而且控制器付出的努力也较小，即 $\{\boldsymbol{u}(0), \boldsymbol{u}(1), \cdots, \boldsymbol{u}(N-1)\}$ 尽量小，也就是使下面的二次型代价函数最小。

$$J = \frac{1}{2}\boldsymbol{x}^T(N)\boldsymbol{Sx}(N) + \sum_{k=0}^{N-1}\left[\frac{1}{2}\boldsymbol{x}^T(k)\boldsymbol{Qx}(k) + \frac{1}{2}\boldsymbol{u}^T(k)\boldsymbol{Ru}(k)\right] \tag{4.110}$$

式中，$\boldsymbol{Q} \in \mathfrak{R}^{n \times n}$ 为半正定对称矩阵；$\boldsymbol{R} \in \mathfrak{R}^{r \times r}$ 为正定对称矩阵；$\boldsymbol{S} \in \mathfrak{R}^{n \times n}$ 正定或半正定对称矩阵。

代价函数中的三项分别用来衡量最终状态偏差、状态偏差，以及系统的输入偏差，$\boldsymbol{Q}$、$\boldsymbol{R}$ 用来确定状态和输入的相对权重。

利用动态规划求解算法，可以得到二次代价函数（4.110）的最优解。

定义价值函数：

$$V_k(z) = \min_{u(k),u(k+1),\cdots,u(N-1)}\left\{\frac{1}{2}\boldsymbol{x}^T(N)\boldsymbol{Sx}(N) + \sum_{\tau=k}^{N-1}\left[\frac{1}{2}\boldsymbol{x}^T(\tau)\boldsymbol{Qx}(\tau) + \frac{1}{2}\boldsymbol{u}^T(\tau)\boldsymbol{Ru}(\tau)\right]\right\} \tag{4.111}$$

满足约束条件：

$$\begin{cases} x(k) = z \\ \boldsymbol{x}(\tau+1) = \boldsymbol{Fx}(\tau) + \boldsymbol{Gu}(\tau), \tau = k, k+1, \cdots, N-1 \end{cases}$$

在式（4.111）中，$V_k(z)$ 表示从 k 时刻的状态 z 开始的 LQR 的代价函数，当 $k = 0$ 时，$V_0(x_0)$ 就是原始的 LQR 代价函数。

可以证明 $V_k(z)$ 是二次型，即 $V_k(z) = z^T P_k z$，其中：$P_k = P_k^T \geqslant 0$。

首先，当 $k = N$ 时，有

$$V_N(z) = z^T \boldsymbol{S} z \tag{4.112}$$

因此，有：$P_N = \boldsymbol{S}$。

假设 $V_{k+1}(z)$ 已知，根据动态规划原理，有

$$V_k(z) = \min_w \{z^T \boldsymbol{Q} z + w^T \boldsymbol{R} w + V_{k+1}(\boldsymbol{F}z + \boldsymbol{G}w)\} \tag{4.113}$$

式中，$z^T \boldsymbol{Q} z + w^T \boldsymbol{R} w$ 是从当前时刻的代价值；$V_{k+1}(\boldsymbol{F}z + \boldsymbol{G}w)$ 是下一时刻到 N 时刻的代价值。

因此，当前的状态 z 与优化问题无关，式(4.113)可改写成：

$$V_k(z) = z^T Q z + \min_w \{ w^T R w + V_{k+1}(Fz + Gw) \} \qquad (4.114)$$

也就是说，当前时刻 k 的控制律 $u(k)$ 取值应该为

$$u^{lqr}(t) = \arg\min_w \{ w^T R w + V_{k+1}(Fz + Gw) \} \qquad (4.115)$$

设 $V_{k+1}(z) = z^T P_{k+1} z$，$P_{k+1} = P_{k+1}^T \geqslant 0$，则

$$V_k(z) = z^T Q z + \min_w \{ w^T R w + (Fz + Gw)^T P_{k+1}(Fz + Gw) \} \qquad (4.116)$$

对于无约束的凸优化式(4.116)，令一阶导数等于 0，即 $\dfrac{\partial V_k(z)}{\partial w} = 0$，得到当前最优控制律 w^*

$$w^* = -(R + G^T P_{k+1} G)^{-1} G^T P_{k+1} F z \qquad (4.117)$$

将 w^* 带入 $V_k(z)$ 的表达式，即

$$
\begin{aligned}
V_k(z) &= z^T Q z + (w^*)^T R(w^*) + (Fz + Gw^*)^T P_{k+1}(Fz + Gw^*) \\
&= z^T (Q + F^T P_{k+1} F - F^T P_{k+1} G(R + G^T P_{k+1})^{-1} G^T P_{k+1} F) z \\
&= z^T P_k z
\end{aligned} \qquad (4.118)
$$

式中，$P_k = Q + F^T P_{k+1} F - F^T P_{k+1} G(R + G^T P_{k+1})^{-1} G^T P_{k+1} F$

容易证明，$P_k = P_k^T \geqslant 0$。

因此，LQR 的求解过程可总结如下：

步骤 1：令 $P_N = S$；

步骤 2：$k = N$，$N-1$，…，1

$$P_{k-1} := Q + F^T P_k F - F^T P_k G(R + G^T P_k)^{-1} G^T P_k F$$

步骤 3：$k = 0$，1，…，$N-1$

$$K_k := -(R + G^T P_{k+1} G)^{-1} G^T P_{k+1} F$$

步骤 4：$k = 0$，1，…，$N-1$

$$u^{lqr}(t) = K_k x(k)$$

从上面的推导看出，LQR 的最优控制率是状态的线性反馈。当 k 远小于 N 时，稳态的 P_{ss} 可以近似收敛，并满足下面的方程：

$$P_{ss} = Q + F^T P_{ss} F - F^T P_{ss} G(R + G^T P_{ss})^{-1} G^T P_{ss} F \qquad (4.119)$$

此方程被称为代数黎卡提方程(Algebraic Riccati Equation，ARE)。

因此，当时刻 k 距时域终点 N 较远时，LQR 的控制律可以近似看作状态的常数反馈，即

$$u(k) = K_{ss} x(t), \quad K_{ss} = -(R + G^T P_{ss} G)^{-1} G^T P_{ss} F$$

4.8.2 案例分析

例 4.22 某受控系统的离散状态方程为

$$
\begin{cases}
x(k+1) = \begin{bmatrix} 0.9974 & 0.0539 \\ -0.1078 & 1.1591 \end{bmatrix} x(k) + \begin{bmatrix} 0.0013 \\ 0.0539 \end{bmatrix} u(k) \\
y(k) = \begin{bmatrix} 1 & 0 \end{bmatrix} x(k)
\end{cases}
$$

系统的采样周期 $T=1$s，设二次代价函数的权重：$S=\begin{bmatrix}0\end{bmatrix}$，$Q=\begin{bmatrix}0.25 & 0 \\ 0 & 0.05\end{bmatrix}$，$R=$

$\begin{bmatrix}0.05\end{bmatrix}$，系统的初始状态为：$x(0)=\begin{bmatrix}2 \\ 1\end{bmatrix}$，试求状态反馈增益矩阵 K 的稳态值，以及系统的最优控制量 $u^*(k)$ 和最优状态轨线 $x^*(k)$。

解： 由二次代价函数的性能指标极小，得

$$J = \frac{1}{2}x^T(N)Sx(N) + \sum_{k=0}^{N-1}\left[\frac{1}{2}x^T(k)Qx(k) + \frac{1}{2}u^T(k)Ru(k)\right]$$

根据 LQR 迭代算法，即可求出状态反馈增益矩阵 K 的稳态值：

$$K_k = -(R+G^TP_{N-k+1}G)^{-1}G^TP_{N-k+1}F$$

$$P_{N-k} = Q + K_{N-k}^TRK_{N-k} + (F+GK_{N-k})^TP_{N-k+1}(F+GK_{N-k})$$

此案例的状态反馈增益矩阵 K 的稳态值为 $K=\begin{bmatrix}0.5522 & 5.969\end{bmatrix}$。

引入状态反馈后，系统的状态方程为

$$\begin{cases}x(k+1) = (F-GK)x(k) \\ u(k) = -Kx(k)\end{cases}$$

由此，可以计算出最优控制量 $u^*(k)$ 和最优状态轨线 $x^*(k)$，如图 4.39 所示。

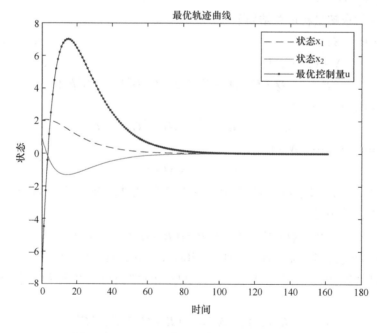

图 4.39　LQR 的最优控制序列与最优状态轨迹

备注：MATLAB 提供 dare 函数，用于求解离散时间最优控制问题，其命令为

$[X,L,K]=\mathrm{dare}(A,B,Q,R)$

其中，A，B 为系统的状态方程，Q，R 为性能指标函数对应的非负定对称矩阵。

X：Riccati 方程的解，即 $J=x'Px$

L：特征值

K：状态反馈矩阵

此案例的 MATLAB 代码如下：

```
1   clc; clear all; close all
2   F = [0.9974 0.0539;-0.1078 1.1591];%  系统矩阵
3   G = [ 0.0013; 0.0539];
4   C = [1 0];
5   D = 0;
6   Ts = 1;                           %  采样时间
7   x0 = [2;1];                       %  初始状态
8   Q = [0.25 0; 0 0.05];             %  代价函数的状态权重
9   R = 0.05;                         %  代价函数的输入权重
10  [X,L,K] = dare (F,G,Q,R);            %  X-Riccati 方程的解;L-特征值;K-状态反馈
矩阵
11  dsys = dss(F-G*K,G,C,D,eye(2),Ts);%  构造闭环系统
12  [y,t,x] = initial(dsys,x0);          %  从 x0 开始的最优状态轨迹
13  [m,n] = size(x);
14  Ks = repmat(K,m,1);
15  u = -x*Ks';                       %  最优控制量
16  figure
17  plot(t,x(:,1),'b--',t,x(:,2),'r-');
18  hold on;
19  plot(t,u,'b.-');
20  xlabel('时间'); ylabel('状态'); title('最优轨迹曲线');
21  legend({'状态 x_1','状态 x_2','最优控制量 u'});
```

4.9 本章小结

本章主要介绍计算机控制系统中最常用的典型控制算法，学习过程中除了掌握这些算法的基本原理和如何设计控制算法外，更重要的是要理解和掌握以算式形式表述的控制算法最终如何在计算机中实现，即如何根据计算机的类型编制好相应的控制算法程序，实现算法的灵活应用。因此，本章给出了大量的实例，希望通过这些例子能够提供控制算法编程的思路和方法。

本章的主要内容和重点概述如下：

1）数字 PID 控制器的基本原理及其控制算式，包括位置式和增量式。其中，关于控制器的作用及其设计是重点。另外，要重点掌握各种改进的 PID 控制。

2）掌握最少拍控制器基本原理及其设计方法。

3）时滞系统控制器设计，包括大林控制算法和 Smith 预估控制算法。

4）掌握状态空间的极点配置设计法，包括输出反馈与全状态反馈方法。

5）理解二次型性能最优设计方法。

习题与思考题

1. PID 控制参数 K_P、T_I、T_D 对系统的动态特性和稳态特性有何影响？简述扩充临界比例度法进行 PID 参数整定的步骤。

2. 调节系统在纯比例控制下已整定好，加入积分作用后，为保证原稳定度，此时应将比例系数增大还是减小？

3. 什么叫积分饱和？它是怎样引起的？如何消除？

4. 在数字 PID 控制器设计中，采样周期 T 的选择需要考虑哪些因素？其大小对计算机控制系统有何影响？

5. 已知模拟调节器的传递函数为

$$D(s) = \frac{1 + 0.17s}{1 + 0.085s}$$

若采用数字 PID 算法实现，设采样周期 $T = 0.2\text{s}$，试分别求出它的数字 PID 位置式和增量式算法表达式。

6. 试比较普通 PID、积分分离 PID，以及变速积分 PID 这三种算法有什么区别和联系？

7. 已知 PI 调节器为

$$D(s) = \frac{2(s + 6)}{s}$$

采样周期 $T = 1\text{s}$，试写出其离散化表达式 $D(z)$。

8. 什么是最少拍数字控制系统？在最少拍数字控制系统的设计中，应当考虑哪些因素？

9. 连续对象的传递函数为

$$G_c(s) = \frac{10}{s(s + 1)}$$

选取采样周期 $T = 1\text{s}$，试确定它对单位速度输入的最少拍控制器，并用 z 传递函数计算输入为单位速度时，系统的输出量和控制序列，并判断是否有纹波。

10. 已知一被控对象的传递函数为

$$G_c(s) = \frac{10}{s(1 + 0.1s)(1 + 0.05s)}$$

设采用零阶保持器，采样周期 $T = 0.2\text{s}$，试针对单位速度输入设计快速有纹波系统的 $D(z)$。

11. 广义对象的脉冲传递函数为

$$G(z) = \frac{0.213z^{-1}(1 + 0.847z^{-1})}{(1 - z^{-1})(1 - 0.6065z^{-1})}$$

设采样周期 $T = 1\text{s}$，试设计在单位阶跃输入作用下的最少拍无纹波控制器 $D(z)$。

12. 被控对象的传递函数为

$$G_c(s) = \frac{5}{(1 + s)(1 + 10s)} e^{-0.1s}$$

设采样周期 $T = 0.1\text{s}$，期望的闭环系统为时间常数 $T_\tau = 0.5\text{s}$ 的一阶惯性环节，试用大林算法设计数字控制器 $D(z)$。

13. 被控对象的传递函数为

$$G_c(s) = \frac{1}{4s+1} e^{-s}$$

设采样周期 $T = 1\text{s}$，设期望的闭环系统为时间常数 $T_\tau = 2\text{s}$ 的一阶惯性环节，给定输入为单位阶跃信号，试求大林算法 $D(z)$ 的表达式，并判断是否有振铃现象。

14. 伺服系统的状态方程为

$$x(k+1) = \begin{bmatrix} 1 & 0.0952 \\ 0 & 0.905 \end{bmatrix} x(k) + \begin{bmatrix} 0.00484 \\ 0.0952 \end{bmatrix} u(k)$$

试利用极点配置法求全状态反馈增益，使闭环极点在 s 平面上位于 $\xi = 0.46$，$\omega_n = 4.2\text{rad/s}$，假定采样周期 $T = 0.1\text{s}$。

15. 试简述预报观测器与现时观测器的区别，写出现时观测器的方程。

16. 已知线性定常离散系统的状态方程为 $\begin{cases} x(k+1) = Fx(k) + Gu(k) \\ y(k+1) = Cx(k) \end{cases}$，其中，$F = \begin{bmatrix} 0.607 & 0 \\ 0.393 & 0.5 \end{bmatrix}$，$G = \begin{bmatrix} 0.393 \\ 0.107 \end{bmatrix}$，$C = \begin{bmatrix} 1 & 0 \end{bmatrix}$，试进行 LQR 设计，并求出系统的最优控制序列和最优状态轨迹。

▶ 第 5 章

网络控制系统

本章知识点：
- ◇ 工业控制网络技术
- ◇ 集散控制系统
- ◇ 现场总线控制系统
- ◇ 工业以太网与 EtherCAT 总线

基本要求：
- ◇ 理解工业总线使用方法和选用原则
- ◇ 了解集散控制系统的组成和简单应用
- ◇ 了解现场总线控制系统的组成与典型现场总线的特点
- ◇ 理解工业以太网的特点和 EtherCAT 总线从站设计方法

能力培养：

通过对工业控制网络技术、集散控制系统、现场总线控制系统、工业以太网等知识点的学习，培养学生阅读、理解、分析和研究网络控制系统的特点及其应用场景。学生能够根据具体工业过程的实际需求，合理选择相应的工业总线和简单设计基于该总线的网络控制系统，培养一定的工程实践能力。

　　网络控制系统(Networked Control System，NCS)是通过一个实时网络构成闭环的计算机控制系统，指在某个区域内一些现场检测、控制及操作设备和通信线路的集合，用以提供设备之间的数据传输，使该区域内不同地点的用户实现资源共享、协调操作。网络化控制系统的概念起源于 20 世纪 80 年代。进入 21 世纪以来，随着控制技术、计算机技术和网络通信技术的发展，推动了集散控制系统(DCS)、现场总线控制系统(FCS)，以及工业以太网控制系统等 NCS 的发展。

5.1 数据通信基础

　　在数据通信领域中，通常把数据定义为以数字形式存储的信息。数据通信是通过适当的传输线路将数字信息(通常为二进制形式)从一台机器传送到另一台机器，这里的机器可以是计算机、终端设备或其他任何通信设备。信息定义为知识或情报，经过处理、组织和存储的信息成为数据。

5.1.1 数据通信系统

　　数据通信系统的基本构成要素为计算机、通信处理机、数据信号转换器、通信信道(即传输介质)及通信协议,如图5.1所示。计算机是数据处理和数据接收的主体;通信处理机既可以是大型机的通信前置机,也可以是微机上的通信传输卡;数据信号转换器(DCE)可以是调制解调器或编码译码器;通信信道可以是双绞线、屏蔽电缆线、光导纤维或是无线电波;通信协议是数据通信系统在数据处理和传输中所应遵循的规程和标准。简单地说,通信系统是指以信息异地传送为目的而配置的硬件、软件集合。

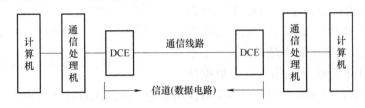

图 5.1　数据通信系统结构图

数据通信电路的基本目的是把信息从一个地方传送到另一个地方。因此,可以把数据通信概括为数字信息的传输、接收和处理。

数据通信网络是相关计算机和计算机设备的系统,它们可以简单到一台和打印机相连接的个人计算机,或者通过公共网络连接在一起的两台个人计算机,也可以是复杂的通信系统,它由一台或多台大型计算机和几百、几千甚至几百万台远程终端、个人计算机和工作站组成。实际上,对数据通信网络的容量或大小几乎没有限制。

5.1.2　数据通信方式的分类

在计算机系统中,CPU 和外部通信有两种通信方式:并行通信和串行通信。并行通信,即各数据位同时传送;串行通信,即数据一位一位按顺序传送,为了把每个字节区别开,需要收发双方在传送数据的串行信息流中,加入时钟或一些标记信号位。在串行通信中,按照串行数据的时钟控制方式,串行通信可分为同步通信和异步通信两类。

1. 异步通信

在异步通信中,数据通常是以字符为单位组成字符帧传送的。字符帧也叫数据帧,由起始位、数据位、奇偶校验位和停止位等4部分组成。其数据格式如图5.2所示,第一位为起始位,低电平,宽度为1bit;起始位后是 5~8 位数据位,高电平为"1",低电平为"0";数据位后可以是一位奇偶校验位;最后是停止位,宽度可选为 1bit、1.5bit 或 2bit;在两个字符帧之间可有空闲位。字符帧由发送端一帧一帧地发送,每一帧数据均是低位在前,高位在后,接收端通过传输线一帧一帧地接收。发送端和接收端可以由各自独立的时钟来控制数据的发送和接收,这两个时钟彼此独立,互不同步,如图5.3所示。

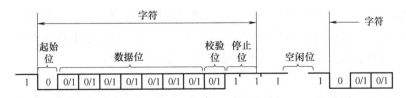

图 5.2　异步通信数据格式

2. 同步通信

同步通信是一种连续串行传送数据的通信方式，一次通信只传输一帧信息。这里的信息帧和异步通信的字符帧不同，通常包含若干个数据字符。在同步通信时所使用的数据格式根据控制规程常分为：面向字符与面向比特两种。在面向字符的数据格式中，一次传送由若干个字符组成的数据块，而不是只传送一个字符，还规定了 10 个特殊字符作为这个数据块

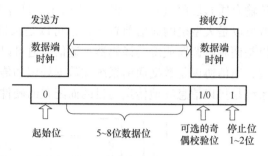

图 5.3　异步通信示意图

的开头和结束标志，以及整个传输过程中的控制信息。面向比特的数据格式，顾名思义，它所传输的一帧数据可以是任意位，靠约定的位组合模式，而不是靠特定字符来标志帧的开始和结束，不是以字符做传输格式，而是以二进制位作为最小传输单位。

在面向字符的同步通信方式中，不需要在每个数据前后加起始位和停止位，而是将数据顺序连接起来，以一个数据块作为传输单位，每个数据块附加一个或两个同步字符，最后以校验字符结束，如图 5.4 所示。同步方式下，发送方除了发送数据，还要传输同步时钟信号，信息传输的双方用同一个时钟信号确定传输过程中每一位的位置，如图 5.5 所示。

图 5.4　同步通信数据格式

由于同步通信方式以通信双方共享一个时钟或定时脉冲源来保证发送方和接收方的准确同步，不需要如异步通信方式那样在每个数据字符的前后加上起始位和停止位，从而使得传输速率更高，一般用于传送信息量大，对传输速度要求较高的场合，如 I^2C 通信。由于使用了同步字符，同步通信方式还可实现点对多点的通信。

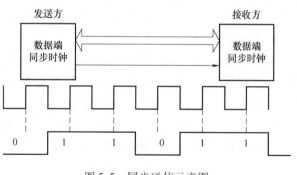

图 5.5　同步通信示意图

异步通信的优点是通信设备简单、便宜，易于实现，一般用于传输速率不高，点对点通信的场合，如 UART 通信。

在串行通信中，数据通常是在两个终端之间进行传送，根据数据流的传输方向可分为单工通信、半双工通信和全双工通信三种传送方式，如图 5.6 所示。

（1）单工通信

单工通信只有一根数据线（也称信道），信息沿着信道从数据发送方传到数据接收方，是单向传递的，如监视器、打印机、鼠标等。

（2）半双工通信

半双工通信也只有一个信道，信息的收发双方轮流占用这一个信道，从而实现信息的双向传输，但是同一时刻只能允许一方使用信道，通信双方不能同时收发数据，如对讲机。

（3）全双工通信

全双工通信方式中信息可以沿着两条信道进行同时双向传输，通信双方在同一时刻都能进行发送和接收。在这种方式下，通信双方都有发送器和接收器，发送和接收可同时进行，没有时间延迟，如移动通信等。

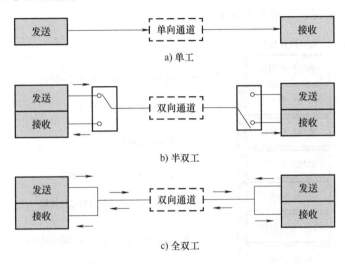

图 5.6　通信方式

5.1.3　通信控制网络体系结构

通常，控制网络是由若干个节点互连而成的，每个节点都是具有通信功能的控制系统。

1. 通信协议

如同人要选择某种语言进行交流一样，计算机网络中实现通信必须有一些约定即通信协议，对传输速率、传输代码、代码结构、传输控制步骤、出错控制等制定标准。为了使两个节点之间能进行对话，必须在它们之间建立通信工具（即接口），使彼此之间能进行信息交换。

接口包括两部分：一是硬件装置，功能是实现节点之间的信息传送；二是软件装置，功能是规定双方进行通信的约定协议。协议通常由三部分组成：一是语义部分，用于决定双方对话的类型；二是语法部分，用于决定双方对话的格式；三是变换规则，用于决定通信双方的应答关系。

由于节点之间的联系可能很复杂，所以在制定协议时，一般是把复杂成分分解成一些简单的成分，再将它们复合起来。最常用的复合方式是层次方式，即上一层可以调用下层，而与再下一层不发生关系。通信协议的分层是这样规定的：把用户应用程序作为最高层，把物理通信线路作为最底层，将其间的协议处理分为若干层，规定每层处理的任务，也规定每层的接口标准。

由于世界各大型计算机厂商推出各自的网络体系结构，所以国际标准化组织（ISO）于

1978 年提出"开放式系统互联参考模型"（Open System Interconnection，OSI）。它将计算机网络体系结构的通信协议规定为物理层、数据链路层、网络层、传输层、会话层、表示层、应用层，共七层，受到计算机界和通信业的极大关注。通过多年的发展和推广已成为各种计算机网络结构的靠拢标准。

2. 开放式系统互联参考模型

所谓开放式系统互连是指任何两个系统，只要遵循参考模型和有关标准，就能实现互连。OSI 参考模型的七层结构，由低到高依次为物理层、数据链路层、网络层、传输层、会话层、表示层和应用层，如图 5.7 所示。

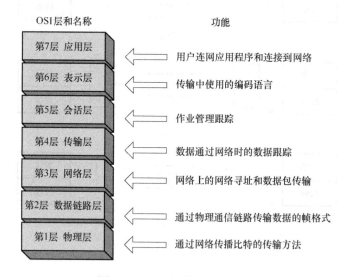

图 5.7   OSI 7 层协议层次结构

开发这个层次结构的目的是把网络职责分成七个不同的层，以便于数据处理设备的相互通信。与任何分层体系结构一样，开销信息将以题头和题尾的形式添加到协调数据单元（PDU）中。实际上，如果 OSI 模型的所有七层都可寻址，那么传输的消息中实际上只有 15% 是源信息，其余都是开销。

各层提供的服务如下：

1）物理层。负责非结构化数据位（1 和 0）通过传输介质的实际传播，这包括如何表示位，如何达到同步。具体来说，物理层规定传输介质的类型（金属电缆、光缆或无线装置等），以及访问数据通信网络的传输模式（单工、半双工和全双工）和物理、电气、功能和过程标准。

2）数据链路层。负责在连接网络内的主站和从站（节点）的物理链路上提供无错通信。数据链路层把来自物理层的数据打包成称为块、帧或数据包的组，而且提供激活、维护和停用节点间数据通信链路的方法；提供同步，促进节点数据的有序流动；提供描述错误检测和纠正的程序；提供物理寻址信息等。

3）网络层。负责支持数据在使用多个网络、子网或者两者的环境中的设备之间路由。工作在网络层的联网组件包括路由器和它们的软件。网络层确定哪个网络配置最适合于网络提供的功能；通过定义把数据分成更小的数据包，在通信网络内把数据从发送节点路由到接收节点；提供源和目的网络地址、子网信息，以及源和目的的节点地址。

4）传输层。控制并保证通过网络在两个设备之间传播数据端到端的完整性。就通信而言，传输时 OSI 层次结构的最高层可以进行数据跟踪、连接流控制、数据排序、错误检查以及应用程序寻址和标识。

5）会话层。负责网络可用性（即数据存储和处理器容量）。会话层协议提供建立、维护和终止连接的功能；提供交叉会话功能，并提供三种交叉会话模式，即一路交叉、两路交叉和两路同时会话模式。

6）表示层。代表应用进程协商数据表示形式；实现数据转换、格式化和文本压缩。

7）应用层。为网络应用提供协议支持和服务。

3. TCP/IP

在网络方面，各个厂家已普遍采用了标准的网络产品，工业控制网络逐渐开始采用新型工业以太网，物理层和数据链路层采用了以太网和工业以太网之上的 TCP/IP，按照工业控制要求，开发了适当的应用层协议，使以太网和 TCP/IP 技术延伸至现场层。

TCP/IP 体系分为五层，由低到高依次为物理层、网络接口层、互联网层、传输层和应用层。在这五层结构中，每层负责的主要功能如下：

1）物理层。对应基本网络硬件，如同 ISO 模型的物理层。

2）网络接口层。规定如何将数据组织成帧，以及通信设备怎样在网络层中传输数据，类似于 ISO 的第二层。

3）互联网层。规定了互联网中传输的数据包格式，以及从一台计算机通过一个或多个路由到最终目标的数据包转发机制，即提供网络地址解析、分组的路由选择、传输差错控制信息等。

4）传输层。为两台主站设备上的应用程序提供端到端的可靠通信。

5）应用层。负责处理特定应用程序的细节。

5.2 集散控制系统

集散控制系统（Distributed Control System，DCS）是以微处理器为基础的集中分散型控制系统，是在集中式控制系统的基础上发展演变而来，又称分布式控制系统。在系统功能方面，DCS 和集中式控制系统的区别不大，但在系统功能的实现方法上完全不同。集散控制系统的核心思想是集中管理、分散控制，即管理与控制分离，上位机用于集中监视管理功能，若干台下位机分散到现场实现分布式控制，各上下位机之间用控制网络互连，实现相互之间的信息传递。

5.2.1 集散控制系统发展概况

集散控制系统是 1975 年由美国霍尼韦尔（Honeywell）公司推出的，用于解决当时过程工业控制应用中采用模拟电动仪表控制系统的有关控制问题，如仪表数量越来越多，对监视和操作的要求也越来越高，仪表的更新换代周期越来越短使得仪表控制系统难以适应发展需要等。Honeywell 公司的 TDC-2000 系统应用专门的过程分散控制装置把集中的计算机控制系统分解为分散的控制系统；良好的人机操作界面，用于操作人员的操作监视；建立了数据的通信系统，使数据能在操作人员和生产过程间相互传递。TDC-2000 的推出为其他制造厂商指明了方向，当时的 DCS 产品类型有 Taylor 公司的 MOD3、Foxboro 公司的 SPECTRUM、横河公司的 CENTUM、西门子公司的 TELEPERM M、肯特公司的 P4000 等。这一时期的集散控制系统在硬件和软件上都进行了深入的研究，除了可以实现常规控制，在逻辑控制、通信、显示、内存、运算速度、网络等方面都发挥了特长。

随着半导体技术、显示技术、控制技术和网络技术等高新技术的发展，集散控制系统也得到了飞速发展。第二代集散控制系统的主要特点是系统的功能扩大或者增强，如控制算法的扩充；常规控制与逻辑控制、批量控制相结合；过程操作管理范围的扩大、功能的增添；多微处理器技术的应用等。一个明显的变化是数据通信系统的发展，从主从式的星形网络通信转变为对等式的总线网络通信或环网通信。该时期的通信系统已采用局域网，促使系统的通信范围扩大，同时数据的传输速率也大大提高。典型的集散控制系统产品有 Honeywell 公司的 TDC-3000、Taylor 公司的 MOD300、Bailey 公司的 NETWORK-90、西屋公司的 WDPF、ABB 公司的 MASTER、LEEDS&NORTHROP 公司的 MAX1 等。

美国 Foxboro 公司在 1987 年推出的 I/AS 系统标志着集散控制系统进入第三代。它的主要改变是在局域网络方面，采用 10Mbit/s 的宽带网与 5Mbit/s 的载带网，符合 ISO 的开放系统互连的参考模型。因此，在符合开放系统的各制造厂产品间可以相互连接，相互通信并进行数据交换，第三方的应用软件也能在系统中应用，从而使集散控制系统进入了更高的阶段。这一时期的典型集散控制产品有 Honeywell 公司带有 UCN 网的 TDC-3000，横河公司带有 SV-NET 网的 CENTUM-X1，LEEDS&NORTHROP 公司的 MAX1000，Bailey 公司的 INFO-90 等。从第三代集散控制系统的结构来看，由于系统网络通信功能的增强，不同制造厂的产品能进行数据通信，因此克服了第二代集散控制系统在应用过程中出现的自动化孤岛等困难。此外，从系统的软件和控制功能来看，系统所提供的控制功能也有了增强。通常，系统已不再是常规控制、逻辑控制与批量控制的综合，而是增强了各种自适应或自整定的控制算法，用户可在对被控对象的特性了解较少的情况下应用所提供的控制算法，由系统自动搜索或通过一定的运算获得较好的控制器参数。

在 20 世纪 90 年代初，随着对控制和管理要求的不断提高，第四代集散控制系统以管控一体化的形式出现。它在硬件上采用了开放的工作站，使用精简指令集计算机(RISC)替代复杂指令集计算机(CISC)，采用了客户机/服务器(Client/Server)的结构。在网络结构上增加了工厂信息网(Intranet)，并可与国际信息网(Internet)联网。在软件上采用 UNIX 系统和 X-Windows 的图形用户界面，系统的软件更丰富。同时，在制造业，计算机集成制造系统(CIMS)得到了应用，使人们看到了应用信息管理系统的经济效益。计算机集成作业系统也开始进行试点应用。第四代集散控制系统的典型产品有 Honeywell 公司的 TPS 控制系统，横河公司 CENTUM-CS 控制系统，Foxboro 公司 I/AS50/51 系列控制系统，ABB 公司 Advant 系列 OCS 开放控制系统等。

5.2.2　集散控制系统的体系结构

集散控制系统的功能分层是集散控制系统的体系特征，它充分反映了集散控制系统的分散控制、集中管理的特点。按照功能分层的方法，集散控制系统可以分为现场控制级、过程装置控制级、车间操作管理级、全厂优化和调度管理级等。信息自下而上逐渐集中，同时，它又自上而下逐渐分散，这就构成了系统的基本结构。

1. 集散控制系统的基本结构

集散控制系统的产品纷繁，但从系统结构分析，集散控制系统都由三个基本部分组成，即分散过程控制装置部分、集中操作和管理系统部分，以及通信系统部分。分散过程控制装置部分由多回路控制器、单回路控制器、多功能控制器、可编程逻辑控制器及数据采集装置等组成。它相当于现场控制级和过程控制装置级，实现与过程的连接。集中操作和管理系统部分由操作站、管理机和外部设备（如打印机、拷贝机等）组成，相当于车间操作管理级、全厂优化和调度管理级，实现人机接口。在每级之间、以及每级内的计算机或微处理器由通信系统进行数据通信。

2. 集散控制系统的硬件系统

集散控制系统的硬件系统是通过网络系统将不同数目的现场控制站、操作员站和工程师站连接起来，共同完成各种采集、控制、显示、操作和管理功能，如图 5.8 所示。

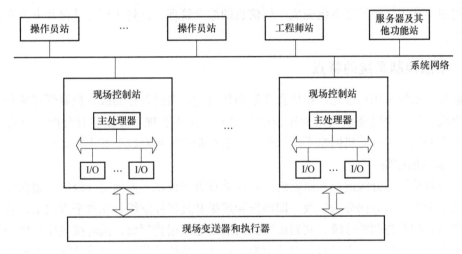

图 5.8　DCS 硬件系统

工程师站主要是对集散控制系统进行离线配置、组态工作和在线的系统监督、控制、维护的网络节点，使系统工程师可以通过工程师站及时调整系统配置，以及设定一些系统参数，维持系统处在最佳工作状态。操作员站处理一切与运行操作有关的人机界面功能的网络节点，通过输入设备对工艺过程进行控制和调节，以保证生产过程的安全、可靠、高效。现场控制站是集散控制系统的核心，是对现场 I/O 处理并实现直接数字控制（DDC）功能的网络节点，是系统中的主要任务执行者。系统网络是连接系统各个站的桥梁，用于各站之间的数据传输，以实现系统总体的功能。

3. 集散控制系统的软件体系

一个基本的过程控制计算机系统的软件可以分为两个部分：系统软件和应用软件（又称过程控制软件）。集散控制系统的软件体系中包括了上述两种软件，但由于其分布式结构，又增加了诸如通信管理软件、组态软件以及诊断软件等。系统软件一般指通用的、面向计算机的软件，包括支持开发、生成、测试、运行和程序维护的工具软件，一般与应用对象无关。在集散控制系统中，过程控制软件包括具有报警检测的过程数据的输入/输出，数据表示（又称实时数据库），连续控制调节，顺序控制，历史数据存储，过程画面显示和管理，报警信息的管理，生产记录报表的管理和打印，参数列表显示，还有部分的实时数据处理功能。

4. 集散控制系统的网络体系

集散控制系统是以微机为核心的 4C 技术(即计算机技术、自动控制技术、通信技术和 CRT 显示技术)竞相发展并紧密结合的产物，而通信技术在集散控制系统中占有重要的地位。集散控制系统是分层结构，因此通信网络也具有分层结构，可将工厂分布式管理和控制系统分成三层，每一层有适用于自己的网络系统，即现场总线、车间级网络系统，以及工厂级网络系统。①现场总线是连接现场安装的智能变送器、控制器和执行器的总线，其中包括智能压力、温度、流量传感器、PLC、单回路、多回路调节器，还有控制阀门的执行器和电动机等现场设备。②车间级网络系统是连接现场控制单元及监视操作单元的网络，使现场控制单元与监视操作单元之间，以及各现场控制单元之间的数据进行直接交换，以完成对制造过程的控制。③工厂级网络系统完成全厂信息的综合管理，并将工厂自动化和办公室自动化融为一体。

5.2.3 集散控制系统的特点

集散控制系统采用标准化、模块化和系列化设计，由过程控制级、控制管理级和生产管理级所组成，是一个以通信网络为纽带的集中显示操作管理、控制相对分散，具有灵活配置、组态方便的多级计算机网络系统结构。集散控制系统具有以下的主要特点。

1. 分级递阶控制

集散控制系统是分级递阶控制系统。它在垂直方向或水平方向是分级的。最简单的集散控制系统至少在垂直方向分为二级，即操作管理级和过程控制级。在水平方向上，各个过程控制级之间是相互协调的分级，它们把数据向上送达数据管理级，同时接收操作管理级的指令，各个水平分级间相互也进行数据的交换，这样的系统是分级的递阶系统。集散控制系统的规模越大，系统的垂直和水平分级的范围越广。

分级递阶系统的优点是各个分级具有各自的分工范围，相互之间有协调。通常，这种协调是通过上一分级来完成的。上下各分级的关系通常是下面的分级把该级及它下层的分级数据送到上一级根据生产的要求进行协调，并给出相应的指令即数据，通过通信系统把数据送到下层的有关分级。

2. 分散控制

分散的含义不单是分散控制，它还包含了其他含义。例如，人员分散、地域分散、功能分散、设备分散及操作分散等。分散的目的是为了使危险分散，提高设备的可利用率。

3. 自治和协调性

集散控制系统的各组成部分是各自为政的自治系统，它们各自完成各自的功能，相互间又有联系，数据信息相互交换，各种条件相互制约，在系统的协调下工作。

在集散控制系统中，分散过程控制装置是一个自治的系统，它完成数据的采集、信号的处理、计算及数据输出等功能。操作管理装置完成数据的显示，操作监视和操纵信号的发送等功能。通信系统则完成操作管理装置与分散控制装置间的数据通信。集散控制系统的各部分是各自独立的自治系统，但是，在系统中它们又是相互协调工作的。

5.2.4 典型的集散控制系统

1. TPS 系统

TPS(Total Plant Solution)系统是美国 Honeywell 公司推出的第四代全厂一体化系统,是以 Windows NT 为开放式平台的最新一代系统。

TPS 系统的通信网络包括工厂信息网(Plant Information,PIN)、就地控制网(Local Control Network,LCN)、万能控制网(Universal Control Network,UCN)、高速数据公路(Data Highway,DH)和现场总线。系统构成如图 5.9 所示。

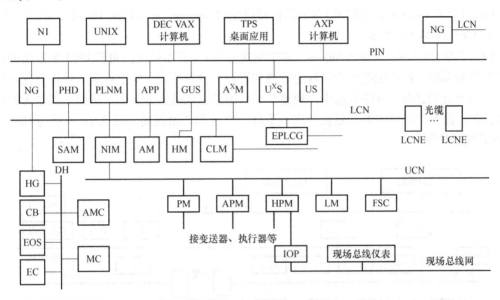

图 5.9 TPS 系统的构成

DH 是 Honeywell 公司的专利网络,总线型结构,传输速率 250kbit/s。LCN 和 UCN 是符合 IEEE 802.2 和 IEEE 802.4 的载波带通通信网络,采用曼彻斯特编码,它的实时时钟频率是 12.5kHz。链路存取是令牌总线存取方式,传输速率 5Mbit/s。每条 LCN 可连接 40 个 LCN 模件,经 LCN 扩展器的扩展,最多可连接 64 个 LCN 模件。每条 LCN 可连接最多 20 条的 UCN 或 DH 网络总线。每条 UCN 可连接 32 台冗余设备,每条 DH 可连接 63 个装置。过程管理器(Process Manager,PM)、先进过程管理站(Advanced Process Manager,APM)、高性能过程管理站(High Performance Manager,HPM)和逻辑管理模件(Logic Manager,LM)可连接到 UCN。TPS 系统的现场总线可经输入输出管理器(Input Output Processor,IOP)连接到 HPM 的任意输入输出插槽,每个 IOP 可连接 4 条现场总线网络,每条现场总线网络可连接 10 台现场总线智能仪表,它提供多达 119 个功能块,所有连接到现场总线的设备至少使用 2 个功能块。采用 TPS Builder 对现场总线 IOP 和功能块组态。

LCN 和 UCN 采用双重化的 75Ω 冗余同轴电缆或光缆。每根光缆的最大连接长度是 2km,同轴电缆的最大长度是 LCN:300m,UCN:700m。网络管理软件能自动诊断通信故障,并切入后备通信电缆。为提高可靠性,通信系统采用 32 位循环冗余码校验和报文长度校验等措施。为增加安全性,可采用不同的信道进行通信。

工厂信息网络(PIN)是信息管理系统的一个重要组成部分。通过 TPS 节点、全局用户操作站(Global User Station，GUS)、过程历史数据库(Process History Database，PHD)、应用处理平台(Application Processing Platform，APP)，PIN 可以直接与 LCN 相连，实现信息管理系统与过程控制系统的集成。通过工厂网络模件(Plant Network Module，PLNM)和 CM50S 软件包，LCN 可以和 DEC VAX、AXP 计算机进行通信，实现优化控制等。而基于 UNIX 的信息管理应用可通过 A^XM 或 U^XS 与 LCN 进行通信。

除了上述的各种通信接口外，系统内部的通信接口还有网络接口模块(Network Interface Module，NIM)、高速数据公路连接器(Highway Gateway，HG)、增强型可编程控制器连接器(Enhanced PLC Gateway，EPLCG)和通信链接模块(Communication Link Module，CLM)等。

2. CENTUM CS 系统

CENTUM CS(Concentral Solutions，集中解决方案)是日本横河公司于 1993 年推出的新一代集散控制系统。该系统把生产过程的控制和管理、设备管理、安全管理、环境管理和与企业有关的所有信息的管理综合起来，使整个工厂的信息能被充分利用，从而实现了无停顿的连续控制，使整个系统的寿命延长，成本下降，质量和产量提高。图 5.10 所示为 CENTUM CS 的系统结构图。

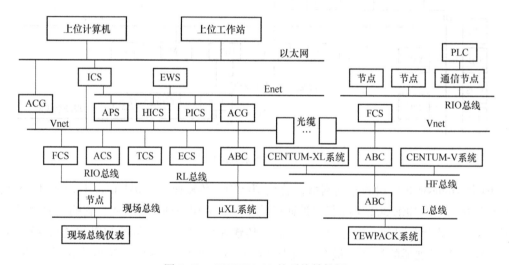

图 5.10　CENTUM CS 的系统结构图

CENTUM CS 系统中使用的通信系统有 E 网、V 网、以太网和远程输入输出总线。E 网是 CENTUM CS 系统的内部局域网，它是信息指令站(Information Control Station，ICS)和工程师工作站(Engineer Working Station，EWS)间的连接通路。E 网是与以太网有相同电气和物理特性的通信网络。它的通信速率为 10Mbit/s，采用总线型拓扑结构，载波侦听多路访问/冲突检测(CSMA/CD)媒体存取控制方式，通信媒体是同轴电缆，最大传输距离 185m，最多可连接 16 个站。

V 网是分散过程控制装置和操作管理用的信心指令站、其他上位站或总线转换器(Bus Converter，BCV)等设备间的通信网络。通常，它采用双重化通信方式。它是该系统内部实时控制用的通信网，传输速率 10Mbit/s，采用总线型拓扑结构，最多可连接 64 个站。传输的媒体可采用同轴电缆或光纤电缆，每根同轴电缆的最大传输距离为 500m，可加总适配器扩展,最多可加 4 个总线适配器,因此最大传输距离为 2.5km。在采用光纤电缆时,总的传输距离与光纤适配器类型和数量有关。

以太网用于实现本系统与上位系统的通信,利用以太网,本系统能与位于上位的具有大容量的数据管理系统进行数据通信,并提供系统的数据,而第三方的计算机也能通过以太网与本系统连接,存取 CS 的数据,从而使系统达到真正的开放。

远程输入输出总线(Remote Input/Output,RIO)是一条该公司的内部现场通信总线。它是连接分散过程控制装置与现场控制单元输入输出信号的桥梁。每条 RIO 总线可连接最多 8 个节点,传输速率 2Mbit/s,采用双绞线通信电缆,总线型通信方式,最大传输距离 750m,可采用中继器,每个中继器扩展 750m,最多采用 4 个中继器,因此最大传输距离为 3.75km;也可采用光缆扩展,最大传输距离为 20km。现场总线用于与现场总线仪表进行数字式双向通信的通信总线。

3. I/AS 系统

I/AS(Intelligent Automation Series)系统是美国 Foxboro 公司的智能自动化系列的缩写,50/51 系列系统是该产品的一个采用工作站的系列产品,其结构如图 5.11 所示。

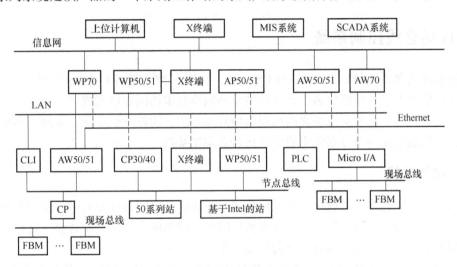

图 5.11　I/AS 系统的构成

I/AS 系统采用的通信网络符合 ISO 的开放系统互连参考模型所规定的开放系统通信协议。该系统可以根据用户的要求,与标准的通信网络进行通信。I/AS 系统的通信网由 4 层模块化网络组成,即信息网、载波带局域网(LAN)、节点总线和现场总线。

1)信息网用于工厂的信息管理。根据用户的要求,信息网可采用具有工业标准的不同通信协议的网络,一般可采用以太网、ATM 网、PC 网等。

2)载波带局域网是 I/AS 系统主干信息网。它符合 IEEE 802.4 通信协议,采用令牌总线存取方式,传输速率 5Mbit/s。通信媒体有两种:同轴电缆和光导纤维。两种同轴电缆的特征阻抗都是 75Ω,最多可连接 100 个节点,最大传输距离约 2km。分接头与站间采用 RG-6 支路同轴电缆连接,最大距离不大于 30m。光导纤维是可选的另一种通信媒体,通过光纤 LAN 转换器进行连接。

3)节点总线(Node Bus)是 I/AS 系统的控制网。它符合 IEEE 802.3 标准通信协议,采用带冲突检测的载波侦听多路访问技术方式，传输速率 10Mbit/s，通信媒体常采用 50Ω 柔性同轴电缆。最多可连接 64 个站，但当大于 32 站时，应连接两个应用处理器，并安装同一系统监视软件。节点总线能为连接在总线上的站间提供对等和有限距离的高速通信。在采用冗余通信时，可有 3 种连接方式：非扩展、扩展和作为 LAN 的一部分。每根节点总线的最大传输距离是 30m，可通过节点总线扩展器(SNBX 或 DNBX)扩展传输距离，扩展后的最大传输距离是 690m。光导纤维也能作为节点总线的通信媒体，通过光纤转换器(FOC)及分接头连接各节点总线。最大传输距离可达 10km，可采用星形和总线型拓扑网络结构，符合 FDDI 通信标准。

I/AS 系统的现场总线符合 ELA RS-485 通信标准。这是一个串行接口总线，可高速远距离传输，多数智能仪表配有 RS-485 接口，因此可经仪表网间连接器直接与节点总线相连。现场总线的最大传输距离是 1200m，传输速率是 268.75kbit/s，通信媒体采用双绞线。通常，现场总线采用冗余配置。现场总线分为就地现场总线和远程现场总线。就地现场总线的最大传输距离是 10m，用于机柜上下层间的现场总线模块(FBM)的连接，远程现场总线需经现场总线隔离器(FBI)连接，常用于机柜间的连接。

5.3 现场总线控制系统

现场总线控制系统(Fieldbus Control System，FCS)是继集散控制系统(DCS)后的新一代控制系统，它是电子、仪器仪表、计算机技术和网络技术协同发展的成果。现场总线使得现场仪表、执行机构、控制室设备之间构成网络互连系统，实现全数字化、双向、多参数的数字通信，为控制系统的全分布和全数字化运行奠定了基础。

5.3.1 现场总线

现场总线是应用在生产现场、在微机化测量控制设备之间实现双向串行多节点数字通信的系统，也被称为开放式、数字化、多点通信的底层控制网络。它在制造业、过程工业、交通等方面的自动控制系统中具有广泛的应用前景。

现场总线技术将专用微处理器置入传统的测量控制仪表，使它们各自都具有数字计算和数字通信的能力，采用可进行简单连接的双绞线等作为总线，把多个测量控制仪表连接成网络系统，并公开规范的通信协议，在位于现场的多个微机化测量控制设备之间，以及现场仪表与远程监控计算机之间，实现数据传输与信息交换，形成各种适应实际需要的自动化控制系统。简而言之，它把单个分散的测量控制设备变成网络节点，以现场总线为纽带，把它们连接成可以相互沟通信息、共同完成控制任务的网络控制系统。它给自动化领域带来的变化，正如众多分散的计算机被网络连接在一起，使计算机的功能、作用发生变化。现场总线使自控系统与设备具有通信能力，把它们连接成网络系统，加入到信息网络的行列。

现场总线是 20 世纪 80 年代中期发展起来的。随着微处理器与计算机功能的不断增强和价格的急剧下降，计算机与计算机网络系统得到迅速发展，而处于生产过程底层的测控自动化系统难以实现设备之间，以及系统与外界之间的信息交换，使每个自动化系统成为"信息孤岛"。要实现整个企业的信息集成，实现综合自动化，就必须设计出一种能在工业现场环境运行、性能可靠、造价低廉的通信系统，形成工厂底层网络，完成现场自动化设备之间的多点数字通信，实现底层现场设备之间，以及生产现场与外界的信息交换。现场总线就是在这种实际需求的驱动下应运而生的。它作为过程自动化、制造自动化、楼宇、交通等领域现场智能设备之间的互联通信网络，沟通了生产过程现场控制设备之间、及其与高层控制管理层网络之间的联系，为彻底打破自动化系统的信息孤岛创造了条件。

现场总线控制系统既是一个开放的通信网络，又是一种全分布控制系统。它作为智能设备的联系纽带，把挂接在总线上作为网络节点的智能设备连接为网络系统，并进一步构成自动化系统，实现基本控制、补偿计算、参数修改、报警、显示、监控、优化及控管一体化的综合自动化功能。这是一项以智能传感器、控制、计算机、数字通信、网络为主要内容的综合技术。

由于现场总线适应了工业控制系统向分散化、网络化、智能化发展的方向，它一经产生便成为全球工业自动化技术的热点，受到全世界的普遍关注。现场总线的出现导致了目前生产的自动化仪表、集散控制系统（DCS）、可编程序控制器（PLC）在产品的体系结构、功能结构方面有较大变革，自动化设备的制造厂家被迫面临产品更新换代的又一次挑战。传统的模拟仪表将被具有网络数字通信功能的智能化数字仪表所取代。出现了一批集检测、运算、控制功能于一体的变送控制器；出现了可集检测温度、压力、流量于一身的多变量变送器；出现了带控制模块和具有故障信息的执行器，并由此大大改变了现有的设备维护管理方法。

5.3.2 现场总线控制设备

现场总线导致了传统控制系统结构的变革，形成了新型的网络集成式全分布控制系统——现场总线控制系统（FCS）。这是基地式气动仪表控制系统、电动单元组合式模拟仪表控制系统、集中式数字控制系统、集散控制系统（DCS）后的新一代控制系统。

1. 现场总线控制系统的结构

现场总线控制系统打破了传统控制系统的结构形式。传统模拟控制系统采用一对一的设备连线，按控制回路分别进行连接。位于现场的测量变送器与位于控制室的控制器之间，控制器与位于现场的执行器、开关、电机之间均为一对一的物理连接。

现场总线系统由于采用了智能现场设备，能够把原先DCS中处于控制室的控制模块、各输入/输出模块置入现场设备，加上现场设备具有通信能力，现场的测量变送仪表可以与阀门等执行机构直接传送信号，因而控制系统功能能够不依赖控制室的计算机或控制仪表，直接在现场完成，实现了彻底的分散控制。

由于采用数字信号替代模拟信号，所以可实现在一对通信线上传输多个信号（包括多个运行参数值、多个设备状态、故障信息），同时又为多个设备提供电源，现场设备以外不再需要模拟/数字、数字/模拟转换部件。这样简化了系统结构，为节约硬件设备、节约连接电缆与各种安装、维持费用创造了条件。

2. 现场总线构成了全分布控制系统

模拟信号的传递需要一对一的物理连接，因而提高响应速度与控制精度的难度较大，信号传输的抗干扰能力也较差，人们开始寻求用数字信号取代模拟信号，出现了集中式直接数字控制系统。由于集中式直接数字控制系统的控制计算机一旦出现某种故障，就会造成所有控制回路瘫痪、工厂停产的严重局面，所以这种危险的集中控制系统结构很难为生产过程所接受。

随着计算机可靠性的提高，价格的大幅度下降，出现了数字调节器、可编程序控制器 (PLC)以及由多个计算机通过网络构成的集中、分散相结合的集散控制系统(DCS)。在 DCS 中，测量变送器一般为模拟仪表，因而它是一种模拟数字混合系统，这种系统在功能、性能上较模拟仪表、集中式数字控制系统有了很大的进步。在 DCS 形成的过程中，由于受计算机系统早期存在系统封闭这一缺陷的影响，各 DCS 厂家的产品自成系统，不同厂家的设备不能互连在一起，难以实现互换与互操作，组成更大范围信息共享的网络系统存在很多困难。

新型的现场总线控制系统则突破了 DCS 中通信采用专用网络的弊端，把基于封闭、专用的解决方案变成了基于公开化、标准化的解决方案，既可以把来自不同厂商而遵守同一协议规范的自动化设备，通过现场总线网络连接成系统，实现综合自动化的各种功能，又把 DCS 集中与分散相结合的系统结构变成了新型全分布结构，把控制功能彻底下放到现场，依靠现场智能设备本身便可实现基本控制功能。

把微处理器置入现场自控设备，使设备具有数字计算和数字通信能力，提高了信号的测量、控制和传输精度，同时为丰富控制信息内容，实现其远程传送创造了条件。在现场总线的环境下，借助设备的计算、通信能力，在现场就可以进行许多复杂计算，形成真正分散在现场的完整控制系统，提高控制系统运行的可靠性，还可借助现场总线网段，以及与之有通信连接的其他网段，实现异地远程自动控制，如操作远在数百公里之外的开关、阀门等，还可以提供传统仪表所不能提供的仪表运行状态、故障诊断信息等，便于操作管理人员进行现场设备的维护和管理。

3. 现场总线构成控制系统的底层控制网络

现场总线是新型的自动化系统，又是低带宽的底层控制网络，它位于生产控制网络结构的底层，具有开放统一的通信协议，肩负生产运行一线测量控制的特殊任务。

现场总线与现场设备直接连接，可将现场测量控制设备互连为通信网络，实现不同网段、不同现场通信设备间的信息共享；又将现场运行的各种信息传送到远离现场的控制室，并进一步实现与操作终端、上层控制管理网络的连接和信息共享。在把一个现场设备的运行参数、状态及故障信息等送往控制室的同时，又将各种控制、维护、组态命令，乃至现场设备的工作电源等送往各相关的现场设备，沟通了生产过程现场级控制设备之间及其与更高控制管理层次之间的联系。现场总线所肩负的是测量控制的特殊任务，它具有信息传输的实时性强，可靠性高，传输速率一般为几 kbit/s 至 10Mbit/s 之间。

现场总线网段与其他网络间实现信息交换，必须有严格的保护措施和权限限制，以保证设备和系统的安全运行。

5.3.3 现场总线控制系统的特点

1. 系统的开放性

开放性是指对相关标准的一致性、公开性，强调对标准的共识与遵从。一个开放系统指它可以与世界上任何地方遵守相同标准的其他设备或系统连接。通信协议一致公开，各不同厂家的设备之间可实现信息交换。现场总线开发者就是要致力于建立统一的工厂底层网络的开放系统，通过现场总线构筑自动化领域的开放互连系统。

2. 互可操作性与互用性

互可操作性指实现互连设备间和系统间的信息传送与沟通；而互用性意味着不同生产厂家的性能类似的设备可实现相互替换。

3. 现场设备的智能化与功能自治性

它将传感测量、补偿计算、工程量处理与控制等功能分散到现场设备中，仅靠现场设备即可完成自动控制的基本功能，并可随时诊断设备的运行状态。

4. 系统结构的高度分散性

现场总线已构成一种新的全分散性控制系统的体系结构，从根本上改变了现有 DCS 集中与分散相结合的体系，简化了系统结构，提高了可靠性。

5. 对现场环境的适应性

作为工厂网络底层的现场总线工作在生产现场，专为现场环境而设计，可支持双绞线、同轴电缆、光缆、射频、红外线、电力线等，具有较强的抗干扰能力，能采用两线制实现供电与通信，并可满足本质安全型的防爆要求等。

5.3.4 五种典型现场总线

目前，国际上影响较大的现场总线有 40 多种，比较流行的主要有 FF、PROFIBUS、CAN、LonWorks、HART 等现场总线。

1. 基金会现场总线

基金会现场总线（Foundation Fieldbus，FF）是主要应用于过程自动化系统领域的一种现场总线，由 ISP 北美分会和 World FIP 合并制定的。汇集了诸多世界著名仪表、自动化设备制造厂商和研究机构，其宗旨是促进产生一个单一的国际现场总线标准。

（1）通信结构

FF 分为低速 H1 总线和高速 HSE 总线。FF-H1 总线以 ISO/OSI 模型为参考，采用了其物理层、数据链传输层和应用层，加上自身制定的用户层，构成了四层的通信结构，其传输速率为 31.25kbit/s，通信距离可达 1900m（可加中继器延长），可支持总线供电，支持本质安全防爆环境。FF-HSE 采用 Ethernet（IEEE 802.3）+ TCP/IP 的 6 层结构，其传输速率为 1Mbit/s 和 2.5Mbit/s 两种，其通信距离为 750m 和 500m。

（2）技术特点及优势

1）FF-H1 在 7 层协议以外增加了用户层，主要内容是制定标准的功能块和设备描述语言，保证了互操作性和用户的可扩展性。

2）FF-H1 支持总线供电。

3）FF-H1 采用了令牌传递的总线控制方式。

4）FF-HSE 高速总线支持冗余通信。

5）FF-HSE 高速总线和 FF-H1 低速总线可以相互补充，构成的系统结构简单，可扩展性强。

（3）应用范围

FF-H1 主要用于过程工业的自动化，FF-HSE 主要用于制造业的自动化以及逻辑控制、批处理等场合。总体来说，FF 的应用范围较窄。

FF 的典型应用连线图如图 5.12 所示。

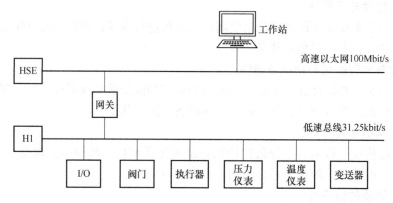

图 5.12　FF 的典型应用连线图

2. PROFIBUS 总线

PROFIBUS(Process Fieldbus)是符合德国国家标准 DIN19245 和欧洲标准 EN50179 的现场总线,在世界范围内占有较大的市场份额,并于 2006 年 11 月成为我国国家标准。PROFIBUS 主要应用于 PLC,包括 DP、FMS、PA 三部分。

(1)通信结构

PROFIBUS 同样以 ISO/OSI 模型为参考制定了相应的通信结构和协议。

PROFIBUS-DP 使用了第一层(物理层),第二层(数据链路层)和用户接口,第三层到第七层未加以描述。它专门为自动控制系统和设备级分散的 I/O 之间进行通信使用设计。使用 PROFIBUS-DP 模块可取代 24V、4~20mA 的串联式信号传输。其特点是快速、即插即用、效率高、成本低,最高传输速率可达 12Mbit/s。

PROFIBUS-FMS 对第一层、第二层和第七层(应用层)均加以定义,是用来解决车间级通用性通信任务的,可用于大范围和复杂的通信系统。其特点是通用、大范围应用、多主通信。

PROFIBUS-PA 采用了扩展的 DP 协议,通过 DP/PA 耦合器,PROFIBUS-PA 设备能很方便地集成到 PROFIBUS-DP 网络上。它是专门为过程自动化设计的,可用于爆炸危险区域,其特点是面向过程控制,总线供电,本质安全。

(2)技术特点及优势

1)PROFIBUS-DP 和 PROFIBUS-FMS 总线利用 RS485 技术进行数据传输,采用屏蔽双绞铜线,传输速率为 9.6kbit/s~12Mbit/s,每分段 32 个站(不带中继),可多到 127 个站(带中继)。PROFIBUS-PA 利用 IEC 61158-2 传输和光纤传输,支持本质安全和总线供电,传送数据以 31.25kbit/s 调制供电电压,采用耦合器将 IEC 1158-2 与 RS-485 连接。

2)采用单一的总线访问协议,使实时数据的传输尽可能地简单和快速。

3)PROFIBUS 是开放的、与制造商无关、无知识产权保护的标准。原则上 PROFIBUS 协议能在任何微处理器上使用。

(3)应用范围

PROFIBUS 现场总线控制系统的应用范围十分广泛,其主要应用领域有以下几个。

1)制造业自动化:汽车制造(机器人、装配线、冲压线等)、造纸、纺织等领域。

2）过程控制自动化：石化、制药、水泥、食品等领域。

3）电力：发电和输配电。

4）楼宇：空调、风机、照明等的控制。

5）铁路交通：信号系统。

PROFIBUS 的典型应用连线图如图 5.13 所示。

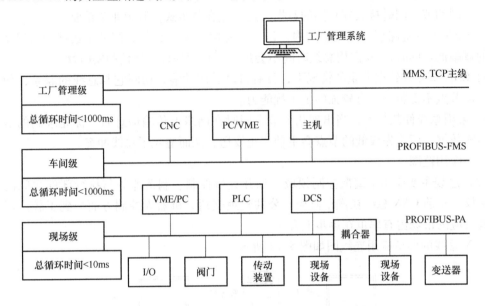

图 5.13　PROFIBUS 的典型应用连线图

3. CAN 总线

CAN（Control Area Network）是由德国 Bosch 公司为汽车的监测、控制系统而设计的，逐步发展到用于其他工业领域的控制，得到了 Motorola、Intel、Philips、NEC 等诸多公司支持，同时也是唯一成为国际标准的现场总线。

（1）通信结构

CAN 总线只采用了 OSI 参考模型中的 3 层，即物理层、数据链路层和应用层。物理层又分为物理层信号（PLS）、物理媒体连接（PMA）与介质从属接口（MDI）3 个部分，分别完成接收滤波、超载通知、恢复管理以及应答、帧编码、数据封装拆装、出错检验等。在实际应用时，用户可根据自身需要实现应用层的功能。

CAN 总线以广播的方式从一个节点向另一个节点发送数据，当一个节点发送数据时，该节点的 CPU 把将要发送的数据和标识符发送给本节点的 CAN 芯片，并使其进入准备状态；一旦该 CAN 芯片收到总线分配，就变为发送报文状态，该 CAN 芯片将要发送的数据组成规定的报文格式发出。此时，网络中其他的节点都处于接收状态，所有节点都要先对其进行接收，通过检测来判断该报文是否发给自己的。

由于 CAN 总线是面向内容的编址方案，所以容易构建控制系统，并对其灵活地进行配置，使其可以在不修改软硬件的情况下向 CAN 总线中加入新节点。

（2）技术特点及优势

1）CAN 是一种有效支持分布式控制和实时控制的串行通信网络。

2）CAN 的直接通信距离最远可达 10km（此时传输速率为 5kbit/s）；最高通信速率可达 1Mbit/s（传输距离为 40m）。

3）CAN 协议的一个最大特点是废除了传统的站地址编码，它是对通信数据块进行编码。采用这种方法的优点是可使网络内的节点个数在理论上不受限制。数据块的标识码可由 11 位或 29 位二进制数组成，因此可以定义 2^{11} 或 2^{29} 个不同的数据块。这种数据块编码方式，还可使不同的节点同时接收到相同的数据，这一点在分步式控制中非常重要。

4）CAN 数据链路层采用短帧结构，每一帧为 8B，易于纠错，降低了数据的错误率，受干扰的概率低。同时，8B 占用总线时间不会过长，从而保证了通信的实时性。

5）CAN 节点在错误严重的情况下，具有自动关闭功能，切断它与总线的联系，使总线上的其他节点不受影响，有较强的抗干扰能力。

6）采用总线仲裁技术，当出现几个节点同时在网络上传输信息时，优先级高的节点可继续传输数据，而优先级低的节点会主动停止发送，从而避免了总线冲突。

（3）应用范围

CAN 总线主要应用于离散控制领域，如开关量控制、制造业等与执行部件之间的数据通信协议。目前 CAN 总线在汽车监控、公共轨道交通、机器人控制方面得到了较广泛的应用，其对应的市场占有率也在逐步上升。

CAN 总线的典型应用连线图如图 5.14 所示。

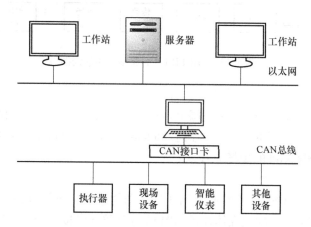

图 5.14　CAN 总线的典型应用连线图

4. LonWorks 控制网络

LonWorks（Local Operating Network）由美国 Echelon 公司于 1991 年推出，它是一种基于嵌入式神经元芯片的现场总线技术，具有强劲的实力。它采用面向对象的设计方法，设备节点之间的数据通过网络变量的互联来实现。神经元芯片（Neuron Chip）与 LonTalk 网络协议是 LonWorks 的技术核心产品。系统结构灵活、低成本和高性能是该总线的最大优势。

（1）通信结构

LonWorks 采用了 OSI 参考模型的全部七层通信结构，被称为通用控制网络。LonWorks 的核心是神经元芯片，内部含有 3 个 8 位的 CPU，第一个 CPU 为介质访问控制处理器，处理 LonTalk 协议的第一层和第二层；第二个 CPU 为网络处理器，实现 LonTalk 协议的第三层～第六层；第三个 CPU 为应用处理器，实现 LonTalk 协议的第七层，执行用户编写的代码及用户代码所调用的操作系统服务。

（2）技术特点及优势

1）采用了 OSI 全部七层参考模型，并且其网络协议具有开放性和可互操作性。

2）网络结构能够使用所有现有网络结构。

3）无中心控制的真正分布式控制模式，能独立完成控制和通信功能。

4）支持双绞线、同轴电缆、光纤、射频、红外线、电力线等多种通信介质。依据通信介质的不同具有 300bit/s~1.25Mbit/s 的通信速率。最远通信距离长达 2700m（78kbit/s 的双绞线）。

5）提供一套完整的从节点到网络的开发工具，具备完善的网络接口装置。

6）LonWorks 在功能上就具备了网络的基本功能，具有和 LAN 很好的互补性，又方便实现互连，易于实现更强的功能。

（3）应用范围

采用 LonWorks 技术和神经元芯片的产品被广泛应用于楼宇自动化、保安系统、办公设备、交通运输、工业过程控制等行业。Echelon 公司的技术策略是鼓励各 OEM 开发商应用 LonWorks 技术和神经元芯片，开发自己的应用产品，据称目前已有 2600 多家公司在不同程度上引入了 LonWorks 技术，1000 多家公司已经推出了 LonWorks 产品，并进一步组织起 LonMARK 互操作协会，开发推广 LonWorks 技术与产品。可以说 LonWorks 是具有很强的开发潜力的一种现场总线。

LonWorks 的典型应用连线图如图 5.15 所示。

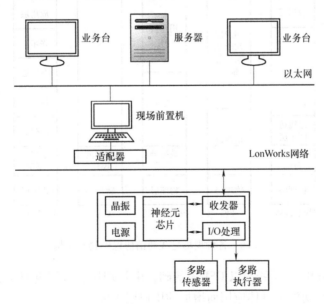

图 5.15　LonWorks 的典型应用连线图

5. HART 总线

HART（Highway Addressable Remote Transducer）是美国 Rosemount 公司于 1985 年推出的一种用于现场智能仪表和控制室设备之间的通信协议，不能算作严格意义上的现场总线，它主要是在电流信号上面叠加数字信号，物理层采用频移键控技术，以实现部分智能仪表的功能，但此协议不是一个真正意义上开放的标准，要加入 HART 基金会才能拿到协议。

（1）通信结构

HART 协议参考了 ISO/OSI 参考模型的物理层、数据链路层和应用层。其通信特点是在现有模拟信号传输线上实现数字信号通信，在现有的 4～20mA 模拟信号上叠加 FSK 数字信号，以 1200Hz 的信号表示逻辑 1，以 2200Hz 的信号表示逻辑 0。HART 采用可变长帧结构，每帧最长为 25B，寻址范围为 0～15。当地址为 0 时，处于 4～20mA 与数字通信兼容状态。当地址为 1～15 时，则处于全数字状态。

（2）技术特点及优势

1）HART 能利用总线供电，可满足本质安全防爆的要求。

2）HART 通信属于模拟系统向数字系统转变过程中过渡性产品，保证了数字系统和传统模拟系统的兼容性，这也是它最主要的特点和目前大量应用的原因。

（3）应用范围

HART 总线主要应用于智能变送器、安全栅、控制器等。它在当前数字系统逐渐替代传统模拟系统的过程中具有较强的市场竞争力，但其生命周期也将在这替代过程收尾时结束。

6. 5 种典型现场总线的协议

通信协议是现场总线技术的核心，他们都以国际标准化组织（ISO）所提出的开放式系统互联参考模型（OSI）为基本框架，并根据行业的应用需要施加某些规定后形成各自的通信模型，如图 5.16 所示。

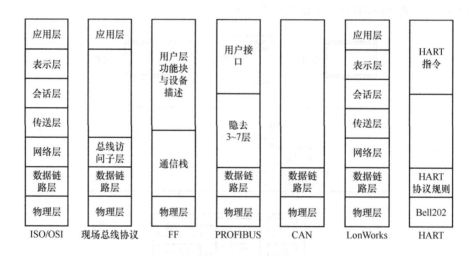

图 5.16　各种现场总线通信协议的物理结构

FF 总线和 PROFIBUS 总线都以 OSI 为基础，由物理层、数据链路层、应用层，以及考虑到现场装置的控制功能和具体应用而增加的用户层组成。

CAN 总线和 HART 总线的通信模型参考了 OSI 模型，由 OSI 模型中的物理层、数据链路层、应用层 3 层组成，省略了 OSI 参考模型中的 3～6 层，第一层定义了物理的传输特性，第二层定义了存取协议，第三层定义了应用功能。

LonWorks 是五种典型总线中唯一采用 OSI 模型全部七层通信协议的一种现场总线。

五种现场总线的性能如表 5.1 所示。

表 5.1   五种现场总线性能对照表

特性	现场总线类型				
	FF	PROFIBUS	CAN	LonWorks	HART
主要应用范围	过程控制	PLC	汽车	楼宇自动化	智能变送器
通信介质	双绞线、电缆、光纤、无线等	双绞线、光纤	双绞线、光纤、电缆	双绞线、电源线、电力线、电缆、光纤、无线、红外线	双绞线，电缆
介质访问方式	LAS 控制的令牌传递方式	令牌、主从	位仲裁	P-P CSMA	"问答式"和"成组模式"
纠错方式	CRC	CRC	CRC	CRC	CRC
最大通信速率	2.5Mbit/s	12Mbit/s	1Mbit/s	1.25Mbit/s	1.2Mbit/s
最大节点数	32	127	110	32000	15
优先级	有	有	有	有	有
本安性	是	是	是	是	是

5.4 工业以太网

工业以太网是以太网技术和通用工业协议的结合，是标准以太网在工业领域的应用延伸。近年来，为满足高实时性的工业应用需求，各大工业自动化公司和标准化组织纷纷提出了各种工业以太网实时性的技术标准，这些方案建立在 IEEE 802.3 标准基础上，通过对相关标准的扩展，以提高实时性，并做到与标准以太网的无缝对接。

目前，被广泛应用的工业以太网标准主要包括以下六种类型。

1. Modbus TCP

Modbus TCP 采用以太网为物理网络，支持以 TCP/IP 堆栈的形式，通过 IP 网络进行数据交换。最初由施耐德电气公司开发，现由 Modbus 组织负责管理。Modbus 的系统可以很容易地升级到 Modbus TCP/IP，而用户并不需要对原有系统重新投资。在使用 Modbus 的串行连接方式，如 RS-485 的情况下，可以提供相应的产品，非常容易地从现有的 Modbus 系统更新或升级到 Modbus TCP 上。如果是使用了其他的网络，也可以应用相应的 Gateway（网关）使其集成或升级到以太网系统里。

2. Ethernet/IP

Ethernet/IP 是一个面向工业自动化应用的工业应用层协议，是主推 ControlNet 现场总线的罗克韦尔自动化公司为以太网进入自动化领域所研究创造的以太网工业协议。它建立在标准 UDP/IP 与 TCP/IP 协议之上，利用固定的以太网硬件和软件，为配置、访问和控制工业自动化设备定义了一个应用层协议。Ethernet/IP 协议由 IEEE 802.3 物理层、数据链路层标准协议和控制与信息协议（CIP）三个部分组成。

3. Ethernet POWERLINK

Ethernet POWERLINK 是一项在标准以太网介质上解决工业控制及数据采集领域数据传输实时性技术。Ethernet POWERLINK 拥有 Ethernet 的高速、开放性接口，以及 CANopen 在工业领域良好的 SDO 和 PDO 数据定义，在某种意义上说 POWERLINK 就是 Ethernet 上的 CANopen，物理层、数据链路层使用了 Ethernet 介质，而应用层保留了原有的 SDO 和 PDO 对象字典的结构。

4. PROFINET

PROFINET 由 PROFIBUS 国际组织推出，是新一代基于工业以太网技术的自动化总线标准。PROFINET 囊括了诸如实时以太网、运动控制、分布式自动化、故障安全以及网络安全等当前自动化领域的热点话题，并作为跨供应商的技术，完全兼容工业以太网和现有的现场总线(如 PROFIBUS)技术，保护现有投资。

5. SERCOS Ⅲ

串行实时通信系统(Serial Real Time Communication System，SERCOS)已在工厂自动化应用(适合机械工程和建筑)领域风靡了 25 年。SERCOS Ⅲ 是第三代协议，制定于 2003 年。这种具有高效性和确定性的通信协议可将 SERCOS 接口的实时数据交换与以太网相融合。SERCOS Ⅲ 是 SERCOS 成熟的通信机制和工业以太网相结合的产物，它既具有 SERCOS 的实时特性，又具有以太网的特性。

6. EtherCAT

EtherCAT 最初由德国倍福自动化有限公司研发。EtherCAT 为系统的实时性和拓扑的灵活性树立了新的标准，同时，它还降低了现场总线的使用成本。EtherCAT 的特点还包括高精度设备同步，可选线缆冗余和功能性安全协议(SIL3)。

根据从站设备的实现方式，可将工业以太网分为三个类型，如图 5.17 所示。

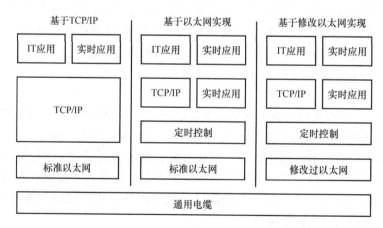

图 5.17 工业以太网通信类型

第一类：采用通用硬件和标准 TCP/IP。Modbus TCP、PROFINET、Ethernet/IP 均采用这种方式。使用标准 TCP/IP 和通用以太网控制器，所有的实时数据(如过程数据)和非实时数据(如参数配置数据)均通过 TCP/IP 传输。其优点是成本低廉，实现方便，完全兼容标准以太网。在具体实现中，某些产品可能通过更改或优化 TCP/IP 以获得更好的性能，但实时性始终受到底层结构的限制。

第二类：采用通用硬件和定义实时数据传输协议。Ethernet POWERLINK、PROFINET/RT 采用这种方式。采用通用以太网控制器，但不使用 TCP/IP 来传输实时数据，而是定义了一种专用的包含实时层的实时数据传输协议，用来传输对实时性要求很高的数据，TCP/IP 的协议栈可能依然存在，用来传输非实时数据，但是其对以太网的读取受到实时层的限制，以提高实时性能。这种结构的优点是实时性较强，硬件与通用以太网兼容。

第三类：采用专用硬件和自定义实时数据传输协议。EtherCAT、PROFINET/IRT、SER-COS Ⅲ 采用这种方式。这种方式在第二类的基础上使用专有以太网控制器以进一步优化性能。其优点是实时性强，缺点是成本较高，需使用专有协议芯片、交换机等。

从目前发展情况来看，大约 3/4 的工业以太网使用 Ethernet/IP、PROFINET 和 Modbus TCP 系统，而 Ethernet POWERLINK 和 EtherCAT 两个系统特别适合硬实时性要求，SERVOS Ⅲ 尽管市场份额较小，但是它在高速运动控制领域扮演着非常重要的角色。

5.5 工业以太网现场总线 EtherCAT

5.5.1 EtherCAT 系统组成

EtherCAT 是一种实时以太网技术，由一个主站设备和多个从站设备组成。主站设备使用标准的以太网控制器，具有良好的兼容性，任何具有网络接口卡的计算机和具有以太网控制的嵌入式设备都可以作为 EtherCAT 的主站。对于 IPC 计算机而言，主站控制器多采用倍福公司（Beckhoff）开发的 TwinCAT 软件。EtherCAT 从站使用专门的从站控制器（ESC），如专用集成芯片 ET1100 和 ET1200，或者是利用 FPGA 集成 EtherCAT 通信功能的 IP-Core。EtherCAT 物理层使用标准的以太网物理层器件，如 Micrel 公司生产的 KS8721BL 芯片。传输介质通常使用 100BASE-TX 规范的 5 类 UTP 线缆。

EtherCAT 运行原理如图 5.18 所示。在一个通信周期内，主站发送以太网数据帧给各个从站，数据帧到达从站后，每个从站根据寻址从数据帧内提取相应的数据，并把它反馈的数据写入数据帧。当数据帧发送到最后一个从站后返回，并通过第一个从站返回至主站。这种传输方式能够在一个周期内实现数据通信，还改善了带宽利用率，最大有效数据利用率达90% 以上。

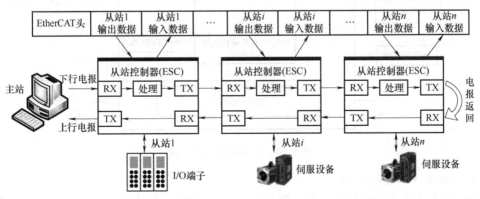

图 5.18 EtherCAT 运行原理

1. 主站组成

主站的实现可采用嵌入式和 PC 两种方式，均需配备标准以太网 MAC 控制器，传输介质可使用 100BASE-TX 规范的 5 类 UTP 线缆，如图 5.19 所示。通信控制器完成以太网数据链路的介质访问控制(Media Access Control Twisted Pair，MAC)功能，物理层(PHY)芯片实现数据的编码、译码和收发，它们之间通过一个 MII(Media Independent Interface)接口交互数据。MII 是标准的以太网物理层接口，定义了与传输介质无关的标准电气和机械接口，使用这个接口将以太网数据链路层和物理层完全隔离开，使以太网可以方便地选用任何传输介质。隔离变压器实现信号隔离，提高通信的可靠性。

在基于 PC 的主站中，通常使用网络接口卡(Network Interface Card，NIC)，其中的网卡芯片集成了以太网通信控制器和物理数据收发器。而在嵌入式主站中，通信控制器通常被嵌入到微处理器中。

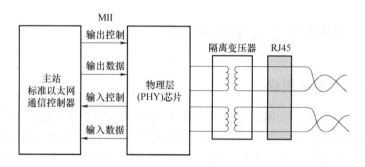

图 5.19　EtherCAT 物理层连接原理图

2. 从站组成

在 EtherCAT 系统的通信过程中，从站采用专用的从站协议控制器(EtherCAT Slave Controller，ESC)来高速动态地(On-the-fly)处理网络通信数据，其结构如图 5.20 所示。

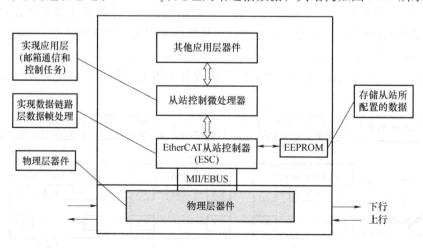

图 5.20　EtherCAT 从站组成

（1）EtherCAT 从站控制器

EtherCAT 从站通信控制器负责处理 EtherCAT 数据帧，并使用双端口存储区实现 EtherCAT 主站和从站本地应用的数据交换。各个 ESC 按照各自在环路上的物理位置顺序移位对数据帧进行读/写处理。在报文经过从站时，ESC 从报文中提取发送给自己的输出命令数据，将其存储到内部存储区，并将输入数据从内部存储区写到相应的子报文中。数据的提取和插入都是由数据链路层硬件完成的。

ESC 具有四个数据收发端口，每个端口都可以收发以太网数据帧。数据帧在 ESC 内部的传输顺序是固定的，如图 5.21 所示。通常，数据从端口 0 进入 ESC，然后按着"端口 0→端口 3→端口 1→端口 2→端口 0"次序传输。如果 ESC 检测到某个端口没有外部链接，则自动闭合此端口，将数据回环并转发到下一个端口。一个 EtherCAT 从站设备至少使用两个数据端口，使用多个数据端口可以构成多种物理拓扑结构。

ESC 使用 MII 和 EBUS 两种物理层接口模式。MII 是标准的以太网物理层接口，使用外部物理层芯片，一个端口的传输延时约为 500ns。EBUS 是德国 Beckhoff 公司使用

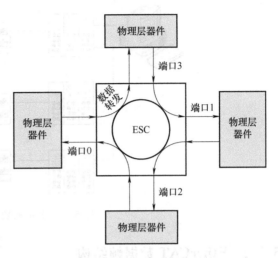

图 5.21　ESC 数据流向图

LVDS(Low Voltage Differential Signaling，低电压差分信号)标准定义的数据传输标准，可以直接连接 ESC 芯片，不需要额外的物理层芯片，从而避免了物理层的附加传输延时，一个端口的传输延时约为 100ns。EBUS 最大传输距离为 10m，适用于距离较近的 I/O 设备或伺服驱动器之间的连接。

（2）从站控制微处理器

从站控制微处理器负责处理 EtherCAT 通信和完成控制任务。微处理器从 ESC 读取控制数据，实现设备控制功能，并对设备的反馈数据进行采样，将其写入 ESC 后，由主站读取。通信过程完全由 ESC 处理，与设备控制微处理器响应时间无关。从站控制微处理器性能选择取决于设备控制任务，可以使用 8bit、16bit 的单片机，以及 32bit 的高性能处理器。

（3）物理层器件

从站使用 MII 接口时，需要使用物理层(PHY)芯片和隔离变压器等标准以太网物理层器件。使用 EBUS 时不需要其他任何芯片。

（4）其他应用层器件

针对控制对象和任务需要，微处理器可以连接其他控制器件。

3. EtherCAT 物理拓扑结构

在逻辑上，EtherCAT 网段内从站设备的布置构成一个开口的环形总线。在开口的一端，主站设备直接或者通过标准以太网交换机传入以太网数据帧，并在另一端接收经过处理的数据，所有的数据帧都被从第一个从站设备转发到后续的节点，最后一个从站设备将数据帧返回到主站。

EtherCAT 从站的数据帧处理机制允许在 EtherCAT 网段内的任意位置使用分支结构，同时不打破逻辑环路。分支结构可以构成各种物理拓扑，如线形、树形、星形、菊花链形，以及各种拓扑结构的组合，从而使设备连接和布线非常灵活方便。EtherCAT 线形拓扑结构如

图 5.22 所示。主站发出数据帧后的传输顺序如图 5.22 中的数字标号所示,图中从站⑥使用了 ESC 的 4 个端口,构成星形拓扑。

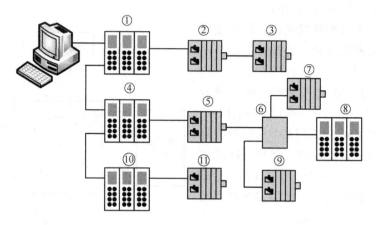

图 5.22   EtherCAT 线形拓扑结构

5.5.2   EtherCAT 数据帧结构

EtherCAT 数据直接通过以太网数据帧传输,数据帧类型为 0x88A4。EtherCAT 数据帧是由 14B 的以太网帧头、2B 的 EtherCAT 头、44~1498B 的 EtherCAT 数据和 4B 的帧校验序列构成。EtherCAT 的数据帧结构定义如图 5.23 所示。

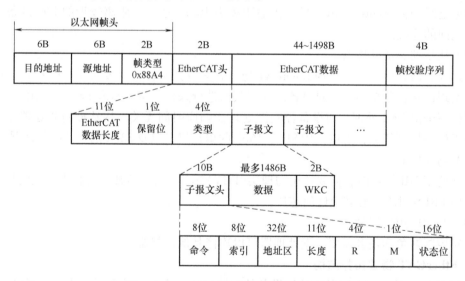

图 5.23   EtherCAT 报文嵌入以太网数据帧

在 EtherCAT 以太网报文中,目的地址为接收方的 MAC 地址,源地址为发送方的 MAC 地址,EtherCAT 的以太网帧类型为 0x88A4。EtherCAT 头包括三个部分,分别是:EtherCAT 数据长度、保留位和类型。其中,EtherCAT 数据长度为所有子报文长度的总和,类型固定为 1,表示和 EtherCAT 从站通信。每个 EtherCAT 子报文包括三个部分,分别是子报文头、数据和工作计数器(WKC),如表 5.2 所示。

表 5.2　EtherCAT 子报文结构定义

名　称	含　义
命令	寻址方式及读/写方式
索引	帧编码
地址区	从站地址
长度	报文数据区长度
R	保留位
M	后续报文标志
状态位	中断到来标志
数据	子报文数据结构（用户定义）
WKC	工作计数器

数据区中最多可以有 1486B 的数据，WKC 用于记录子报文被从站操作的次数，主站设置 WKC 的初始值为 0，当子报文被从站处理后，WKC 增加一定的数值，当数据帧返回到主站时，主站会比较 WKC 的实际值和预期值，用来判断报文是否被正确处理。

5.5.3　EtherCAT 寻址方式和通信服务

EtherCAT 的数据通信是通过主站发送 EtherCAT 报文读/写从站的内部寄存器实现的。EtherCAT 报文首先通过网段寻址找到从站所在的 EtherCAT 网段，之后通过设备寻址找到报文数据对应的从站设备，从而完成数据交换。

1. EtherCAT 网段寻址

EtherCAT 主站和从站网段有两种连接方式，分别是直连模式和开放模式。

1）在直连模式中，从站所在的 EtherCAT 网段通过网线直接连接到主站的以太网控制器，如图 5.24 所示。在这种网络连接模式中，主站使用广播 MAC 地址，如图 5.25 所示。以太网帧头的目的地址设为 0xFFFFFFFFFFFF，便可以找到 EtherCAT 的从站网段。

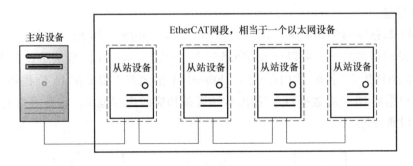

图 5.24　直连模式中的 EtherCAT 网段

6B	6B	2B	2B	44~1498B	4B
目的地址 0xFFFFFFFFFFFF	源地址 主站MAC地址	帧类型 0x88A4	EtherCAT头	EtherCAT数据	FCS

图 5.25　直连模式下 EtherCAT 数据帧

2）在开放模式中，EtherCAT 主站和从站网段都连接到一个标准的以太网交换机上，如图 5.26 所示，而且每个 EtherCAT 从站网段的第一个从站设备都有一个代表整个从站网段的 MAC 地址，这个从站被称为段地址从站。在这种模式下，主站发送 EtherCAT 报文时，以太网帧头的目的地址应该设置为目的从站网段的段地址，如图 5.27 所示。

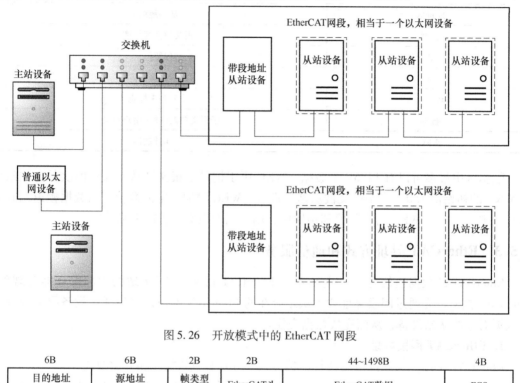

图 5.26　开放模式中的 EtherCAT 网段

6B	6B	2B	2B	44~1498B	4B
目的地址 网段MAC地址	源地址 主站MAC地址	帧类型 0x88A4	EtherCAT头	EtherCAT数据	FCS

图 5.27　开放模式下的 EtherCAT 数据帧

2. 设备寻址

EtherCAT 数据帧的子报文头里的地址区有 32 位，如图 5.28 所示。其中，前 16 位是 EtherCAT 从站设备的地址，可以寻址 65535（2^{16}）个从站；后 16 位是从站设备内存偏移地址，可以访问 64KB（2^{16}字节）的内存空间。EtherCAT 报文首先根据前 16 位找到特定的从站设备，之后根据后 16 位将数据写入/读出从站设备相应的内存地址。设备寻址有两种方式：顺序寻址和设置寻址。

	32位地址区		
…			…
顺序寻址：	从站顺序地址	从站内存偏移地址	
设置寻址：	从站设置地址	从站内存偏移地址	

图 5.28　EtherCAT 设备寻址结构

1）使用顺序寻址时，从站的地址是由从站设备的物理连接顺序决定的。一般第一个从站的顺序地址为 0，向后的从站地址依次减 1。顺序寻址的子报文在向后传输的过程中，每经过一个从站，子报文中的地址域就加 1，从站将设备地址域值为 0 的子报文当作寻址到自己的报文。顺序寻址主要用于数据链路的启动阶段，主站通过顺序寻址的方式来分配或者读取从站的站点地址，以便后续使用设置寻址的方式访问从站设备。

2）使用设置寻址时，从站的设备地址和物理连接顺序无关，而是系统上电初始化时主站配置给从站，或者从站从自身 EEPROM 的配置文件中读取的。在一个 EtherCAT 从站网段内，每个从站设备都拥有唯一的一个设备地址，用于获取 EtherCAT 数据帧中相应的子报文。

3. 逻辑寻址

在逻辑寻址方式下，从站地址使用的是固定的逻辑地址空间。从站通过将报文内的 32 位空间（4GB）当作整体的地址来实现的。这样可以把单个数据帧内任意数据的多个地址分散分布在 EtherCAT 从站上，从而使得 EtherCAT 协议变得更加灵活。

逻辑寻址方式是通过现场总线内存管理单元（Fieldbus Memory Management Unit，FMMU）来实现，FMMU 的功能存在于各个 ESC 内部，把从站的本地物理存储地址通过映射与网段内逻辑地址匹配。主站设备会在数据链路启动过程中将配置好的 FMMU 单元传送至从站设备。各个 FMMU 单元的配置信息包括：数据逻辑位起始地址、表示映射方向（输入/输出）、位长度、从站物理内存起始地址的类型位，从站设备内的数据与主站的逻辑地址都存在按位的映射关系。

从站设备会检查通过数据逻辑寻址方式收到的 EtherCAT 子报文是否能够与 FMMU 单元地址匹配。如果能够匹配，则 EtherCAT 子报文数据区的对应位置将会插入输入类型数据和抽取输出类型数据。由于采用逻辑地址方式能够灵活地组织控制系统，并且优化系统结构，所以该寻址方式适合于传输或交换周期性过程的数据。

4. 通信服务和 WKC

EtherCAT 子报文都是使用主站的操作来描述所有的服务。从站内部物理存储、读写和交换（读取并马上写入）数据的服务是由数据链路层来确定的。子报文头中的命令字节表示了由读写操作和寻址方式共同命令的通信服务形式。

每一个从站的 EtherCAT 数据报文都具有一个 16 位的工作计数器（WKC）。该工作计数器用以记录 EtherCAT 数据报文成功访问（正确寻址到从站并成功访问到数据存储区）的从站个数。EtherCAT 从站控制器将工作计数器硬件递增。各个从站数据报文中计数器预期值的计算应当由主站程序中的模块来完成。在接收到返回数据帧后，主站会与 WKC 比较，如果不一样，说明该报文有问题。子报文中工作计数器的值是与通信服务、寻址地址相关联。报文每读或写一次数据，WKC 的值就加 1，同时读写时，读成功后 WKC 的值加 1，写成功后 WKC 的值加 2，读写全部完成后 WKC 的值加 3。所以，WKC 的值是所有从站处理发生的累加的结果。

5.5.4 EtherCAT 分布时钟

EtherCAT 提供了分布式时钟（Distributed Clock，DC）单元，来同步从站设备。相比于完全同步的通信，分布式同步时钟具有更好的容错性，从而保证各 EtherCAT 从站设备同步工作的稳定性。由于每个设备的本地时钟是自由运行的，为了使所有设备进行同步，需要利用分布时钟进行同步。

分布时钟同步的原理是将所有的从站设备时钟都同步于参考时钟，EtherCAT 将主站连接的第一个且具有分布时钟功能的从站作为参考时钟。为了实现各从站设备之间的准确同步控制，在 EtherCAT 网络上电初始化时，会对分布时钟进行初始化。通过测量和计算出各从站设备时钟与参考时间的偏移，对从站设备时钟进行校正，从而达到时钟同步的目的。EtherCAT 分布时钟同步方法基于硬件校正，具有很高的准确性，同步信号抖动远小于 $1\mu s$。

5.5.5 EtherCAT 通信模式

EtherCAT 通信是以主从通信模式进行的，其中主站控制着 EtherCAT 系统通信。在实际自动化控制应用中，通信数据一般可分为：时间关键（Time-critical）和非时间关键（Non-time-critical）。在 EtherCAT 中，利用周期性过程数据通信来进行时间关键数据通信，而采用非周期性邮箱通信（Mailbox）来实现非时间关键数据通信。

1. 周期性过程数据通信

周期性过程数据通信通常使用现场总线内存管理单元（FMMU）进行逻辑寻址，主站可以通过逻辑读写命令来操作从站。周期性过程数据通信使用两个存储同步管理单元（SM）来保证数据交换的一致性和安全性，通信模式采用缓存模式。在缓存模式下使用三个相同大小的缓冲区，由 SM 统一管理，缓存模式的运行原理如图 5.29 所示。

图 5.29　缓存模式的运行原理

2. 非周期性邮箱通信

邮箱数据通信模式只使用一个缓冲区，为保证数据不丢失，数据交换采用握手机制，即在一端完成对缓冲区数据操作后，另一端才能操作缓冲区数据。通过这种轮流方式进行读写操作，来实现邮箱数据交换。

5.5.6 EtherCAT 应用层协议

EtherCAT 的应用层直接面向应用任务，它定义了应用程序与网络连接的接口，为应用程序访问网络提供手段和服务，如图 5.30 所示。通过对常用协议进行简单修改，与 Ether-CAT 通信协议相兼容，从而可得 EtherCAT 多种应用层协议，主要包括 EoE、CoE、SoE，以及 FoE 等。

1. CoE（CANopen over EtherCAT）

CANopen 协议是在 CAN 协议基础上开发的应用层协议，EtherCAT 支持采用 CANopen 作为应用层协议。此外，还在 EtherCAT 协议中关于具体应用方面做了相应的补充和扩展。它的主要功能包括：初始化通信网络，并利用邮箱通信来访问 CoE 对象字典及其对象；使用

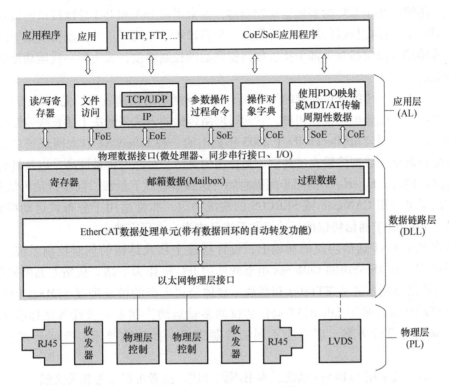

图 5.30 EtherCAT 协议结构

CoE 来配置周期性的数据传输过程及控制指令；管理通信网络并处理突发事件和错误信息。

2. SoE(SERCOS over EtherCAT)

SERCOS(串行实时通信协议)是一种高性能的数字伺服实时通信接口协议，包括了通信技术和多种设备行规。SoE 是基于 EtherCAT 的 SERCOS 协议，尽管 EtherCAT 设备上不能传输 SERCOS 协议的数据，但 EtherCAT 能够对执行 SERCOS 规范设备的伺服控制和数据通信提供支持。

3. EoE(EtherNet over EtherCAT)

EtherCAT 技术不仅完全兼容以太网，而且在设计之初就具备良好的开放性——该协议可以在相同的物理层网络中包容其他基于以太网的服务及协议，可将任何类型的以太网设备通过交换机端口连入 EtherCAT 网段。

4. FoE(File Access over EtherCAT)

FOE 与 TFTP 类似，允许读写设备中的任何数据结构。因此，无论设备是否支持 TCP/IP，都可以将标准化固件上传到设备上。

5.6 基于 EtherCAT 总线的案例设计

作为数控装备控制系统的核心，运动控制器需要通过控制驱动器带动伺服电动机，精确地完成复杂的运动。运动控制器分为两大类：嵌入式控制器和基于 IPC 控制器。嵌入式系统的运算能力和存储容量有限，造成升级、扩展困难。因此，目前高端市场主要以基于 IPC 的系统为主。传统的基于 IPC 的多轴运动控制器，通常采用 ISA 和 PCI 总线接口连接到工业控制计算机 IPC 上，存在长线传输、线缆繁多、价格昂贵、干扰严重、控制精度低等问题。如何避免长线传输、如何抑制外部干扰、如何提高运动控制精度，成为新一代运动控制器所需要克服的难题。

近年来，为解决传统 IPC 控制的问题，工业现场网络的快速发展，尤其是工业以太网，得到广泛关注，其优势也越来越明显，它通过网络传输的方式来解决上述长线传输和干扰严重等问题。德国倍福公司（Beckhoff）于 2003 年提出的一种 EtherCAT 以太网现场总线，该总线的系统配置简单、数据传输高速高效、拓扑结构灵活、分布时钟精度高，以及具有冗余性等多种优点；同时，EtherCAT 的同步间隔时间可达到微秒以下量级，同步抖动可低至 20ns；并且其应用层可采用 CANopen 或 SERCOS 的现成协议；非常适用于分布式运动控制系统。因此，基于 EtherCAT 通信协议的运动控制系统已成为一个研究热点。

本节在 EtherCAT 通信协议的基础上，设计搭建主从式结构的伺服控制系统。在主站方面，采用安装有 3S 公司的 CoDeSys 组态软件的 IPC 机作为主站。从站方面则采用 Beckhoff 公司的从站控制器芯片 ET1100 和意法半导体公司生产的微处理器 STM32F103 来协同搭建伺服驱动从站。基于 EtherCAT 通信协议的多轴运动控制系统设计考虑标准化、模块化和开发通用的设计方案，以适应不同的控制需求，如轴数要求、空间要求及速度要求等。

由于主站直接采用 CoDeSys 系统，本书不做详述，读者可以参考相关文献。

5.6.1 系统总体设计

如图 5.31 所示，控制系统由系统层、控制层和执行层组成，采用一主多从的控制模式，主站与从站之间，以及从站与从站都采用实时以太网 EtherCAT 通信协议。主站作为中央控制系统，完成系统层功能，CoDeSys 负责对 ESI 文件进行导入配置，可以协调计算各从站运动单元，负责系统配置、解析与识别，发送指令数据，监测整个系统的运行。此外，CoDe-

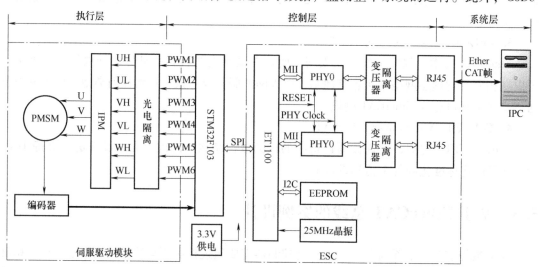

图 5.31　控制系统总体方案

Sys 还集中了位置控制算法，如各驱动轴的动态特性差别可通过交叉耦合控制方法来补偿，进而尽可能地减小同步误差。

控制层由各从站组成，其规模可根据具体的应用通过 EtherCAT 网络做灵活的扩展。理论上，控制层可以连接 65535 个从站单元。控制层主要负责与系统层的通信及从站配置，并解析系统层发送的控制指令以供执行层执行。控制层各从站以 STM32 为核心，并通过通信模块 PDI 通信实现与主站或从站之间的 EtherCAT 通信。

执行层由伺服驱动器、伺服电动机、编码器等执行部件和检测硬件组成，主要根据控制层的指令执行相应的动作，并将检测数据反馈给控制层。

5.6.2 EtherCAT 通信电路设计

从站控制器（ESC）选用 Beckhoff 公司提供的从站芯片 ET1100 来实现。ESC 接口电路主要由三部分组成：物理层模块接口电路、数据链路层模块接口电路和 EEPROM 模块接口电路。此外，还包括与 ET1100 工作和配置相关的时钟、电源和配置电路设计。

1. EtherCAT 从站控制器 ET1100

ET1100 芯片是 Beckhoff 公司推出的 EtherCAT 从站控制器专用芯片。它最多支持 4 个数据收发端口，每个端口都可以处于打开或者闭合状态。每个 ET1100 芯片有 8 个现场总线管理单元、8 个同步管理单元、4KB 控制寄存器、8KB 过程数据存储器和 64bit 的分布时钟。ET1100 能够直接作为 32bit 数字量输入输出站点，或者通过过程数据接口与微处理器连接，组成具有复杂功能的从站设备。ET1100 的结构如图 5.32 所示。

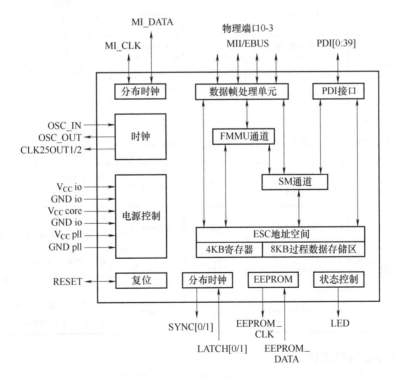

图 5.32　ET1100 的结构图

ET1100芯片有一些特定的引脚可以复用为配置引脚，在从站上电时，这些引脚的电平由ET1100作为配置信息锁存，信号被锁存后，引脚可以用作其他用途，引脚信号的方向也可以改变。配置引脚的方法是外接上拉或者下拉电阻，外接上拉电阻时，配置为1；外接下拉电阻时，配置为0。有些配置引脚在配置阶段结束以后，会被用作状态输出引脚来外接LED，如果配置为1，则引脚输出为0时LED点亮；如果配置为0，则引脚输出为1时LED点亮。ET1100的引脚配置表如表5.3所示。

表5.3　ET1100的引脚配置表

描　述	配置信号	引脚编号	寄存器映射	设　定　值
端口模式	P_MODE[0]	L2	0x0E00[0]	00：两个端口(0，1)
	P_MODE[1]	M1	0x0E00[1]	01：三个端(0，1，2) 10：三个端口(0，1，3) 11：四个端口(0，1，2，3)
端口配置	P_CONF[0]	J12	0x0E00[2]	0：EBUS 1：MII
	P_CONF[1]	L1	0x0E00[3]	
	P_CONF[2]	E3	0x0E00[4]	
	P_CONF[3]	C2	0x0E00[5]	
时钟输出模式	CLK_MODE[0]	J11	0x0E00[6]	00：OFF 01：25MHz
	CLK_MODE[1]	K2	0x0E00[7]	10：20MHz 11：10MHz
TX相位偏移	C25_SHI[0]	L7	0x0E01[0]	00：无TX信号延迟 01：信号延迟10ns
	C25_SHI[1]	M7	0x0E01[1]	10：信号延迟20ns 11：信号延迟30ns
CLK25OUT2输出使能	C25_ENA	L8	0x0E01[2]	0：不使能 1：使能
透明模式使能	TRANS_MODE_ENA	L3	0x0E01[3]	0：常规模式 1：透明模式
PHY地址偏移	PHYAD_OFF	C3	0x0E01[5]	0：PHY地址使用1~4 1：PHY地址使用17~20
链接有效信号极性	LINKPOL	K11	0x0E01[6]	0：LINK_MII(x)低有效 1：LINK_MII(x)高有效
EEPROM容量	EEPROM_SIZE	H11	0x0502[7]	0：单字节地址(16KB) 1：双字节地址(32KB~4MB)

2. 物理层模块接口设计

从站的PHY器件选择了Micrel公司生产的KS8721BL芯片，它具有以下特点：

◇适用于多种物理层连接，如100BASE-TX、100BASE-FX、100BASE-T。

◇ 供电电压支持 3.3V 和 2.5V。

◇ 功耗低，在供电电压为 3.3V，功率消耗小于 340mW，还支持省电模式。

◇ 完全符合 IEEE 802.3 协议标准。

◇ 支持多种接口方式，如 MII、RMII。

◇ 支持 10/100Mbit/s 波特率设置。

◇ 支持全、半双工式的自动协商或设置选择，且具备指示 LED。

为了提高通信模块的抗干扰能力，保证系统的传输距离，在 RJ45 和 PHY 芯片之间加一个以太网网络变压器，用于信号电平耦合。本设计选用 Pulse 公司的 HT1102 网络变压器。HT1102 主要用于在信号传输时的阻抗匹配、波形修复、信号杂波抑制和高电压隔离，使芯片与外部隔离，提高了系统的抗干扰能力，其硬件连接如图 5.33 所示。由图 5.33 可知，网络变压器 HT1102 左侧为物理层芯片 PHY，右侧为 RJ45 接口，实现了 PHY 与外界的隔离，提高了网络系统的抗干扰能力。

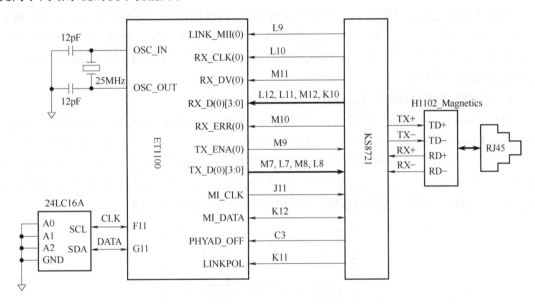

图 5.33　EtherCAT 的 ESC 接口电路

3. EEPROM 模块接口设计

由于 ET1100 具有 EEPROM 接口，主要用于存储从站设备的配置信息，比如设备制造信息、PDI 接口类型选择、过程数据和邮箱数据配置、SM 同步管理器配置信息及对象字典配置等。在硬件访问上，ET1100 与 EEPROM 之间通过 I^2C（Inter-Integrated Circuit）总线相连。本设计中 EEPROM 选用 24LC16A，它采用 3.3V 供电，具有 16KB 容量。图 5.33 为其硬件连接图。24LC16A 通过时钟线 EEPROM_SCL 和数据线 EEPROM_SDA 分别与 ET1100 的引脚 G11 和 F11 相连接。

4. 时钟电路设计

在本设计中，选用频率为 25MHz 的外部石英晶振，连接到 ET1100 的时钟信号引脚 OSC_IN 和 OSC_OUT，分别对应 G12 和 F12 引脚。ET1100 的 CLK25OUT1/2 输出作为 PHY 芯片的时钟源，其硬件连接如图 5.33 所示。考虑到时钟源的布局对整个系统电磁兼容性能及稳定性的影响，在设计时必须满足以下条件：

　　◇ 时钟源应尽可能靠近 ESC 布置。

　　◇ 电源相对时钟源和 ESC 时钟呈现低阻抗。

　　◇ 应该使用石英晶振推荐的电容值。

　　◇ ET1100 的时钟精度应大于 25ppm。

　　◇ 时钟源和 ESC 时钟输入之间应取用相同的电容值，具体大小根据所设计电路板的几何尺寸来确定。

5.6.3　从站微处理器 STM32 接口电路设计

　　从站微处理器作为整个控制系统的应用层，具有承上启下的作用：对上实现与从站控制器 ET1100 的通信，完成数据的发送与接收；对下与执行层相连，完成数据的解析、输入输出和存储等功能。

　　本设计选用意法半导体公司生产的微处理器 STM32F103ZT6，它是基于 Cortex-M3 核心的 32 位微控制器，具备芯片集成定时器、CAN、ADC、SPI、I2C、USB、UART 等多种功能，包含 512KB 片内 FLASH 和 64KB 片内 RAM，支持可兼容 SRAM、NOR 和 NAND Flash 接口的 16 位总线 FSMC。

1. STM32 与 ET1100 的接口设计

　　ESC 芯片的应用数据接口称为过程数据接口（Process Data Interface）或物理设备接口（Physical Device Interface，PDI）。这是 ESC 与从站应用程序微处理器实现通信的唯一接口。在本系统中，采用 ET1100 和 STM32 之间的 SPI 通信，如图 5.34 所示。SPI（Serial Peripheral Interface 串行外设接口）是一种高速全双工同步串行外围接口通信总线，且在芯片的引脚上只占用了四根线，节省了芯片的引脚，同时为 PCB 的布局节省了空间。

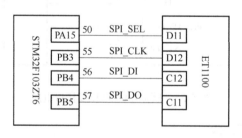

图 5.34　ET1100 与 STM32 硬件接口

2. 伺服驱动模块设计

　　伺服驱动电路如图 5.35 所示，在 STM32F103 中实现永磁同步电动机的矢量控制算法，输出 6 路 SVPWM 波，经过光耦隔离模块、IPM 模块，对伺服电动机进行控制。

　　IPM 模块选用日本三菱公司生产的 PS21265 模块，该模块集成了功率开关器件和 IGBT 驱动电路，内部还有过电压、过电流和过热等故障检测电路，可靠性高，使用方便，尤其适合在电动机驱动和各种逆变电源等方面的应用。

　　PS21265 需要 4 组 15V 驱动电源，上桥共用 3 个电源，下桥共用一个电源，接入 V_{CC} 引脚。STM32 产生 6 路 PWM 信号，通过光电隔离 HCPL4504 输入 PS21265 的 6 个引脚（UL，VL，WL，UH，VH，WH）；U、V、W 是三相输出电压，用于控制伺服电动机，需

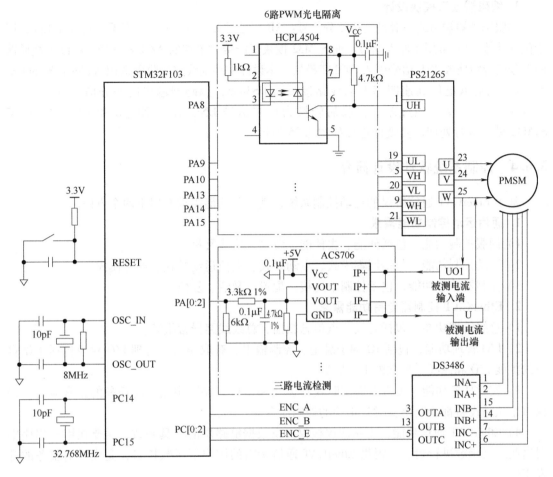

图 5.35 伺服电动机驱动电路

要约 10kΩ 上拉电阻接至 5V 电源电压。PS21265 内部具有 SC(短路)、OC(过电流)、UV(欠电压)、OT(过热)四种自保护电路。如果以上四种电路中有一种动作，三相桥臂中的六个 IGBT 就会马上关断，同时 IPM 会输出一个对应的故障信号以便通知系统控制器。在 IPM 中 A、B、C 三相桥臂的每个上管都分别有自己独立的 SC、OC、UV、OT 保护电路，而三相桥臂的下三管共用一个保护电路，所以整个 IPM 模块中共有四个保护信号输出。这四路信号在输出给外部器件时，也要先经光电隔离。在设计系统控制电路时，可将这四路信号综合后输到 STM32 的引脚，以便发生故障时及时封锁 STM32 的 PWM 信号。

检测电路模块的主要功能是检测伺服电动机工作时的电动机电流和电压信号，并以电压信号的形式送给 STM32 进行计算和控制。本案例选用霍尔传感器 ACS706-15 作为电流采样芯片，其最大测量电流范围 15A，测量系数为 133mV/A，传感器的带宽为 50kHz。ACS706-15 单端 5V 输出，输出以 2.5V 为零点，正电流输出大于 2.5V，负电流输出小于 2.5V，测量电压并计算得到被测电流值。PMSM 矢量控制系统定子电流检测原理如图 5.35 所示，UO1 是被测电流输入端，U 是被测电流输出端，VOUT 是霍尔电流传感器输出端，输出信号经过阻容低通滤波器滤波后输送给 STM 的 A/D 接口。

3. 编码器接口模块设计

伺服编码器输出的一般是三相差分信号：AB 相信号 EA、EB 和索引信号 EZ；EA 和 EB 用于位置计数，EZ 可用于原点信号。而 STM32 模块只能接收单端的 A/B/Z 信号，所以需把反馈的差分信号转换成 TTL 信号引入 STM32 模块。本设计中差动线路接收器选用 National Semiconductor 公司的低电压高速四路差动线路接收器 DS3486，编码器输出的差分信号 A +/A −、B +/B − 和 Z +/Z − 经过差分接收后转换为单端信号 ENC_A、ENC_B 和 ENC_Z，送至 STM32 模块进行处理。其硬件连接如图 5.35 所示。

5.6.4 控制系统软件设计简介

基于 EtherCAT 通信协议的运动控制系统，其主要功能需求有以下两个方面。

1. 通用运动控制功能需求

1）伺服控制功能，包括使能、去使能、急停、清除警报。

2）运动控制功能，包括回零模式、点动模式、点位运动模式、插补模式。

3）控制器管理功能，包括控制卡连接、配置、激活、复位。

2. EtherCAT 控制器专有功能需求

1）总线管理功能，包括总线节点信息扫描、总线线路异常报警。

2）I/O 管理功能，包括 IO 端子绑定、控制输出、获取输入。管理 I/O 对象包括主站自身的扩展 I/O 和总线上独立的 IO 从站。

3）实时任务功能，负责管理实时线程创建和运行。保障主站实时任务的正常运行，确保每个从站设备都能获得实时且正确的控制命令。

4）EtherCAT 通信功能，主站协议栈仅提供数据链路层的工具函数，需要在用户程序中对这些工具函数进行封装，提供 EtherCAT 通信所需的用户层函数接口，完成通信服务的开发工作。

围绕上述功能需求，在 Keil uVision_5 集成开发环境下，用 C 语言完成从站控制软件开发，主要包括 STM32 主控制程序及外围电路驱动程序。外围电路驱动程序包括 ET1100 驱动程序、A/D 采样芯片驱动程序、SPI 串行总线、FSMC 并行总线驱动程序，以及 PS21265 伺服控制程序设计等。

由于篇幅所限，在此不做详细叙述，有兴趣的读者，可以阅读参考文献所列文献。

5.7 本章小结

本章简要介绍了网络控制系统的基本原理、DCS 原理和技术特点、FCS 的技术特点、几种典型的 FCS 和工业以太网控制系统，以及工业以太网现场总线 EtherCAT 及其案例设计。网络控制代表着控制技术与网络技术的结合，是计算机控制系统的一个强有力的增长点，几种主要的网络控制技术是随着网络通信技术的发展在不同时期遵循不同目标发展起来的，所以其结构、应用领域、实施方法等都既有联系又有区别，需根据具体问题合理选择合适的技术类型。

习题与思考题

1. 简述计算机网络的功能及特点。

2. 简述国际化标准组织(ISO)提出的开放式系统互联参考模型(OSI 模型)。

3. 现场总线有什么特点？常见的现场总线有几种类型？它们各有什么特点？

4. 典型的现场总线控制技术有哪些？

5. 工业以太网的技术特点有哪些？

6. PROFIBUS 系统配置有几种类型？都用到什么传输技术？

7. 某企业想要建设工业以太网，其现场设备包括 PROFIBUS-DP 的设备、模拟数字信号的采集、设备的流程控制等，按照工业以太网的三层网络标准，请画出相应的以太网示意图，并列出主要的设备及其功能。

8. 对于 EtherCAT 来说，一个网络的最大容量有多少？

9. 什么叫总线仲裁机制？CAN、TCP/IP 与 RS485 各采用什么机制？

10. 简述数据帧在 ESC 内部的传输顺序。

▶ 第6章

计算机控制系统设计

本章知识点：
- ◇ 计算机控制系统设计的原则与步骤
- ◇ 计算机控制系统硬件/软件设计与实现
- ◇ 控制任务与工艺要求
- ◇ 基于 PC 总线的加热炉温度计算机控制系统设计
- ◇ 基于嵌入式系统的固态分层发酵计算机控制系统设计
- ◇ 基于 PLC 的步进梁加热炉计算机控制系统设计

基本要求：
- ◇ 了解计算机控制系统设计与实现问题
- ◇ 掌握计算机控制系统设计的原则与步骤
- ◇ 理解根据实际工艺及控制要求，设计计算机控制系统
- ◇ 理解应用实例中计算机控制系统的设计与实现

能力培养：

通过对计算机控制系统设计的原则与步骤，控制任务与工艺要求、计算机控制系统典型设计案例等知识点的学习，培养学生计算机控制系统的总体设计与开发能力。使学生能够根据被控对象的具体控制任务和工艺要求，合理设计相应的计算机控制系统，培养一定的工程实践能力。

计算机控制系统的设计既是一个理论问题，又是一个工程问题。计算机控制系统的理论设计包括：建立被控对象的数学模型；确定满足一定技术经济指标的系统目标函数，寻求满足该目标函数的控制规律；选择适宜的计算方法和程序设计语言；进行系统功能的软、硬件划分，并对硬件提出具体要求。计算机控制系统的工程设计不仅要求掌握生产过程的工艺要求，以及被控对象的动态和静态特性，而且要通晓自动检测技术、计算机技术、通信技术、自动控制技术、微电子技术等。

6.1 计算机控制系统设计的一般原则和步骤

尽管计算机控制的生产过程多种多样，系统的设计方案和具体的技术指标也是千变万化，但在计算机控制系统的设计与实现过程中，应遵守共同的设计原则与步骤。

6.1.1 系统设计的原则

1. 满足工艺要求

在进行计算机控制系统设计时，首先应满足生产过程所提出的各种要求及性能指标。因

为计算机控制系统是为生产过程自动化服务的，在设计之前必须对生产工艺过程有一定的熟悉和了解，系统设计人员应该和工艺设计人员密切结合，才能设计出符合生产工艺要求和性能指标的控制系统。设计的控制系统所达到的性能指标不应低于生产工艺要求，但片面追求过高的性能指标而忽视设计成本和实现上的可能性也是不可取的。

2. 安全性与可靠性

用于工业控制的计算机不同于一般用于科学计算或管理的计算机，它的工作环境比较恶劣，周围的各种干扰随时威胁着它的正常运行，而且它所担当的控制重任又不允许它发生异常现象。这是因为，一旦控制系统出现故障，轻者影响生产，重者造成事故，产生不良后果。

首先在计算机控制系统中，要选用高性能的工业控制计算机，保证在恶劣的工业环境下，仍能正常运行。其次是设计可靠的控制方案，并具有各种安全保护措施，比如报警、事故预测、事故处理、不间断电源等。

为了预防计算机故障，还常设计后备装置，对于一般的控制回路，选用手动操作作为后备；对于重要的控制回路，选用常规控制仪表作为后备。这样，一旦计算机出现故障，就把后备装置切换到控制回路中去，维持生产过程的正常运行。对于特殊的控制对象，设计两台计算机，互为备用执行任务，称为双机系统。

3. 操作维护方便

操作方便表现在操作简单、直观形象、便于掌握，并不强求操作员要掌握计算机知识才能操作。既要体现操作的先进性，又要兼顾原有的操作习惯。例如，操作员已习惯了PID调节器的面板操作，则可在显示画面上设计回路操作显示面板。

维修方便体现在易于查找故障，易于排除故障。采用标准的功能模板式结构，便于更换故障模板。在功能模板上安装工作状态指示灯和监测点，便于维修人员检查。另外，配置诊断程序，用来查找故障。

4. 实时性强

工业控制计算机的实时性表现在对内部和外部事件能及时地响应，并做出相应的处理，不丢失信息，不延误操作。计算机处理的事件一般分为两类：一类是定时事件，如数据的定时采集，运算控制等；另一类是随机事件，如事故、报警等。对于定时事件，利用系统的时钟进行定时，保证定时事件能在预定时刻得到处理。对于随机事件，系统设置中断，并根据故障的轻重缓急，预先分配中断级别，一旦事故发生，保证优先处理紧急故障。

5. 通用性好

计算机控制的对象千变万化，工业控制计算机的研制开发需要有一定的投资和周期。一般来说，尽管对象多种多样，但从控制功能来分析归类，仍然有共性。比如，一般过程控制对象的输入、输出信号统一为 $0 \sim 5V$ 或 $4 \sim 20mA$。因此，系统设计时应考虑能适应各种不同设备和各种不同控制对象，并采用积木式结构，按照控制要求灵活构成系统。这就要求系统的通用性要好，并能灵活地进行扩充。

工业控制计算机的通用灵活性体现在两方面，一是硬件模板设计采用标准总线结构（如PC总线），配置各种通用的功能模板，以便在扩充功能时，只需增加功能模板就能实现；二是软件模块或控制算法采用标准模块结构，用户使用时不需要二次开发，只需按要求选择各种功能模块，灵活地进行控制系统组态。

6. 经济效益高

计算机控制系统除了满足生产工艺所必需的技术质量要求以外，还应该带来良好的经济效益。这主要体现在两个方面：一方面是系统的性能价格比要尽可能高，而投入产出比要尽可能低，回收周期要尽可能短；另一方面要从提高产品质量与产量，降低能耗，减少污染，改善劳动条件等经济、社会效益各方面进行综合评估，有可能是一个多目标优化问题。由于计算机技术发展迅速，在设计计算机控制系统时，还要有市场竞争意识，在尽量缩短设计研制周期的同时，有一定的预见性。

6.1.2 系统设计的步骤

控制系统的设计虽然随控制对象、设备种类、控制方式等的不同而有所差异，但系统设计的基本内容和主要步骤是大体相同的，一般有以下几步。

1. 分析问题和确定任务

进行系统设计之前，必须对要解决的问题进行调查研究、分析论证。在此基础上，根据实际应用中的问题提出具体的要求，确定系统所要完成的数据采集任务和技术指标，确定调试系统和开发软件的手段等。另外，还要对系统设计过程中可能遇到的技术难点做到心中有数，初步定出系统设计的技术路线。这一步对于能否既快又好地设计出一个数据采集系统是非常关键的，设计者应花较多的时间进行充分的调研，其中包括翻阅一些必要的技术资料和参考文献，学习和借鉴他人的经验，这样可使设计工作少走弯路。

2. 系统总体设计

在系统总体设计阶段，一般应做以下几项工作。

（1）确定数据采集系统的基本结构

按照被测信号的特点和数据采集系统的性能要求，合理选择确定系统的基本结构。

（2）进行硬件和软件的功能分配

数据采集系统是由硬件和软件共同组成的。对于某些既可以用硬件实现，又可以用软件实现的功能，在进行系统总体设计时，应充分考虑硬件和软件的特点，合理地进行功能分配。

一般来说，多采用硬件，可以简化软件设计工作，并使系统的速度性能得到改善，但成本会增加。同时，因元器件的增加而增加不可靠因素。若用软件代替硬件功能，则可以增加系统的灵活性，降低成本，但系统的工作速度会降低。因此，要根据系统的技术要求，在确定系统总体方案时，进行合理的功能分配。

（3）系统 A/D 通道方案的确定

确定数据采集系统 A/D 通道方案是总体设计中的重要内容，其实质是选择满足系统要求的芯片及相应的电路结构形式。通常应根据以下方面来考虑：

◇ 模拟信号的输入范围、被采集信号的分辨率。

◇ 完成一次转换所需的时间。

◇ 模拟输入信号的特性是什么，是否经过滤波，信号的最高频率是多少。

◇ 模拟信号传输所需的通道数。

◇ 多路通道切换率是多少，期望的采样保持器的采集时间是多少。

◇ 在保持期间允许的电压下降是多少。

◇ 通过多路开关及信号源串联电阻引起的偏差是多少。

◇ 所需精度(包括线性度、相对精度、增益及偏置误差)是多少。

◇ 当环境温度变化时,各种误差限制范围。

◇ 各通道模拟信号的采集是否要求同步。

◇ 所有的通道是否都使用同样的数据传输速率。

◇ 数据通道是串行操作还是并行操作。

◇ 数据通道是随机选择,还是按某种预定的顺序工作。

根据上述各项要求,选择满足性能指标且经济性好的芯片和确定系统 A/D 通道设计方案。

(4)确定微型计算机的配置方案

可以根据具体情况,对计算机的机型、配置等作出选择。在满足系统性能的条件下,尽量选择经济的机型和配置。选择何种机型,对整个系统的性能、成本和设计进度等均有重要的影响。

(5)操作界面的设计

控制系统通常都要设计一个供操作人员使用的操作界面,用来进行人机对话或某些操作。因此,操作界面一般应具有下列功能:

◇ 输入和修改系统的运行参数。

◇ 显示和打印各种参数。

◇ 工作方式的选择。

◇ 启动和停止系统的运行。

为了完成上述功能,操作界面一般由键盘、显示器以及打印机等组成。

(6)系统抗干扰设计

对于数据采集系统,其抗干扰能力要求一般都比较高。因此,抗干扰设计应贯穿于系统设计的全过程,要在系统总体设计时统一考虑。

3. 计算机控制系统的硬件设计

(1)控制用微型计算机的选择

在总体方案确定之后,首要的任务是选择一台合适的微型计算机。微型计算机种类繁多,选择合适的微型计算机是计算机控制系统设计的关键。

1)选用成品微型计算机系统。根据被控对象的任务,选择适合系统应用的微型计算机系统(或芯片)是十分重要的。它直接关系到系统的投资及规模,一般根据总体方案进行选择。

① 工业控制计算机。例如工业 PC、STD 总线工业控制机等,不仅提供了具有多种功能的主机系统板,还配备了各种接口板,如多通道模拟量输入/输出板,开关量输入/输出板,CRT 图形显示板,RS232、RS422 和 RS485 扩展用总线接口板,EPROM 智能编程板等。这些系统模块一般采用 PC 总线或者 STD 总线。它们具有很强的硬件功能和灵活的 I/O 扩展能力,不但可以构成独立的工业控制计算机,而且具有较强的开发能力。这些机器不仅可使用汇编语言,还可使用高级语言;在工业 PC 中,还配有专用的组态软件,给计算机控制系统的软件设计带来了极大的方便。如果系统的任务比较多,要求的功能比较强,而且设计时间要求比较紧,这时可考虑选用现成的工业控制计算机。

② 最小微处理器系统。例如单片机系统、DSP 系统、嵌入式系统,它们大都具有微处理器、存储器及 I/O 接口、LED 显示器和小键盘,再配以各类 I/O 接口板,即可组成简单的控制系统。这种系统的特点是价格便宜,常用于小系统或顺序控制系统。选用这些系统时应注意以下几点:

◇ 选主机时要适当留有余地，既要考虑当前应用，又要照顾长远发展，因此要求系统有较强的扩展能力。

◇ 主机能满足设计要求，外设尽量配备齐全，最好从一个厂家配齐。

◇ 系统要具有良好的结构，便于使用和维修，尽可能选购具有标准总线的产品。

◇ 要选择技术力量雄厚，维修力量强，并能提供良好技术服务的厂家的产品。

◇ 图样、资料齐全，备品备件充足。

◇ 有丰富的系统软件，如汇编、反汇编、交叉汇编、DEBUG 操作软件、高级语言、汉字处理软件等。特别对系统机要求具有自开发能力，最好能配备一定的应用软件。

2）利用微处理器芯片自行设计。选择合适的微处理器芯片，针对被控对象的具体任务，自行开发和设计一个微处理器系统，是目前计算机控制系统设计中经常使用的方法。这种方法具有针对性强，投资少，系统简单、灵活等特点，对于批量生产，更有其独特的优点。

微处理器是整个控制系统的核心，它的选择将对整个系统产生决定性的影响，一般应从如下几个方面考虑是否符合控制系统的要求：

◇ 字长。字长会直接影响微处理器处理数据的精度、指令的数目、寻址能力和执行操作的时间。一般来说，字越长，对数据处理越有利。但从减少辅助电路的复杂性和降低成本的角度考虑，字短些为宜。所以应根据不同对象和不同要求，恰当选择。在过程控制领域中，一般选用 8 位或 16 位字长的微处理器就能达到一般的控制要求。

◇ 寻址范围和寻址方式。寻址范围表示了系统中可存放的程序和数据量，用户应根据系统要求选择与寻址范围有关的合理的内存容量。选择恰当的寻址方式，会使程序量大大减少。

◇ 指令种类和数量。一般来说，指令条数越多，针对特定操作的指令也必然增多，这可使处理速度加快，程序量减少。

◇ 内部寄存器的种类和数量。微处理器内部寄存器结构也是关系到系统性能的重要方面。它们的种类和数量越多，访问存储器的次数就越少，从而加快执行速度。

◇ 微处理器的速度。它应该与被控对象的要求相适应，不宜过高，也不能太低。

◇ 中断处理能力。在控制系统中，中断处理往往是主要的一种输入、输出方式。微处理器中断功能的强弱，往往涉及整个系统硬件和应用程序的布局。

(2) I/O 接口

应用计算机对生产现场设备进行控制，除了主机之外，还必须配备连接计算机与被控对象并进行它们之间信息传递和变换的 I/O 接口。对于总线式的工控机，生产厂家通常以功能模板的形式生产 I/O 接口，其中最主要的有：模拟量输入/输出（AI/AO）模板、数字量输入/输出（DI/DO）模板，还有脉冲计数处理模板、多通道中断控制模板、RS232/RS485、以太网（Ethernet）通信模板等，以及信号调理模板、专用（接线）端子板等各种专用模板。

AI/AO 模板包括 A/D 板、D/A 板及信号调理电路等。AI 模板输入信号可能是 0 ~ ±5V、0 ~ 10mA、4 ~ 20mA，以及热电偶、热电阻和各种变送器的输出信号。AO 模板输出信号可能是 0 ~ 5V、0 ~ 10mA、4 ~ 20mA 等。选择 AI/AO 模板时必须注意分辨率、转换速度、量程范围等技术指标。

DI/DO 模板种类很多，常见的有 TTL 电平的 DI/DO 和带光电隔离的 DI/DO。通常与工控机共地装置的接口可采用 TTL 电平，其他装置与工控机之间则采用光电隔离。如果是大功率(容量)的 DI/DO 系统,往往选用大容量的 TTL 电平的 DI/DO,而将光电隔离及驱动功能安排在工控机总线之外的非总线模板上,如继电器板等。

总之,控制系统中的 I/O 接口模板的类型、组合、数量等应该按具体被控生产过程的输入参数、输出参数的种类、数量、控制要求,并适当考虑系统将来扩充需要来确定。

(3) 选择变送器和执行机构

1) 选择变送器。变送器是一种能将被测变量(如温度、压力、物位、流量、电压、电流等)转换为可远距离传输的统一标准信号(0~10mA、4~20mA 等)的装置,其输出信号与被测变量有一定的连续关系。在控制系统中其输出信号被送至工业控制计算机进行处理,实现数据采集。

常用的变送器有温度变送器、压力变送器、液位变送器、差压变送器、流量变送器、各种电量变送器等。系统设计人员可根据被测参数的种类、量程、被测对象的介质类型和环境来选择变送器的具体型号。

2) 选择执行机构。执行机构是计算机控制系统中必不可少的组成部分,它的作用是接受计算机发出的控制信号,并把它转换成调整机构的动作,使生产过程按预先规定的要求正常运行。执行机构的选择要根据系统的要求来确定。

4. 计算机控制系统的软件设计

计算机控制系统的软件分为系统软件和应用软件两大类。如果选用成品计算机系统,一般系统软件配置比较齐全;如果自行设计一个系统,则系统软件就要以硬件系统为基础进行设计。不论采用哪一种方法,应用软件一般都需要技术人员自己设计。近年来,随着计算机应用技术的发展,应用软件也逐步走向模块化和商品化。现在已经有通用的软件程序包出售,如 PID 调节软件程序包,常用控制程序软件包,浮点、定点运算子程序包等。还有更高级的软件包,将各种软件组合在一起,用户只需根据自己的要求,填写一个表格,即可构成目标程序,用起来非常方便。但是,对于一般用户来讲,应用软件的设计总是必不可少的,特别是嵌入式系统的设计更是如此。应用软件设计时应注意以下几个方面:

(1) 控制系统对应用软件的要求

1) 实时性。工业过程控制系统是实时控制系统,对应用软件的执行速度都有一定的要求,即能够在被控对象允许的时间间隔内对系统进行控制、计算和处理。换言之,要求整个应用软件必须在一个采样周期内处理完毕。所以一般都采用汇编语言编写应用软件。但是,对于那些计算工作量比较大的系统,也可以采用高级语言和汇编语言混合使用的办法。通常数据采集、判断及控制输出程序用汇编语言,而对于较为复杂的计算可采用高级语言,或高级语言和汇编语言相结合的方法。近年来,在单片机系统中,可供使用的高级语言有 PL/M 语言、C51 和 C96 语言等,都是实时性很强的语言。为了提高系统的实时性,对于那些需要随机间断处理的任务,可采用中断系统来完成。

2) 灵活性和通用性。在应用程序设计中,为了节省内存和具有较强的适应能力,通常要求有一定的灵活性和通用性。为此,可以采用模块结构,尽量将共用的程序编写成子程序,如算术和逻辑运算程序、A/D 与 D/A 转换程序、延时程序、PID 运算程序、数字滤波程序、标度变换程序、报警程序等。设计人员的任务就是把这些具有一定功能的子程序(或中断服务程序)进行排列组合,使其成为一个完成特定任务的应用程序。现在已经出现一种结构程序,用户只需要根据提示的菜单进行填写,即可生成用户程序,使程序设计大为简化。

3）可靠性。在计算机控制系统中，系统的可靠性是至关重要的，它是系统正常运行的基本保障。计算机系统的可靠性一方面取决于其硬件组成，另一方面也取决于其软件结构。为保证系统软件的可靠性，通常设计一个诊断程序，定期对系统进行诊断；也可以设计软件陷阱，防止程序失控。近年来，广泛采用的看门狗（Watchdog）方法便是增加系统软件可靠性的有效方法之一。

（2）软件、硬件折中问题

如前所述，在计算机控制系统设计中，需要根据系统的具体情况，确定哪些用硬件完成，哪些用软件实现。这就是所谓的软件、硬件折中问题。同样一个功能，如计数逻辑控制，既可以通过硬件实现，也可以用软件完成。一般而言，在系统允许的情况下，尽量采用软件，这样可以降低硬件成本。若系统要求实时性比较强，则可采用硬件实现。在许多情况下，两者兼而有之。例如，在显示电路接口设计中，为了降低成本，可采用软件译码动态显示电路。但是，如果系统要求采样数据多，数据处理及计算任务比较大，仍采用软件译码动态显示电路，由于采样周期比较短，将不能正常显示。此时，必须增加硬件电路，改为静态显示电路。又比如，在计数系统中，采用软件计数法节省计数器，减少系统的开支，但需占用CPU的大量资源。如果采用硬件计数器，则可减轻CPU的负担，但要提高成本。

（3）软件开发过程

软件开发大体包括以下几个方面：

1）划分功能模块及安排程序结构。例如，根据系统的任务将程序大致划分成数据采集模块、数据处理模块、非线性补偿模块、报警处理模块、标度变换模块、数字控制计算模块、控制器输出模块、故障诊断模块等，并规定每个模块的任务及其相互间的关系。

2）画出各程序模块详细的流程图。

3）选择合适的语言（如高级语言或汇编语言）编写程序。编写时尽量采用现有子程序（或子函数），以提高程序设计速度。

4）将各个模块连接成一个完整的程序。

6.2 加热炉温度计算机控制系统设计

6.2.1 温度计算机控制系统的硬件设计

温度是工业对象中一种重要的参数，特别在冶金、化工、机械各行业中，广泛使用的各种加热炉、热处理炉、反应炉等都需配备温度控制系统。实践证明，用计算机进行温度控制，具有控制算法实现容易，能保存大量的运行数据，可通过打印机输出运行曲线，显示直观，操作方便等优点。

采用工业控制计算机的温度控制系统如图6.1所示。其中，工业控制计算机、键盘、监视器和打印机构成一台通用的计算机系统。要使通用计算机实现控制功能必须使计算机系统能接收传感器的测量信号且能发出控制信号。

热电偶将被控对象的温度信号转换为电压信号送到控制系统，同时利用多路开关分时接通各个测温热电偶，以实现对多个控温点的温度信号采集。由于热电偶是一种温差传感器，其输出的热电势由热电偶测温点和冷端的温度差决定，热电偶的冷端温度一般与环境温度相同，所

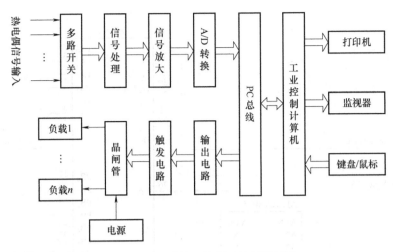

图6.1　温度计算机控制系统硬件框图

以热电偶测温点的温度应是环境温度与热电势所代表温度之和。信号处理电路的任务是把环境温度信号和热电偶温差信号综合成测温点的温度信号（即冷端补偿）。再利用信号放大电路，将热电偶转换后的电压转换为 A/D 转换器所能接收的标准信号，A/D 转换器将数字量经过 ISA 插槽送到计算机，工业控制计算机根据数字信号，采用 PID 控制算法进行校正，并根据计算结果，通过驱动程序的传递向 I/O 接口写入控制信号，触发电路通过 PWM 调功方式，利用过零触发，用单位时间内负载上所得到的正弦波个数多寡，实现温度调节与控制。

1. 总线接口电路

总线接口是计算机内部与外部交换数据的桥梁，数据采集和信号输出电路通过总线接口电路与工业控制计算机的 PC 总线相联。总线接口电路如图 6.2 所示，主要由 Intel 公司 8255A 可编程并行输入/输出芯片和 ATMEL 公司的 ATF16V8 可编程逻辑器件组成。

在图 6.2 中，ATF16V8 作为 8255A 的译码电路。由于 ATF16V8 是可编程器件，所以 8255A 的地址可根据系统的要求灵活可变。该接口电路可实现 8 个模拟量输入（与 A/D 转换器输出连接），16 个开关量输出（其中 4 个输出用于控制多路开关，其余 12 个输出用于控制被控对象）。

若要使 8255A 的 A、B、C 口地址分别为 300H、301H、302H，可令 ATF16V8 的输出表达式为

$$Y_0 = \overline{A}_9 + \overline{A}_8 + A_7 + A_6 + A_5 + A_4 + A_3 + A_2 + AEN$$

由于 ATF16V8 器件内部的或门只有 8 个输入，无法实现上述表达式，所以通过连接 ATF16V8 芯片上 S_1 和 S_2，用下面两个表达式来实现上述表达式功能。

$$S_1 = \overline{A}_9 + \overline{A}_8 + A_7 + A_6 + A_5 + A_4 + A_3 + A_2$$

$$Y_0 = AEN + S_2$$

2. A/D 转换电路

温度信号是一种变化相对缓慢的信号，因此系统的采样频率不必很高。本系统中采用 Motorola 公司的 MC14433 双积分 A/D 转换器。MC14433 是一种转换结果以 BCD 码输出，满量程输出为 1999 的 A/D 转换器。A/D 转换器的输出通过光电耦合器与总线接口电路连接。A/D 转换电路如图 6.3 所示。

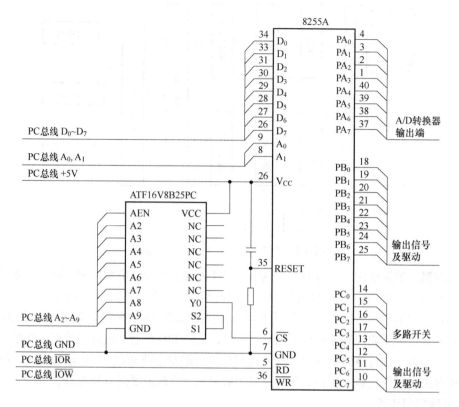

图 6.2　PC 总线接口电路

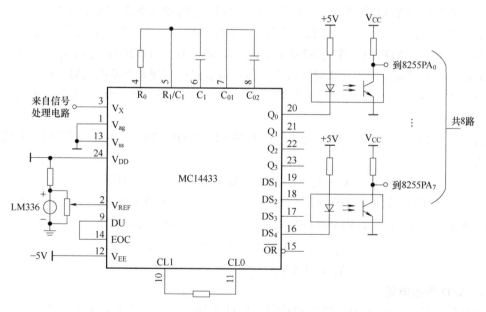

图 6.3　A/D 转换电路

$DS_1 \sim DS_4$ 为输出多路调制选通脉冲信号，若选通脉冲为高电平，则表示对应的数位被选通，此时该位数据在 $Q_0 \sim Q_3$ 端输出。每个 DS 选通脉冲高电平宽度为 18 个时钟脉冲周期，两个相邻选通脉冲之间间隔 2 个时钟脉冲周期。DS 和 EOC 的时序关系是在 EOC 脉冲结束后，紧接着是 DS_1 输出正脉冲，以下依次为 DS_2、DS_3 和 DS_4。其中，DS_1 对应最高位 MSB，DS_4 则对应最低位 LSB。在对应 DS_2、DS_3 和 DS_4 选通期间，$Q_0 \sim Q_3$ 输出 BCD 全位数据，即以 8421 码方式输出对应的数字 $0 \sim 9$。在 DS_1 选通期间，$Q_0 \sim Q_3$ 输出千位的半位数 0 或 1，及过量程、欠量程和极性标志信号。

在位选信号 DS_1 选通期间，$Q_0 \sim Q_3$ 的输出内容如下：

◇ Q_3 表示千位数，Q_3 = "0" 代表千位数的数字显示为 1，Q_3 = "1" 代表千位数的数字显示为 0。

◇ Q_2 表示被测电压的极性。

◇ 过量程是当输入电压 VX 超过量程范围时，输出过量程标志信号 OR。

◇ 当 Q_3 = "0" 且 Q_0 = "1" 时，表示 VX 处于过量程状态。

◇ 当 Q_3 = "1" 且 Q_0 = "1" 时，表示 VX 处于欠量程状态。

◇ 当 OR = "0" 时，|VX| >1999 则溢出。|VX| > VR，则 OR 输出低电平。

◇ 当 OR = "1" 时，表示 |VX| < VR。平时 OR 为高电平，表示被测量在量程内。

在图 6.3 中，LM336 集成电路为 A/D 转换提供基准电压，其工作相当于一个低温度系数的、动态电阻为 0.62Ω 的 5V 稳压二极管，其中的微调端可以使基准电压和温度系数得到微调。+5V 和 -5V 是由计算机电源通过隔离的 DC/DC 变换器得到的，目的是使外部的输入信号与计算机内部信号隔离，以提高系统的可靠性和抗干扰能力。

3. 信号处理电路

热电偶是一种温差传感器，其输出的热电势由热电偶测温点和冷端的温度差决定，热电偶的冷端温度一般与环境温度相同，因此热电偶测温点的温度应是环境温度与热电势所代表温度之和。信号处理电路的任务是把环境温度信号和热电偶温差信号综合成测温点的温度信号（即冷端补偿）。热电偶的信号处理电路如图 6.4 所示。

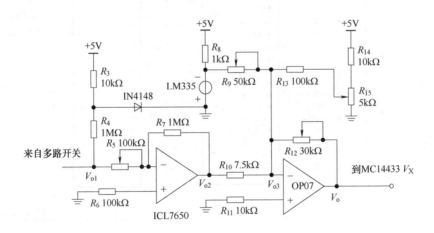

图 6.4　热电偶的信号处理电路

在图 6.4 中，LM335 为测量环境温度的传感器，其灵敏度为 10mV/度，K 型热电偶的灵敏度为 $40\mu V$/度，两者的灵敏度不同。通过调节电位器 R_9 可使环境温度信号与温差信号的灵敏度相同。由于 LM335 是一种绝对温度传感器，而测温点的温度是摄氏温度，调节电位

器 R_{15} 可把测温点的温度由绝对温度转化为摄氏温度。电路中的 R_4 是断偶报警电阻。当热电偶断开时，放大器的输入端通过 R_4 加入一个很大的信号，放大器的输出信号也很大，使 A/D 转换器产生溢出异常，从而起到报警作用。当热电偶接通时，由于热电偶的内阻很小，报警电阻 R_4 的电阻值很大，所以报警电阻 R_4 对正常测量没有影响。

4. 热电偶多路开关电路

本系统是一个多回路的温度控制系统，需要测量多个控温点的温度，而信号处理电路只有一套，因此必须用多路开关分时接通各个测温热电偶，以实现对多个控温点的温度信号采集。图 6.5 是热电偶多路开关电路，图中 CD4514B 为 4-16 译码器，本系统中只用了译码器的 12 个状态，MC1413 为继电器驱动电路，继电器的触点构成多路开关。任何时刻最多只能有一个继电器吸合。继电器通断由总线接口电路的 4 个输出端（即 8255A 的 $PC_0 \sim PC_3$）控制。

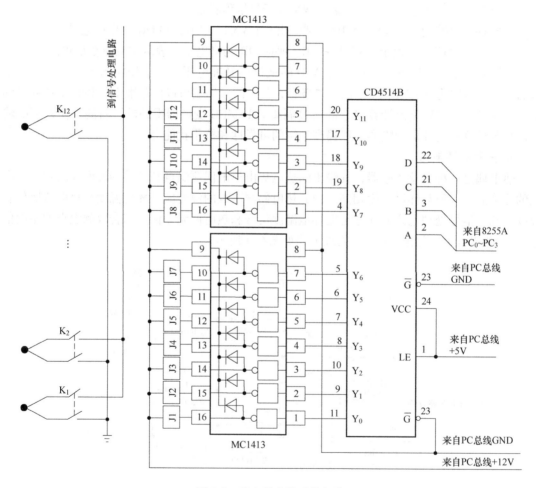

图 6.5 热电偶多路开关电路

5. 信号输出驱动与控制电路

控制系统输出的控制信号类型与执行器密切相关，本系统的执行器是固态继电器，驱动固态继电器只要开关量信号。图 6.6 是信号输出驱动与控制电路。由于系统有 12 个控温点，所以电路中有 12 个开关量输出信号（即 8255A 的 $PB_0 \sim PB_7$、$PC_0 \sim PC_3$）。为提高系统的抗干扰能力，输出信号通过光电耦合器隔离输出。

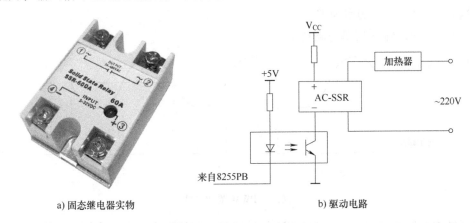

a) 固态继电器实物   b) 驱动电路

图 6.6　信号输出驱动与控制电路

　　本控制系统中的控制执行器为固态继电器，当信号输出驱动电路中的输出光电耦合器导通时，固态继电器的控制端有电流，固态继电器导通，加热器加热；当信号输出驱动电路中的输出光电耦合器断开时，固态继电器的控制端没有电流，固态继电器不导通，加热器不加热。因此，控制系统通过控制输出光电耦合器的通断来控制加热器，从而实现温度控制。

6.2.2　温度计算机控制系统的控制算法设计

　　本系统采用增量式的积分分离 PID 控制：

$$\begin{cases} \Delta u(k) = u(k-1) + \Delta u_{\mathrm{p}}(k) \\ \Delta u_{\mathrm{p}}(k) = K_{\mathrm{P}} \left\{ [e(k) - e(k-1)] + \beta \dfrac{T}{T_{\mathrm{I}}} e(k) + \dfrac{T_{\mathrm{D}}}{T} [e(k) - e(k-1) + e(k-2)] \right\} \end{cases} \quad (6.1)$$

式中，当 $e(k) \leqslant \delta$ 时，$\beta = 1$；当 $e(k) > \delta$ 时，$\beta = 0$。T、K_{P}、T_{I}、T_{D} 分别为采样周期、比例增益、积分间常数、微分时间常数。

　　考虑采用积分分离 PID 的原因如下：

　　1）积分作用带来的缺点是使超调量容易增加，并降低系统的稳定性。采用积分分离策略可克服这个缺点，又可利用积分作用来消除稳态误差，使系统具有良好的控制品质。

　　2）可以抑制噪声和干扰的影响。由于噪声和干扰的影响，可能使 $e(k)$ 发生跳变或增大，采用积分分离 PID 策略，当 $e(k)$ 较大时，取消积分作用，噪声和干扰受到抑制。

　　本系统的控制量取值范围设定在 $0 \sim 100$ 之间，若计算控制量大于 100；则令控制量等于 100；若计算控制量小于 0，则令控制量等于 0。

　　如前硬件设计所述，本系统的控温是通过固态继电器通断来控制加热器工作与否，如图 6.7 所示。因此，控制量输出模块的任务是根据控制量的大小，控制输出端的通断占空比，控制量输出模块的执行周期为 20ms，控制量的输出周期为 2s。若控制量为 50，则在输出周期内一半时间输出端接通，另一半时间输出端关断。

　　这样，控制输出的平均功率为

$$P = \frac{n}{N} \frac{U^2}{R} \quad (6.2)$$

式中，P 为输入功率；R 为负载有效电阻；U 为电网电压；n 为允许导通的波头数；N 为设定的波头数。

◇ 当 $n=0$ 时，输入功率为零。

◇ 当 $n=N$ 时，输入功率为满功率。

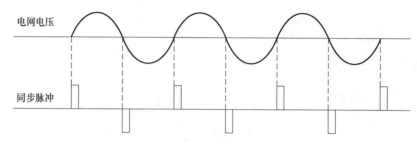

图 6.7　PWM 调功方式

本系统有多路控温点，每一路 PWM 信号控制一路控温点，这样在同一周期中，各路控温点同时动作，即同时以相同的占空比输出（见图 6.8），于是在一个周期 T 内，整个回路的输出电流值为各路分电流之和，即

$$I_{max} = I + I + \cdots + I = N \times I \tag{6.3}$$

各加热器的启动时间完全相同，从而导致电网的瞬时损失电流很大，对电网产生冲击，产生较高的能耗。

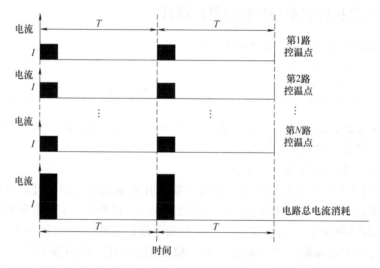

图 6.8　常规多回路控制时电网电流消耗图

为降低控温点对电网的冲击，降低电网污染，本系统采用一种输出相位优化的 PWM 调功方式，即在一个控制周期 T 内，使各控温点的 PWM 输出相位错开，各路之间的输出相位彼此相差 $\dfrac{T}{N}$，如图 6.9 所示。

相对于传统的 PWM 调功方式，多个控温点同时触发，电网的瞬时损失电流为 $N \times I$。而本系统所提算法，在各回路不重叠情况下（见图 6.9），电网的损失电流仅为 I，可明显降低控温系统对电网的冲击污染。

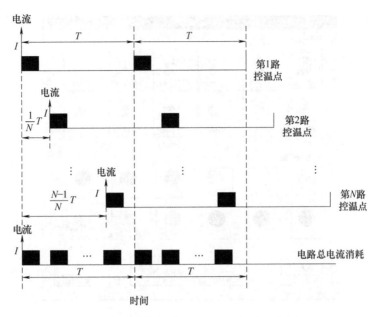

图 6.9　输出相位优化的 PWM 调功示意图

6.2.3　温度计算机控制系统的软件设计

本系统采用自顶向下模块化的设计方法，减少程序的复杂性，按着本系统的需求，其功能模块如图 6.10 所示，系统采用 Visual Basic 软件开发。

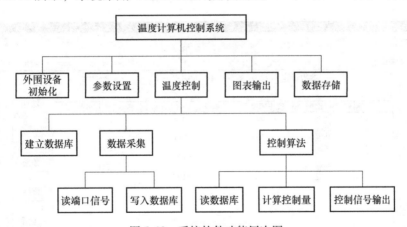

图 6.10　系统软件功能层次图

1. 外围设备初始化模块

主要是定义前文所设计的输入输出接口板卡的物理地址，以及设置控温路数，便于各回路温度数据的采集与相应控制变量的输出，如图 6.11 所示。操作界面的上半部分为"请选择炉号"，灰色为已设置的炉号，绿色为未被选中的炉号。下半部分为"请选择控温点"，黑色为已组合的控温点，绿色为未被组合的控温点，红色为当前炉号中的控温点。

单击"请选择炉号"中要设定的炉号，选择绿色控温点增加至本炉，单击红色控温点将该控温点从本炉中移去。不能对黑色控制点进行选择。选择完成后单击"确认"按钮，完成炉号和控制点的增减操作。

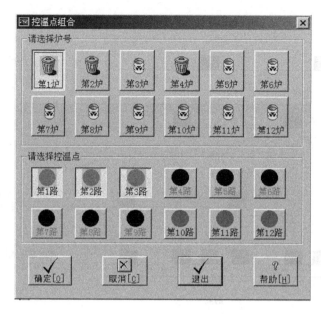

图 6.11　组炉操作界面

2. 参数设置模块

本系统最多可设置 12 路温度控制回路,各路可按不同或相同控温规律工作,温控线最多可设置为 125 段,各段控温时间不超过 99h,且升降温速率为 50～800℃/h(可调)。图 6.12 为系统的参数设置界面,操作界面中的按钮的功能如下:

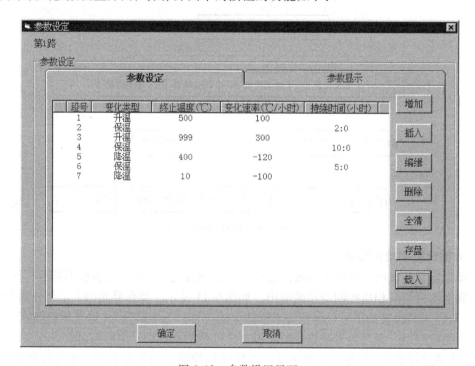

图 6.12　参数设置界面

◇"增加"按钮可以在表的最后增加一个参数段。

◇ "插入"按钮可以在表中箭头标记的段前插入一个参数段。

◇ "删除"按钮可以移去表中箭头标记的参数段。

◇ "编辑"按钮可以对表中箭头标记的参数段的参数进行修改。

◇ "全清"按钮可以清除表中所有的参数段。

◇ "载入"按钮可以载入存在磁盘上的固定模式，共可以存储 12 种模式。

◇ "存盘"按钮可以将当前的设置参数曲线存盘。

◇ "确定"按钮可以将当前的设置参数曲线输入当前的某一路。

◇ "取消"按钮可以恢复到原界面。

3. 温度控制模块

对控制集合中的各路设定控温曲线参数后，即可对温度控制系统中的各路进行"运行"操作，系统首先采集 12 路温度，并将数据写入数据库中；根据设定的温控曲线，按着前文所述的控制算法，采用相位优化的 PWM 调功方法，控制各回路固态继电器的通断时间，从而调节各回路的温度。

操作界面如图 6.13 所示。"运行"中的各路可对其进行"运行""暂停""停止"操作，实现以上 3 种操作可单击菜单中的"控制点操作"→"运行""暂停""停止"。也可在快捷工具栏中单击"运行""暂停""停止"3 个快捷按钮来实现。

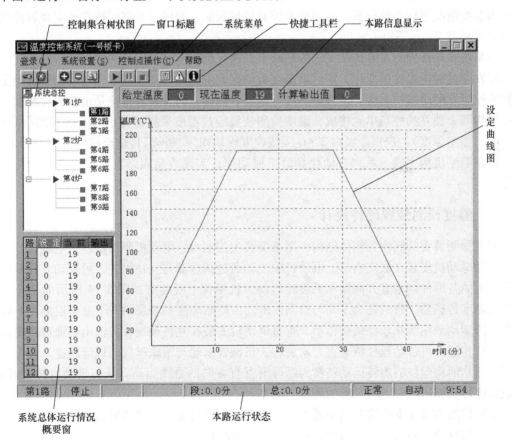

图 6.13　温度控制系统主界面

4. 图表输出模块

显示各种运行数据，包括系统运行状态图、历史数据与曲线、报警记录等。

5. 数据存储模块

存储系统的运行数据，并进行文件管理，包括图片和各种配置文件。文件管理不是一个独立的程序模块，需要依赖于其他模块运行。此外，温度失控或者其他报警发生时，软件不仅要及时将数据保存至数据库中，还需要通过报警通信通知操作人员进行处理，防止事故的发生。

6.3　固态分层发酵计算机控制系统设计

镇江香醋主要由酒醅、麦麸、米糠等为原料酿制而成，固态分层发酵过程通常分为接种、提热、过杓、露底和封醅五个阶段。在镇江香醋固态分层发酵过程中，发酵环境是影响酿制香醋品质和口感的关键，其中温度是影响发酵的重要因素之一。其主要原因在于温度会影响酶的活性，而酶的活性直接影响了醋醅中多种微生物的生长代谢。研究表明：在镇江香醋固态发酵过程中，大多数微生物生长代谢的适宜温度为 35～42℃，所以温度是用来判别微生物生长代谢的重要指标。如果能够对固态发酵过程中醋醅发酵层进行实时温度监测，然后根据温度情况进行系统分析，并以此来控制机械翻醅，对镇江香醋酿造产业实现智能化转型具有重要意义。

本系统在保持固态发酵传统工艺的基础上，通过远程监测技术，利用温度传感器实时监测醋醅发酵过程中温度的变化，然后以温度为依据确定翻醅时间和频率，自动调整翻醅工艺参数来控制发酵阶段的温度，使得翻醅过程朝着智能化方向发展。系统是由温度检测装置与翻醅机构两个独立的控制单元构成，温度检测装置通过温度采样值作出相应的判断指令（翻醅时间、翻醅深度），该指令经由 2.4G 无线收发模块作为"桥梁"传输至翻醅机构控制单元，从而控制翻醅机构完成一系列自动化翻醅机械动作，实现香醋固态发酵过程的科学化与自动化。

6.3.1　温度检测装置硬件设计

温度检测装置的底座为箱体结构，用于安装主控制板、电动机驱动器、供电电源。水平方向运动电动机安装在底座内部，电动机输出轴通过减速器与立柱固连，可驱动立柱及安装在立柱上的各原件绕垂直方向做水平旋转运动。机械臂上安装有如图 6.14 所示的 9 个不同长度的温度传感器，目的是为了均匀检测发酵池中醋醅底层到表层的 9 个发酵层温度。机械臂的升降运动采用滚珠丝杠结构传动，垂直电动机安装在立柱顶端，其输出轴通过减速器与导轨丝杠相连，可带动丝杠绕垂直方向旋转。机械臂末端与滚珠丝杠的螺母固连，螺母与丝杠配合，从而将丝杠的旋转运动转换为螺母沿垂直方向的直线运动，从而带动机械臂升降，完成温度传感器进入和退出发酵池测温的动作。

温度检测装置在本系统架构中属于采集终端，主要功能为：自动采集醋醅各发酵层的温度、上传温度数据到云监测平台的数据库、控制翻醅机启停。

结合温度检测装置的机械本体结构说明及控制系统设计需求，设计硬件电路设计总体框图，如图 6.15 所示。

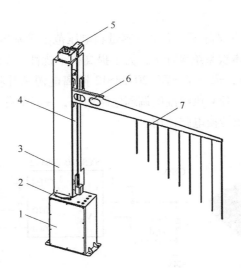

图 6.14　温度检测装置机械结构图

1—底座　2—水平电动机　3—立柱　4—滚珠丝杠　5—垂直电动机　6—机械臂　7—温度传感器

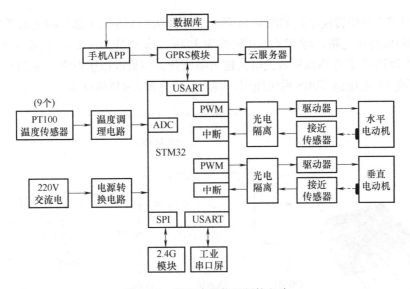

图 6.15　温度检测装置硬件电路

　　温度检测装置的控制系统主要由微处理器模块、电源模块、PT100 温度传感器模块、接近传感器模块、直流电动机驱动模块、2.4G 无线收发模块、GPRS 通信模块、工业串口屏模块等组成，共同完成温度检测装置的醋醅测温、温度数据传输，以及对翻醅机构发出控制指令。

　　本系统选用的 STM32F103ZET6 芯片作为微处理器模块，它是基于 ARM Cortex-M3 内核的低功耗、高性能微处理器。该芯片拥有 3 个 12 位 ADC、16 个外部中断、5 个串口、3 个 SPI 接口，内部多达 14 个定时器，工作频率最高可达 72MHz，具有多路中断处理能力。丰富的逻辑资源和足够的 I/O 接口，使该芯片完全能够满足多任务控制系统的实际需求。

1. 电源模块

在设计电源模块时，不仅需要考虑电流容量和电压范围等基本参数，还要考虑电源转换效率、抗干扰等因素。在本次系统设计中，为了提高抗干扰性，系统电源设计时采用 DC-DC 隔离电源模块（见图 6.16），选择了 SYSY20-24S12 隔离电源芯片将 24V 开关电源输入电压转换为 ±12V 双路电压，−12V 供给温度调理电路使用，+12V 作为总输入电源提供给工业串口屏及 12V 转 3.3V 电压转换电路使用。

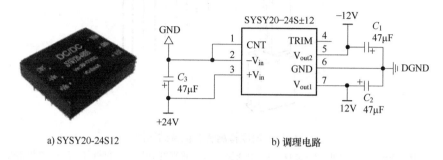

a) SYSY20-24S12   b) 调理电路

图 6.16   DC-DC 隔离电源电路

12V 转 3.3V 电压转换电路如图 6.17 所示，采用 LM2576-3.3 芯片构成高效的电流输出降压开关型集成稳压电路，将 12V 电压转换为 3.3V，作为 MCU、2.4G 模块的供电电源。

选择 LM2576-5 芯片构成高效的电流输出降压开关型集成稳压电路，将 24V 开关电源输入电压转换成 5V 电压供 GPRS 模块使用，调理电路类似 LM2576-3.3。

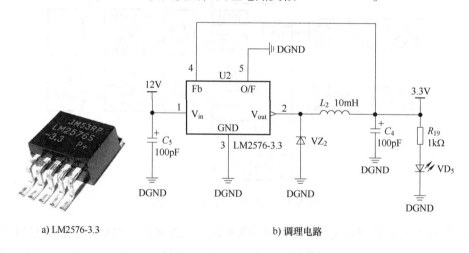

a) LM2576-3.3   b) 调理电路

图 6.17   12V 转 3.3V 电压转换电路

2. 温度传感器模块

温度传感器 PT100 为电阻信号，需进行电阻—电压变换，如图 6.18 所示，由 PT100、R_{37}、R_{38}、R_{49} 构成前端桥式电路，温度的变化将使 PT100 的阻值发生改变，从而破坏电桥平衡，产生一个对外输出差压，经过运算放大器调理后，接入 MCU 进行 A/D 采样（由于主控芯片自带 A/D 转换的 I/O 接口，无需再设计 A/D 转换电路）。

如图 6.18 所示，所设计的放大电路放大倍数 G_V 为

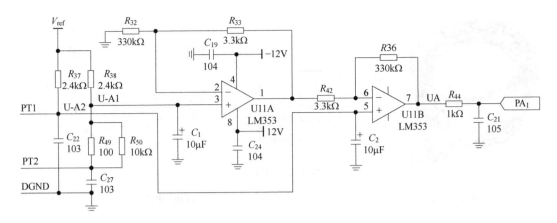

图 6.18　温度传感器调理电路

$$G_V = \frac{R_{36} + R_{42}}{R_{42}} = \frac{(330 + 3.3)\,\mathrm{k\Omega}}{3.3\,\mathrm{k\Omega}} = 101 \qquad (6.4)$$

其中放大电路的电阻需满足如下关系：

$$R_{32}/R_{33} = R_{36}/R_{42} \qquad (6.5)$$

为确保温度数据的测量精度，图 6.18 中的电阻要选用金属膜精密电阻，减少电阻值的差异。

此外，图 6.18 中的桥背电阻 R_{49} 的两端并联一个 $10\mathrm{k\Omega}$ 电阻 R_{50}，这样会使电桥的左下桥背 PT100 电阻在温度为 0℃ 时的阻值（100Ω）略高于右下桥背的阻值（其并联电阻值为 99Ω），MCU 就可以采样到 0℃ 所对应的数字量。程序设计时记录下 0℃ 时的数字量，MCU 实时检测到的温度数字量减去该值，从而实现 0℃ 的温度校正。

另外，PT100 热电阻值与温度的变化在 $0 \sim 850$℃ 范围内成非线性关系，即

$$R_t = R_0(1 + At + Bt^2) \qquad (6.6)$$

式中，R_t 为 t℃ 时的电阻值；R_0 为 0℃ 时的阻值；A、B 系数由实验测定，本系统中 $A = 3.94851 \times 10^{-3}/℃$，$B = -5.1851 \times 10^{-7}/℃$。

3. 接近传感器模块

接近传感器采用 LJ12A3-4-Z/BX 传感器，这是一种电感式的金属接近开关传感器，用于检测金属物体。该传感器具有体积小、功耗低、应用方便、稳定可靠等特点。醋醅温度检测装置共使用了 4 个接近传感器，每一路传感器都是与电动机运动相配合，参与完成电动机的运动控制。该模块电路设计如图 6.19 所示（以其中一个传感器为例）。为有效地抑制系统噪声，消除共模干扰，采用光电耦合器 TLP521 实现 DO 接口设计。

当传感器检测到有磁性物体靠近时，接近传感器的内部开关闭合，左侧电路导通，发光二极管不发光，光电晶体管不导通，MCU 与之相连接的端口处于高电平状态。当接近传感器未检测到有磁性物体靠近时，传感器的开关常开，左侧电路不导通，发光二极管发光，此时光电晶体管导通，MCU 与之相连接的端口转变为低电平状态。MCU 根据电平的高低变化，即可判断磁性物体的位置和运动状态，是否执行下一步操作。

4. 电动机驱动模块

本系统所有电动机均选用 YPC 系列大功率直流无刷电动机，该电动机不仅具有交流电

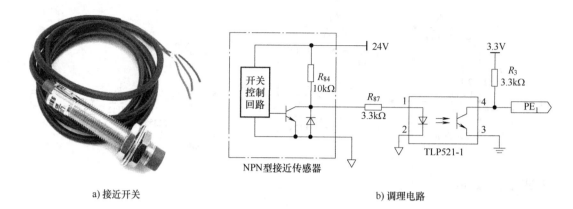

a) 接近开关   b) 调理电路

图 6.19　接近传感器调理电路

动机结构简单、运行可靠、维护方便等优点，也具有直流电动机运行效率高、调速性能好的优点。在工业应用领域中，直流无刷电动机已经非常普遍。根据各功能模块功率需求，分别选用了 750W、1000W、1500W 三种型号的电动机。

直流无刷电动机是属于永磁无刷同步电动机类，其功能参数、型号、电源电压、输出功率、相位角度、光电开关及自识别等功能都要与无刷电动机驱动器配合才能正常工作。直流无刷电动机是没有电刷和换向器的，如果要保持旋转方向，就要有电子换向器，而电子换向器必须由电动机驱动器来控制。同时，直流无刷电动机的起动与停止，正反转，转速的调节，过电压、过电流、欠电压等保护都需要电动机驱动器来控制。图 6.20 为本设计的电动机闭环调速电路。

本设计中电动机的正反转和停止功能须通过黑线、灰线、棕线三者的通断连接来实现，采用 CD4501 集成多路模拟开关，来实现黑线、灰线、棕线三者的通断连接。由于驱动器只需要三路信号，所以 CD4051 的引脚 9 接地（相当于"C = 0"），其工作原理是：

◇ CBA = "000"，黑线与灰线为接通状态，电动机正转。

◇ CBA = "001"，黑线与棕线为接通状态，电动机反转。

◇ CBA = 其他组合，黑线、棕线、灰线为断开状态，电动机停止状态。

所以 MCU 通过控制 PF2、PF3 端口电平信号就可以完成电动机正转、反转，以及停止功能。为了避免共模干扰，MCU 与驱动器之间采用了光电耦合器 TLP521-1 进行光电隔离。

MCU 的 PC5 引脚通过 6N137 高速光电耦合器接驱动器的速度控制线，MCU 产生 PWM 信号控制电动机的速度。

无刷电动机没有电刷和换向器，因此大多数产商生产的电动机都具有三个霍尔传感器。通过霍尔传感器把转子位置反馈回控制器，使其能够获知电动机相位换向的准确时间。根据霍尔传感器周期性反馈信号的特点，本文选择中断终端触发的方式来记录电动机运动时周期性信号。具体原理为：无刷电动机驱动器 HU 端口（U 相霍尔传感器正极）经过光电隔离电路接在 MCU 中断配置端口 PC0，通过中断配置端口 PC0 对电动机霍尔信号的检测，无刷电动机每旋转一圈就会产生一个中断信号。通过建立电动机反馈信号，形成闭环调速系统，配合软件编程即可实现无刷电动机的闭环调速控制。

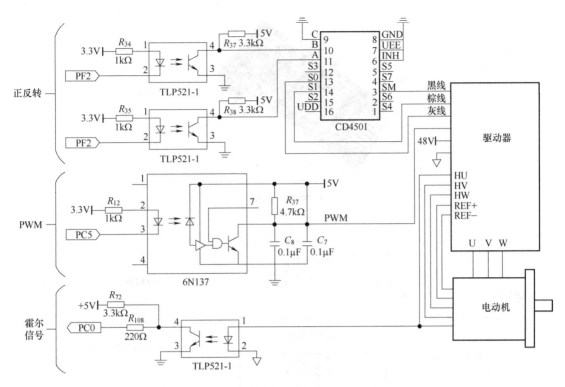

图 6.20　永磁同步电动机闭环调速电路

5. 无线收发模块

醋醅温度检测装置与翻醅机控制系统之间采用无线通信模式进行数据交互。考虑到工业控制场合的应用，对抗干扰能力要求极高，选择了挪威 Nordic 公司生产的 nRF24L01 作为无线收发模块，又称 2.4G 模块。该模块具有如下主要特点：

1）工作速率最高可为 2Mbit/s，抗干扰能力强。

2）可以工作在发射模式和接收模式时，具有极低的功耗。

3）可设置成自动应答，确保数据可靠传输。

4）通过 SPI 与外部 MCU 通信，SPI 速度最大可以达到 10MHz。

nRF24L01 无线收发模块的数据通信采用的是 Motorola 公司提出的 SPI 协议。根据官方手册可知，STM32F103ZET6 芯片支持 3 个 SPI 接口：SPI1、SPI2 和 SPI3。本设计选用的是 SPI1 接口，所以该模块在与 MCU 引脚连接时，nRF24L01 无线收发模块 SCK、MISO 和 MOSI 引脚分别与 MCU 的 PA5、PA6 和 PA7 相连接，CE、CSN 和 IRQ 引脚分别与 PB6、PB7、PA0 引脚相连，具体模块电路如图 6.21 所示。

通过图 6.21 连接方式，利用 MCU 把 nRF24L01 配置为接收模式或发送模式，即可完成数据的收发工作，具体工作原理如下所述。

发送数据时，首先将 nRF24L01 配置为发射模式，接着把接收节点地址和有效数据按照时序由 SPI 口写入 nRF24L01 缓存区，写入数据时 MCU 将 CSN 配置为低电平，然后 CE 置为高电平并保持至少 10μs，延迟 130μs 后进入发射数据。如果收到应答，则认为此次通信成功，将 nRF24L01 缓存区中数据清除，CE 端口转变为低电平，nRF24L01 进入空闲模式 1。

a) nRF24L01模块

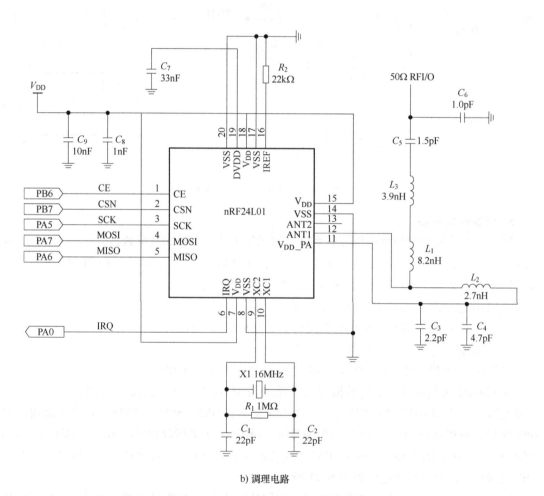

b) 调理电路

图6.21   2.4G 模块电路

接收数据时，首先将 nRF24L01 配置为接收模式，接着延迟 $130\mu s$ 进入接收状态等待数据的到来。当接收方检测到有效的地址和 CRC 时，就将数据包存储在 RX_FIFO 中，同时中断标志位 RX_DR 置高，IRQ 变低，产生中断，通知 MCU 去读取数据，CE 端口转变为低电平，nRF24L01 进入空闲模式 1。

6. GPRS 通信模块

本系统采用云服务管理模式进行系统监控，前端装置与云服务器之间的数据交互是通过移动的 GPRS 通信，通信芯片采用深圳安信可公司的新型紧凑型产品 GPRS_A6 模块，它属于四频 GSM/GPRS 模块。该模块完全采用 SMT 封装形式，具有性能稳定、外观精巧、性价比高、抗干扰能力强等优点，被广泛应用于工业无线控制系统中。通过该指令即可完成与监控终端的数据交互。GPRS 模块电路图如图 6.22 所示，GPRS_A6 与微控制

a) GPRS_A6 模块

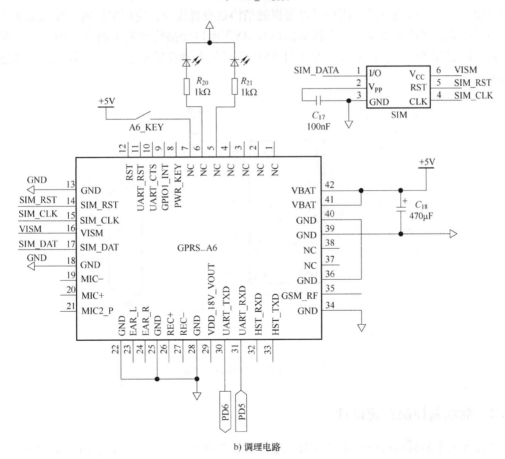

b) 调理电路

图 6.22 GPRS 模块电路

器之间的电路是通过 A6 通信芯片的主串口与微控制器的串口 1 的连接实现的。其中 GPRS_A6 的 TXD 和 RXD 端分别与 STM32 具有串口通信功能端口的 USART1_RX（PD6）和 USART1_TX（PD5）相连，引脚 5 和引脚 6 分别外接了一个发光二极管用来标识 A6 模块的工作状态，5V 供电由电源模块中 LM2576-5 芯片构成高效的电流输出降压开关型集成稳压电路提供。

通过上述电路设计即可实现远程数据传输功能。数据处理终端会主动向上位机发送检测到的温度数据。

7. 工业串口屏模块

本系统采用北京迪文的 DMT10600T102_02W 作为触摸屏，用户可以根据通信格式设置指令，使用串口通信模式实现与主控制器之间的数据通信。在本设计中，一方面 MCU 主控制器可以根据触摸屏指令实现对生产工艺的设定、测试及电动机运动控制等功能；另一方面主控制器也可以发送指令给触摸屏实现数据显示、界面跳转等功能。

工业串口屏通过图 6.23 所示的调理电路与 STM32 串口相连。接口电路采用 MAX232 作为 RS232 标准串口的电平转换芯片，将单片机的 TTL 电平转换为触摸屏所使用的 232 电平，实现二者正常通信功能。在图 6.23 中，PA9 和 PA10 分别为 STM32 主控制器串行通信模块的接收和发送端口，信号经转换后通过 DB9 端口的引脚 2、引脚 3 和引脚 5 连接到工业串口屏的相应端口上。通过该电路，用户可以根据通信协议设置指令，使用串口通信模式来实现屏幕与主控制器之间的数据通信。主控制器通过 RXD 串口线接收触摸屏指令，即可实现对生产工艺的设定和测试功能；主控制器通过 TXD 串口线向触摸屏发送指令，即可实现信息显示功能。

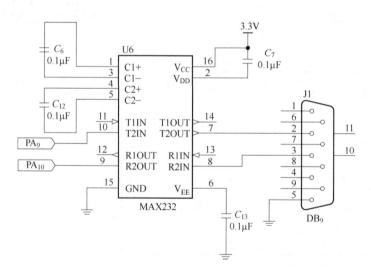

图 6.23　工业串口屏调理电路

6.3.2　翻醅机控制系统设计

所设计的翻醅机的机械总体结构图、左视图、右视图分别如图 6.24、图 6.25 所示。翻醅机两侧为机箱式结构，内置电动机、减速器、接近传感器等元件，实现对主要

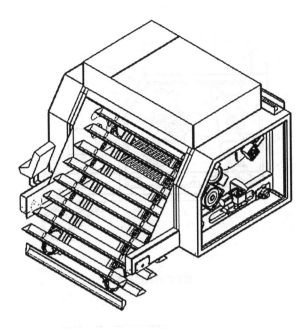

图 6.24　翻醅机的总体结构图

元器件密封保护。装置顶部设计为配电箱，用于安装主控制板、电动机驱动器、供电电源。根据功能，整个翻醅机可拆分为以下 4 大部分：行走机构、翻醅机构、碎料机构、清理机构。

行走机构由行走电动机提供动力，电动机通过减速器与行走链轮相连，再通过链传动机构与主动轮相连，从而控制整个装置沿着发酵池两侧移动。移动范围通过水平端接近传感器感应安装于发酵池起点和终点的两块磁铁来限定。

翻醅机构由翻醅电动机和俯仰电动机共同提供动力。其中，俯仰电动机用来控制翻醅深度，深度的上限与下限分别通过俯仰始端接近传感器和俯仰末端接近传感器来控制，具体深度由 MCU 定时器端口输出的脉冲数决定。翻醅电动机通过减速器与驱动轴相连，驱动轴两端固定安装有两个翻醅链轮，链传动机构上固定安装有个翻醅料斗，通过这两组链传动结构带动翻醅料斗运动，从而完成翻醅工作。

碎料机构由碎料电动机提供动力，碎料电动机通过减速器与偏心轮结构相连。偏心轮位于驱动板长方形槽中，驱动板与筛网相连。因此，碎料电动机转动即可驱动筛网做往复运动，从而粉碎翻醅过程中下落的醋醅。

清理机构由移刷电动机和刷子电动机共同提供动力。通过移刷电动机正反转，可带动滚轮刷绕摆动轴摆动，摆动范围由移刷始端接近传感器和移刷末端接近传感器限定。在执行清理任务时，首先要完成翻醅料斗的位置限定，位置限定通过与翻醅电动机同步转动的发询盘槽口触发对刷接近传感器来完成，此时移刷电动机摆动至触发移刷末端传感器位置，滚轮刷正好与翻醅料斗相嵌合，刷子电动机转动即可完成翻醅料斗清理工作。

翻醅机构与温度检测装置相比较，功能性要求更高，不仅要完成翻醅工作、翻醅过程中醋醅的碎料，以及翻醅任务完成后料斗的清理工作，还要在翻醅机构回到初始位置时，向温度检测装置发送指令，使其执行测温工作。

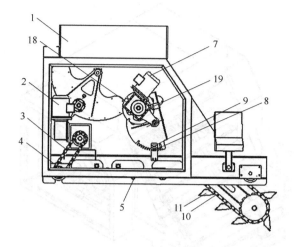

a) 翻醅机机械结构左视图

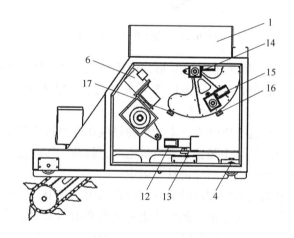

b) 翻醅机机械结构右视图

图 6.25 翻醅机机械本体剖面图

1—配电箱 2—行走电动机 3—行走链轮 4—主动轮 5—水平端接近传感器
6—翻醅电动机 7—俯仰电动机 8—俯仰始端接近传感器 9—俯仰末端接近传感器
10—翻醅链轮 11—翻醅料斗 12—碎料电动机 13—偏心轮结构 14—移刷电动机
15—刷子电动机 16—移刷始端接近传感器 17—移刷末端接近传感器
18—发询盘 19—对刷接近传感器

翻醅机控制系统的硬件电路总体框图如图 6.26 所示。

翻醅机控制系统主要由微处理器模块、电源模块、接近传感器模块、电动机驱动模块、
2.4G 无线收发模块、GPRS 通信模块、工业串口屏模块等组成，其相应的调理电路与醋醅温
度检测装置类似，通过各个模块协同工作，共同完成翻醅机构的翻醅、醋醅碎料，以及对料
斗的自动清理。

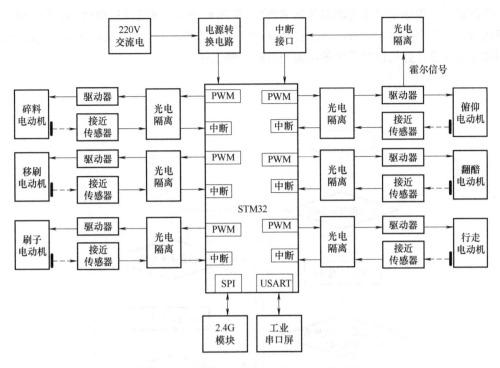

图 6.26　翻醅机控制系统硬件电路总体框图

6.3.3　计算机控制系统程序设计

主程序是整个系统软件的主要部分，这部分主要是对 STM32 及其外围的电路进行初始化等相关工作，在设置相应中断后，系统即进入一个循环等待状态，当需要输入时中断与控制信息随时响应，同时调用相应模块的子程序，完成系统的控制任务。主程序流程图如图 6.27 所示。

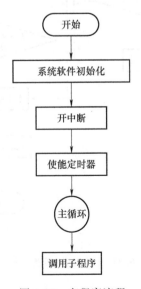

图 6.27　主程序流程

　　控制系统子程序主要分为测温站回零程序(见图6.28)、测温运行程序(见图6.29)、翻醅机执行翻醅程序(见图6.30)、清洗翻醅料斗程序(见图6.31)等,通过软硬件的配合,完成固体分层发酵计算机控制系统的测温与分层翻醅工作。

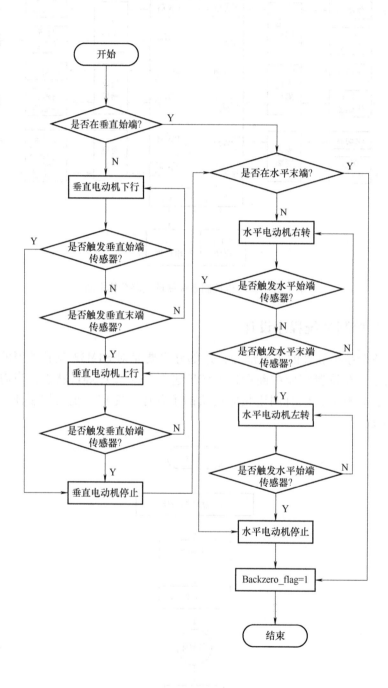

图6.28　测温站回零程序框图

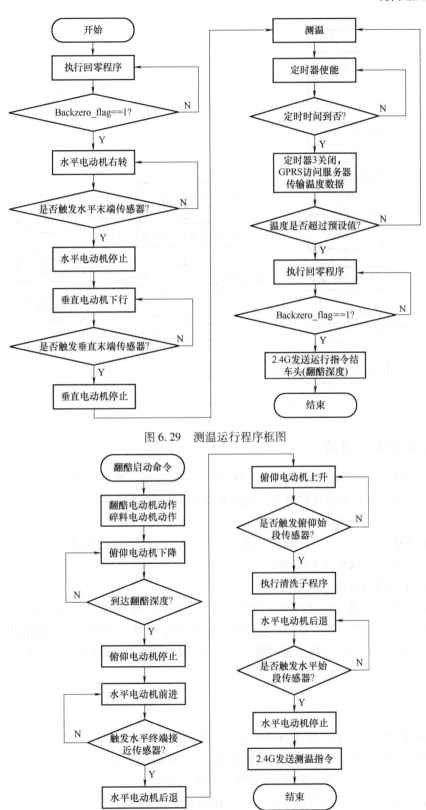

图 6.29　测温运行程序框图

图 6.30　翻醅机执行翻醅程序框图

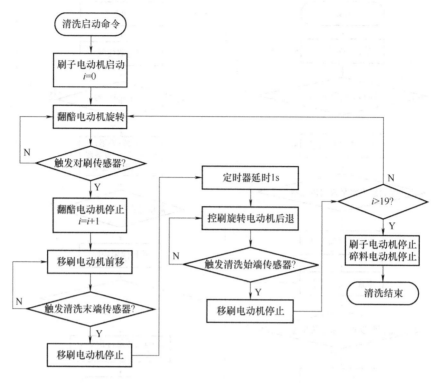

图 6.31　清洗翻醅料斗程序框图

6.3.4　云服务器的搭建

云服务器(Cloud Virtual Machine，CVM)是一款高性能、高稳定的云虚拟机，可以提供安全可靠的、弹性可调节的计算服务。该服务器是标准型 S1 主机机型，配置为 1 核，1GB，1Mbit/s，使用的网络为基础网络。

本系统是基于腾讯云实现对醋醅发酵温度的监控，云服务端主要分为三部分：Socket 通信服务器、MSSQL 数据库和 Web 客户端。

1. Socket 通信服务器

如图 6.32 所示，在 Visual Studio 软件的开发环境下，以 C#为开发语言编写而成的有特定通信功能的应用程序。其主要功能是接收、检验和整理来自 MCU 端的温度数据，然后发送至 MSSQL 数据库存储，供客户端调用。包括初始化单元、通信连接单元、数据处理单元、数据存储单元、云监控单元。

1）初始化单元。用于 Socket 通信服务器的初始化运行，开启 Socket 通信服务器的监听状态，等待云节点的连接。

2）通信连接单元。用于处理 Socket 通信服务器初始化后云节点的连接请求，Socket 通信服务器判断连接请求正确后同意并建立连接，等待接收数据，也用于 Socket 通信服务器建立与数据库的连接，以及服务器与移动客户端的连接。

3）数据处理单元。用于将已连接的 N 个监控云节点的温度数据进行接收、筛选和整理，即当通信连接单元成功执行连接后，接收已连接的 N 个监控云节点的温度数据并对其进行

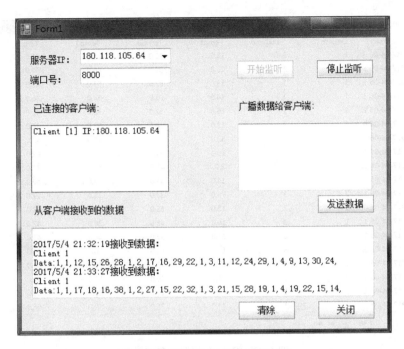

图 6.32　Socket 通信服务器示意图

筛选，整理出正确的温度数据并送至数据存储单元，对不符合条件的温度数据进行丢弃处理。

4）数据存储单元。用于将数据处理单元整理出的符合条件的温度数据进行再处理，存储至已连接的数据库中。

5）云监控单元。用于当云节点测温装置运动异常或数据处理等单元的温度数据异常时，远程控制 MCU 自动执行声光报警单元和急停回零单元，保障云节点的设备人员安全，也用于接收 APP 的指令实现远程执行测温装置的运行、停止、回零等动作。

2. MSSQL 数据库

存储界面如图 6.33 所示，它是微软的 SQL Server 数据库服务器，是一个数据库平台，提供数据库的从服务器到终端的完整的解决方案，可以提供高性能的数据访问，其中数据库服务器部分是一个数据库管理系统，用于建立、使用和维护数据库。本系统使用 MSSQL 数据库实现数据的稳定可靠的存储，用于客户端调用。

3. Web 客户端

Web 客户端分为移动客户端 APP 和 Web 网页客户端。移动客户端 APP 如图 6.34 所示，APP 界面分为监测界面和控制界面。监测界面包括选择发酵池编号等信息区、温度数据的数值显示区、温度曲线的多折线图显示区和历史实时查询区，用户可以方便灵活地通过选择编号等条件获取所需温度数据信息。控制界面是对云节点发酵池测温装置的远程控制，用户单击对应控制命令，经云计算管理平台传送至云节点发酵池现场，实现对测温装置的运动控制，方便了工作人员在现场之外对云节点的温度监测和测温装置控制。

Web 网页客户端如图 6.35 所示。它是一种基于 B/C 架构的醋醅发酵温度的云监测系统，任意一台接入互联网的设备只需在 Web 浏览器中输入正确的 IP 地址即可实现对发酵池

DateTime	Depart	TankNum	Temp1	Temp2	Temp3	Temp4
2017-04-06 0...	1	1	11.0	21.0	31.0	41.0
2017-04-06 1...	1	1	12.0	67.0	66.0	54.0
2017-04-06 1...	1	1	13.0	23.0	57.0	43.0
2017-04-06 1...	1	1	14.0	25.0	54.0	76.0
2017-04-06 2...	1	1	15.0	52.0	36.0	41.0
2017-04-06 0...	1	2	12.0	24.0	53.0	34.0
2017-04-06 0...	1	2	52.0	25.0	75.0	42.0
2017-04-06 1...	1	2	16.0	24.0	36.0	42.0
2017-04-06 1...	1	2	2.0	48.0	55.0	34.0
2017-04-06 2...	1	2	14.0	42.0	67.0	42.0
2017-04-06 1...	2	3	75.0	33.0	33.0	17.0
2017-04-06 0...	1	3	18.0	63.0	18.0	53.0
2017-04-06 1...	1	3	16.0	48.0	28.0	42.0
2017-04-06 1...	1	3	13.0	37.0	44.0	45.0
2017-04-06 2...	1	3	15.0	34.0	56.0	86.0
2017-04-06 2...	1	3	17.0	33.0	75.0	44.0
2017-04-06 0...	2	1	19.0	36.0	53.0	32.0
2017-04-06 1...	2	1	6.0	12.0	32.0	23.0
2017-04-06 1...	2	1	44.0	26.0	80.0	56.0

图 6.33   MSSQL 数据库存储界面

图 6.34   移动客户端 APP 界面示意图

中醋醅发酵温度的实时在线监测，不受限于手机或计算机，也不受限于需安装 APP，与移动客户端 APP 监控系统形成完美的互补，使固态分层发酵温度的云监控系统更加完善、更加多样，方便操作人员全方位地实现对固态分层发酵温度数据的监控，制定科学有效的发酵方法，提升发酵的产量和质量。

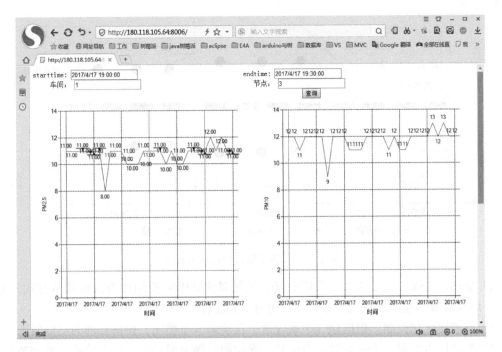

图 6.35　Web 网页客户端示意图

6.4　步进梁加热炉计算机控制系统设计

步进式加热炉是钢铁行业核心设备，主要任务是给钢坯加热，使其满足轧线轧制工艺要求。加热炉作为钢铁轧制过程重要环节，其燃烧控制水平的优劣直接影响最终产品的质量。加热炉在工作中经常会受到外界扰动，如生产节奏的变化、坯料类型的更改等。此外，加热炉控制系统也具有非线性、大惯性、纯滞后的特点。因此，研究先进加热炉燃烧控制系统，对促进钢铁行业的可持续发展具有重要理论意义与工程应用价值。

步进梁加热炉结构示意图如图 6.36 所示，共分为三个加热段，有 12 个烧嘴，其中预热段利用烟气进行预热，加热段和均热段各有六个烧嘴分布两侧。预热段有两个热电偶，加热段和均热段各有四个热电偶测量炉温，考虑到热电偶分布位置不均匀，因此可以采用平均温度作为各段炉膛温度调节依据。加热炉各段设定温度还与轧机轧制节奏有关，当轧制节奏加快时，坯料在加热炉内的时间变少，这时需要提高各加热段的设定温度，提高坯料在加热炉内的升温速度；当轧制节奏减缓或者轧机需要检修停产时，坯料留在加热炉内保温，此时需降低加热炉各段温度，防止坯料出现过烧现象，减少坯料氧化烧损。为了最大限度回收余热，加热炉采用蓄热式技术，该技术是将加热炉燃烧产生的烟气回收利用，用以预热煤气和空气，以此提高煤气燃烧效率。

所设计的步进梁加热炉控制系统需具备以下功能：

1）加热炉炉膛温度控制。采集现场炉温实际值，调节温度至加热炉工作状态。炉温控制具有两种调节模式：炉温自动调节，直接给控制器温度设定值；炉温手动调节，给定炉温控制器的输出值。

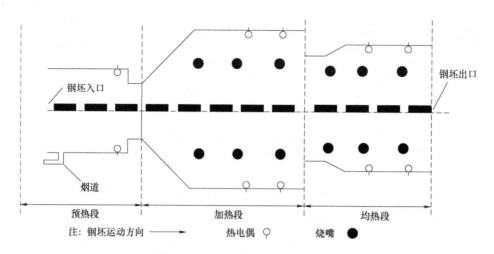

预热段　　　　　　　　　　加热段　　　　　　　　　均热段

注：钢坯运动方向　→　　　　热电偶 ○　　　烧嘴 ●

图 6.36　步进梁加热炉结构示意图

2）加热炉空煤气流量调节。采用空气、煤气双交叉限幅控制作为流量调节方式，使得空气、煤气流量响应速度更快，系统具有更好的稳定性。

3）空燃比优化控制。根据烟气中氧含量，自动调节空燃比，保持合理的燃烧氛围。

4）炉膛压力控制。检测炉膛压力信号，通过调节烟道闸板阀，可手动或自动调节炉压，保持炉内压力维持在 10～30Pa 之间。

5）系统安全联锁保护。设置系统联锁，可保证加热炉控制系统安全稳定运行，当检测出现场信号出现异常时，可实现加热炉系统故障报警、自动停炉等功能。

本系统采用西门子 S7-1500 PLC 作为加热炉控制系统开发平台，根据加热炉燃烧控制系统的功能设计要求，对 PLC 硬件进行选型，完成硬件组态配置，并设计步进梁加热炉控制系统方案，包括燃烧控制、炉温控制、空燃比控制、炉压控制以及安全联锁系统设计。最后，应用西门子 WinCC 组态软件，对加热炉控制监控界面进行设计。

6.4.1　PLC 系统硬件设计

1. PLC 系统结构

加热炉控制系统 PLC 主站包括：中央 CPU 模块、电源模块、工业以太网通信模块等，并设有 2 个 ET200 从站，以及燃控系统(1 台助燃风机和 2 台烟气引风机)。步进梁加热炉控制系统结构示意图如图 6.37 所示。

2. 系统工艺参数与选型

通过了解步进梁加热炉对控制系统的工艺要求，结合工厂实际情况，本系统选取西门子 S7-1500 PLC。该 PLC 能够很好地适用于本系统的应用场所，其所配套的扩展模块性能强大，使用灵活且维修方便，同时支持多种编程语言，可根据实际使用需求选择。模块安装十分简便，只需将各个模块依照顺序依次安装在导轨上，用螺栓固定。

步进式加热炉燃烧控制系统的硬件部分主要有：数据采样输入部分(主要包括炉膛温度测量、能源消耗数据采集、系统安全信息收集等)，PLC 逻辑控制器，以及输出执行器。其中，

1）控制系统数字量输入信号主要有煤气总管切断阀开关信号、各支管煤气切断阀开关信号等。

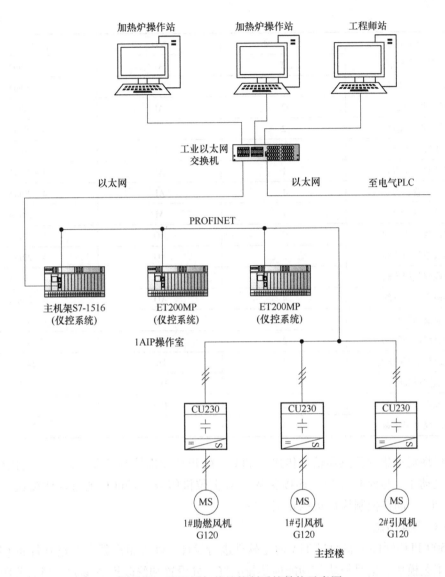

图 6.37　步进梁加热炉控制系统结构示意图

2）系统数字量输出信号主要有煤气总管切断阀控制信号、各支管切断阀控制信号等。

3）系统模拟量输入信号主要有炉膛温度信号、炉膛压力信号、燃气流量信号、空气流量信号等。

4）系统模拟量输出信号主要有煤气流量调节阀控制信号、空气流量调节阀控制信号等。I/O 接口的统计如表 6.1 所示。

表 6.1　I/O 接口统计

检测、控制信号	数　量	I/O	信号类型
预热段炉温	2	AI	4~20mA
加热段炉温	4	AI	4~20mA
均热段炉温	5	AI	4~20mA

（续）

检测、控制信号	数　量	I/O	信 号 类 型
加热段煤气流量	2	AI	4～20mA
加热段空气流量	2	AI	4～20mA
均热段煤气流量	2	AI	4～20mA
均热段空气流量	2	AI	4～20mA
炉膛压力	1	AI	4～20mA
煤气总管压力	1	AI	4～20mA
空气总管压力	1	AI	4～20mA
压缩空气压力	1	AI	4～20mA
加热段煤气调节阀	2	AO	4～20mA
加热段空气调节阀	2	AO	4～20mA
均热段煤气调节阀	4	AO	4～20mA
均热段空气调节阀	4	AO	4～20mA
煤气总管切断开关	1	DI	24V
加热段煤气切断开关	2	DI	24V
均热段煤气切断开关	4	DI	24V
煤气总管切断阀	1	DO	24V
加热段煤气切断阀	2	DO	24V
均热段煤气切断阀	4	DO	24V

通过将现场采集的传感器信号传送给 PLC，在 PLC 发出控制指令时，相应的执行机构、调节阀完成动作。与此同时 PLC 还接受 WinCC 上位机信号，WinCC 通过动作按钮将控制信息反馈给 PLC，同样控制执行机构和调节阀。

3. PLC 硬件组态

S7-1500 PLC 硬件组态通过 TIA 博途软件进行设计。硬件组态就是通过软件将 CPU、通信模块、工艺模块、信号模块等功能模块排列好，并设置和修改模块参数。当需要新增功能模块或者修改模块地址时，需通过编程软件进行硬件组态。

创建硬件组态步骤如下：

步骤 1：打开 TIA 博途，创建新项目，设置项目名称，选择存储路径，完成创建。

步骤 2：打开项目视图，进入 PLC 编程界面，单击添加新设备选择所需的 PLC 型号。

步骤 3：在硬件目录中依次选择所需组态的模块。

步骤 4：安装硬件目录中的其他现场仪表完成组态。

系统硬件组态图如图 6.38 所示。

4. 地址资源分配

系统主要实现风机控制、空煤气流量检测、炉膛温度检测、调节阀控制与反馈，以及压力检测等，需要对所用变量地址分配，其中风机的地址分配如图 6.39 所示，其他子系统的地址资源也类似。

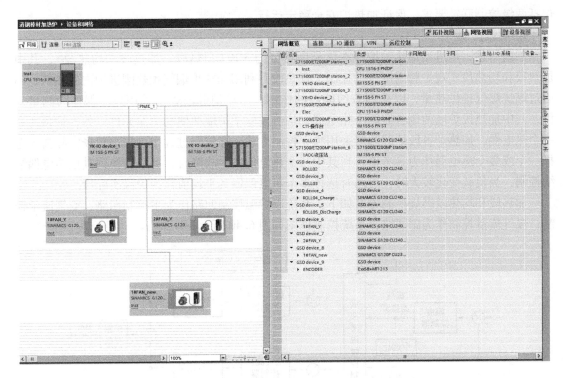

图 6.38　系统硬件组态

	名称	数据类型	地址	保持	可从...	从 H...	在 H...	监控	注释
	3DI1	Bool	%I346.0		☑	☑	☑		1#助燃风机急停
	3DI2	Bool	%I346.1		☑	☑	☑		1#助燃风机远程
	3DI3	Bool	%I346.2		☑	☑	☑		1#助燃风机启动
	3DI4	Bool	%I346.3		☑	☑	☑		1#助燃风机停止
	3DI5	Bool	%I346.4		☑	☑	☑		1#引风机急停
	3DI6	Bool	%I346.5		☑	☑	☑		1#引风机远程
	3DI7	Bool	%I346.6		☑	☑	☑		1#引风机启动
	3DI8	Bool	%I346.7		☑	☑	☑		1#引风机停止
	3DI9	Bool	%I347.0		☑	☑	☑		2#引风机急停
	3DI10	Bool	%I347.1		☑	☑	☑		2#引风机远程
	3DI11	Bool	%I347.2		☑	☑	☑		2#引风机启动
	3DI12	Bool	%I347.3		☑	☑	☑		2#引风机停止
	3DI13	Bool	%I347.4		☑	☑	☑		掺冷风机急停
	3DI14	Bool	%I347.5		☑	☑	☑		掺冷风机远程
	3DI15	Bool	%I347.6		☑	☑	☑		掺冷风机启动
	3DI16	Bool	%I347.7		☑	☑	☑		掺冷风机停止
	2DI1	Bool	%I342.0		☑	☑	☑		1#助燃风机开关合
	2DI2	Bool	%I342.1		☑	☑	☑		1#助燃风机风扇运行
	2DI3	Bool	%I342.2		☑	☑	☑		1#引风机开关合
	2DI4	Bool	%I342.3		☑	☑	☑		1#引风机风扇运行
	2DI5	Bool	%I342.4		☑	☑	☑		2#引风机开关合
	2DI6	Bool	%I342.5		☑	☑	☑		2#引风机风扇运行
	2DI7	Bool	%I342.6		☑	☑	☑		掺冷风机开关合
	2DI8	Bool	%I342.7		☑	☑	☑		掺冷风机运行

图 6.39　风机控制图

6.4.2　控制方案设计

本系统主要包括燃烧控制、炉压控制及安全联锁 3 个方面，其中燃烧控制主要是炉温控制和空燃比优化两个方面；炉压控制主要是烟道闸板阀门调节和引风机变频调节；安全联锁包括两级控制联锁要求，保证加热炉安全稳定运行。

1. 燃烧控制

如前所述，步进梁加热炉按照本体长度可分为 3 段（预热段、加热段和均热段），其中加热段和均热段实现炉膛温度自动控制。预热段是利用加热炉烟气预热刚进炉内的坯料，不通过燃烧煤气提供热量，以达到节约能源的作用。加热炉各段炉温采用热电偶作为测量元件，其中加热段炉墙两侧各有两个热电偶；均热段除了炉墙两侧的测温元件以外，炉顶还有一个热电偶。加热炉各段炉膛温度采用独立控制方式，在控制过程中可根据现场实际情况选择一个或多个热电偶作为参考值，当其中一个热电偶发生故障时，可以切换到其他热电偶继续控制；当负载变化较大时，可同时选择多个热电偶取其平均值作为炉温实际值。

加热段和均热段燃烧控制方案如下：系统以炉温控制回路作为主控制回路，空气流量控制、煤气流量控制作为副回路，系统控制框图如图 6.40 所示。

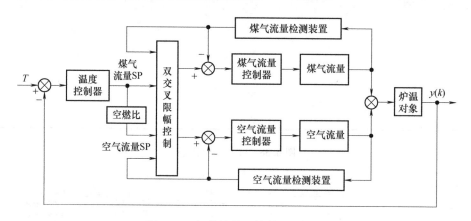

图 6.40　加热炉炉温控制系统框图

控制系统的主回路是温度控制器，控制器输出值经过双交叉限幅控制，作为煤气流量回路的设定值，煤气流量控制器输出值驱动煤气流量调节阀动作，从而改变煤气流量，达到调节炉温的作用。当加热炉负载保持稳定时，外界扰动较小，煤气和空气调节阀的动作趋于稳定，煤气流量和空气流量也处于稳定状态。当加热炉负载发生变化时，炉温控制器、煤气流量控制器，以及空气流量控制器就会动作，动态调节煤气和空气流量，使得炉温再次回到平衡状态，其工作过程可分以下几种情况。

（1）系统负载稳定

当加热炉系统负载处于稳定状态下，炉温控制器的输出就是煤气流量实际值。炉温控制器的输出经过煤气流量和空气流量检测后，分别作为煤气流量调节器和空气流量调节器的设定值。此时温度控制器作为主回路，煤气流量回路和空气流量回路作为副回路，系统交叉限幅控制功能不起作用。

（2）系统升负载

当加热炉系统负载增加时，炉膛温度实际值低于设定值，此时需要升高炉膛温度。炉温控制器开始动作，煤气流量增加，空气流量随煤气流量增加而增加，空气流量的增加又导致煤气流量的增加，两者交替上升，相互制约。由于双交叉限幅控制的作用，在空气和煤气流量增加的过程中，始终确保空气流量高于煤气流量，避免出现煤气燃烧不充分的现象。加热炉炉温达到设定值，系统负载再次达到稳定状态。

（3）系统降负载

当加热炉系统负载减小时，炉膛温度实际值高于设定值，此时需要降低炉膛温度，温度控制器开始动作，煤气流量先降低，空气流量随煤气流量减小而减小，空气流量减小进一步导致煤气流量的减小，两者交替下降。由于双交叉限幅控制的作用，在空气和煤气流量都减小的过程中，始终确保空气流量大于煤气流量，即煤气流量先减小，空气流量再减小，避免出现空气不足导致缺氧燃烧。加热炉炉温达到设定值，系统负载再次达到稳定状态。

2. 空燃比优化

空燃比不合适，不仅会影响加热炉的生产效率，还会导致加热炉单位热损失增大。空燃比过大会导致烟气量变大，烟气热损失也会随之增大，炉膛温度也会有所降低；空燃比过小会导致加热炉内煤气不完全燃烧。

因此，空燃比是加热炉燃烧控制过程中一个关键控制因素。当加热炉负载变化不大时，炉膛温度保持稳定，空燃比可选择固定空燃比；当加热炉升负载时，炉膛温度提升，空气流量在煤气流量之前变化，由于存在煤气流量滞后，这会导致空燃比增大；当加热炉降负载时，炉膛温度下降，煤气流量在空气流量之前变化，由于存在时滞性空气流量会滞后，这会导致空燃比减小。通过测量烟气中的 O_2 含量，根据 O_2 含量动态调整空燃比，如图 6.41 所示。

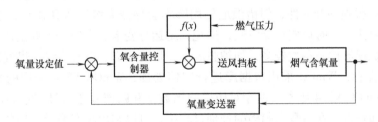

图 6.41　加热炉的空燃比优化框图

3. 炉压控制

加热炉炉膛压力控制对生产过程具有很大影响，当炉膛压力为负压时，炉外空气会被倒吸进加热炉内，不仅会降低炉膛温度，还会导致炉内空气量上升，增加坯料过氧烧损现象；当炉膛压力为正压时，炉内气体会从炉门口和看火口等处逸出，这会使得炉内火焰外泄，不仅危害加热炉周围安全，还会造成煤气燃料大量浪费。因此根据现场实际经验，炉膛压力维持在微正压(10~30Pa)，这样能够确保火焰外泄和气体倒吸的危害降到最低。

炉膛压力的检测采用差压变送器，根据采集到的压力信号，可以采用两种手段调节炉膛压力，一种是改变引风机的频率，增大引风机的频率可以减小炉膛压力，减小引风机频率可以增大炉膛压力；炉压调节的另一种手段是靠烟道闸板，降低闸板时增加烟气在烟道内的阻力，炉内压力将升高，提起闸板时烟道阻力减小，抽力增大，炉内负压增加。

炉膛压力调节过程如下：首先系统采集炉膛压力信号，将炉压设定值与实际值比较，当炉压高于设定值时，PLC 发出调节信号，增大烟道闸板阀门开度；当炉压低于设定值时，PLC 发出调节信号，减小烟道闸板阀门开度。

4. 安全联锁系统

加热炉燃烧系统具有各种压力、流量、报警装置，当系统检测到异常时系统发出报警信号，必要时采取紧急停炉。为了防止报警装置误动作，各个信号采集装置均采用延时控制。系统安全联锁信号参数如表 6.2 所示。

表 6.2　联锁信号参数表

控 制 对 象	参 数 范 围
煤气总管压力	$L < 3.0\mathrm{e}+003\mathrm{Pa}$
空气压力	$L < 2.5\mathrm{e}+003\mathrm{Pa}$
压缩空气压力	$L < 5.0\mathrm{e}+002\mathrm{Pa}$
净环水压力	$L < 2.5\mathrm{e}+002\mathrm{Pa}$

当煤气总管压力、空气压力、压缩空气压力、净环水压力过低时，系统发出自动停炉信号。煤气总管快切阀，迅速完成切断动作，各煤气支管立即切断，同时进行氮气吹扫，炉压控制系统自动打开烟道闸板，热风放散完全打开。

6.4.3　加热炉人机交互组态画面设计

本系统中上位机程序设计采用的是西门子 TIA 编程软件，考虑系统兼容性和稳定性，监控软件选取西门子组态软件 WinCC V7.4。其拥有脚本编程功能，包括对单个图形动作和全局动作脚本，编程语言可用 C 或者 C++，包含大量可用 ANSI-C 标准函数。由于脚本的使用，WinCC 具有很强的开放性，但错误地使用脚本会导致系统陷入死循环，引发系统运行崩溃。因此需要注意及时释放存储空间，避免系统运行变卡、变慢，影响正常生产过程。

由于加热炉现场控制参数较多，如炉膛温度、炉膛压力、空气流量、煤气流量等，这些数据需要长期保存，WinCC 采用数据库进行归档处理，WinCC V7.4 采用的数据库是 SQL Server 2014。WinCC V7.4 版本数据库对历史归档数据和归档服务器具有很高的压缩比，且支持数据导出和备份。在对数据归档的处理过程中，可以利用组态编辑器将各式标签加入到数据库中，将数据分为报警信息、趋势信息、故障信息等。在系统运行过程中，数据库进入工作状态，不同类型的数据信息归档到不同服务器中，监控界面可以实时显示对应数据信息。此外，数据库还支持 Web 浏览器远程操作功能，工作人员可以在监控室远程监控、操作。

此外，WinCC 具有强大的仿真功能，在系统正式调试之前，可配合 TIA 博途软件分析系统设计方案，减轻现场调试工作。WinCC 与 TIA 博途系列软件都是西门子公司产品，相互之间配合较好，数据通信容易实现，在项目研发过程中可以缩小系统工作量，减少投入成本。

1. PLC 与 WinCC 通信

加热炉控制系统主控制器采用 S7-1500 PLC，监控界面采用 WinCC V7.4 作为组态软件。WinCC 自带通信驱动程序与 S7-1500 PLC 建立连接，在变量管理中选择"SIMATIC S7-1200，S7-1500 Channel"中的"OMS+"选项，新建一个名为"LGBC_ELC"的连接，选择"连接参数"，如图 6.42 所示。

在本设计中，IP 地址填写与 PLC 通信地址一样，PLC 分配的网络地址是 192.168.1.11，则在 WinCC 变量管理中设置同样的地址，访问节点选择"S7ONLINE"，产品系列选择"s71500-connection"如图 6.43 所示。

图 6.42　网络通信

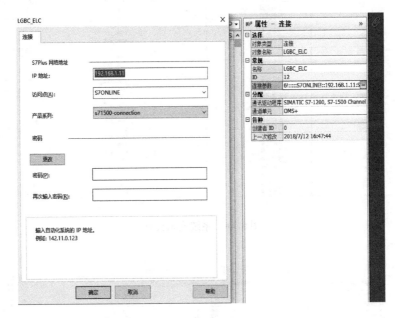

图 6.43　网络地址设置

2. 组态变量建立

WinCC 监控系统从系统 PLC 中获得数据，通过以太网方式完成监控界面与控制器之间的通信。单击软件中的"变量管理"，选取编辑栏中"新建变量"选项，建立变量与 PLC 变量实现连接。系统变量设计如图 6.44 所示。

3. 变量归档

WinCC 变量归档是指将现场采集的实际数据生成归档数据库，在 WinCC 中以这些变量为基础可建立历史趋势曲线，通过这些数据可分析加热炉实际生产状态。变量归档设置如图 6.45 所示，其基本步骤如下：

步骤 1：打开 WinCC 项目管理器，双击"变量记录"，打开该编辑器。

步骤 2：在"变量记录"编辑器中，右击"归档"，选择归档向导。

步骤 3：选中"快速归档"选项，并设置归档数据库名称，再选择"过程值归档"，进入组态变量归档。

变量 [LGBC_ELC]　　　　　　　　　　　　　　　　　　　　　　　　　　查找

序号	名称	注释	数据类型	长度	格式调整	连接	组	地址	线性标定	AS
46	_M140_3		二进制变量	1		LGBC_ELC		0001:TS:0:52.28E5E1	☐	
47	_M140_4		二进制变量	1		LGBC_ELC		0001:TS:0:52.868888	☐	
48	_M140_5		二进制变量	1		LGBC_ELC		0001:TS:0:52.24A227	☐	
49	_M140_6		二进制变量	1		LGBC_ELC		0001:TS:0:52.37B41B	☐	
50	_M140_7		二进制变量	1		LGBC_ELC		0001:TS:0:52.A59D84	☐	
51	_M141_0		二进制变量	1		LGBC_ELC		0001:TS:0:52.5A69D8	☐	
52	_M141_1		二进制变量	1		LGBC_ELC		0001:TS:0:52.978F32	☐	
53	_M141_2		二进制变量	1		LGBC_ELC		0001:TS:0:52.84990E	☐	
54	_M141_3		二进制变量	1		LGBC_ELC		0001:TS:0:52.16B0A1	☐	
55	_M141_7		二进制变量	1		LGBC_ELC		0001:TS:0:52.81A348	☐	
56	_M142_0		二进制变量	1		LGBC_ELC		0001:TS:0:52.9A7127	☐	
57	_M142_1		二进制变量	1		LGBC_ELC		0001:TS:0:52.858882	☐	
58	_M142_2		二进制变量	1		LGBC_ELC		0001:TS:0:52.1B4EB4	☐	
59	_M142_3		二进制变量	1		LGBC_ELC		0001:TS:0:52.89671B	☐	
60	_M143_0		二进制变量	1		LGBC_ELC		0001:TS:0:52.8E4FD8	☐	
61	_M143_1		二进制变量	1		LGBC_ELC		0001:TS:0:52.1C6677	☐	
62	_M143_2		二进制变量	1		LGBC_ELC		0001:TS:0:52.F704B8	☐	
63	_M143_3		二进制变量	1		LGBC_ELC		0001:TS:0:52.9D59E4	☐	
64	_M143_4		二进制变量	1		LGBC_ELC		0001:TS:0:52.295C32	☐	
65	_M143_5		二进制变量	1		LGBC_ELC		0001:TS:0:52.8B759D	☐	
66	_M143_6		二进制变量	1		LGBC_ELC		0001:TS:0:52.A863A1	☐	
67	_M143_7		二进制变量	1		LGBC_ELC		0001:TS:0:52.3A4A0E	☐	
68	_M144_0		二进制变量	1		LGBC_ELC		0001:TS:0:52.F2D332	☐	
69	_M144_1		二进制变量	1		LGBC_ELC		0001:TS:0:52.60FA9D	☐	
70	_M200_0		二进制变量	1		LGBC_ELC		0001:TS:0:52.ED3F10	☐	
71	_M200_1		二进制变量	1		LGBC_ELC		0001:TS:0:52.7F168F	☐	
72	_M710_0		二进制变量	1		LGBC_ELC		0001:TS:0:52.88DF84	☐	
73	_M710_6		二进制变量	1		LGBC_ELC		0001:TS:0:52.9EF3FD	☐	
74	_M710_7		二进制变量	1		LGBC_ELC		0001:TS:0:52.CDA523	☐	
75	_M711_0		二进制变量	1		LGBC_ELC		0001:TS:0:52.ACE17B	☐	
76	_M711_1		二进制变量	1		LGBC_ELC		0001:TS:0:52.3EC8D4	☐	
77	_M711_2		二进制变量	1		LGBC_ELC		0001:TS:0:52.2DDEE8	☐	
78	_M711_4		二进制变量	1		LGBC_ELC		0001:TS:0:52.8FF747	☐	
79	_M711_6		二进制变量	1		LGBC_ELC		0001:TS:0:52.8F2919	☐	
80	_M711_7		二进制变量	1		LGBC_ELC		0001:TS:0:52.8ACD02	☐	
81	_M712_0		二进制变量	1		LGBC_ELC		0001:TS:0:52.18E4A0	☐	
82	_M713_0		二进制变量	1		LGBC_ELC		0001:TS:0:52.3336C1	☐	
83	_M713_1		二进制变量	1		LGBC_ELC		0001:TS:0:52.A11F6E	☐	
84	_M713_3		二进制变量	1		LGBC_ELC		0001:TS:0:52.27083E	☐	
85	_M713_5		二进制变量	1		LGBC_ELC		0001:TS:0:52.852191	☐	
86	_M713_6		二进制变量	1		LGBC_ELC		0001:TS:0:52.341E02	☐	
87	_M713_7		二进制变量	1		LGBC_ELC		0001:TS:0:52.12327B	☐	
88	_M714_0		二进制变量	1		LGBC_ELC		0001:TS:0:52.12447A	☐	
89	_M714_1		二进制变量	1		LGBC_ELC		0001:TS:0:52.930DE8	☐	
90	_M714_2		二进制变量	1		LGBC_ELC		0001:TS:0:52.5B94D4	☐	
91	_M714_3		二进制变量	1		LGBC_ELC		0001:TS:0:52.C98D7B	☐	
92	_M714_4		二进制变量	1		LGBC_ELC		0001:TS:0:52.DAA847		

组　变量

图 6.44　系统变量设计

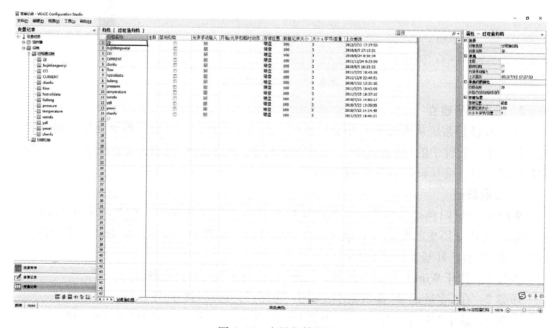

图 6.45　变量归档设置

步骤 4：添加变量到归档库中，若同时添加多个变量，可通过 < Ctrl > 键，选择多个变量，最后完成归档变量建立。

步骤 5：归档变量建立后需要进行激活，打开计算机服务器，在"启动"选项中，激活变量记录功能，此时可以将变量添加到历史归档曲线中。

4. 画面设计

加热炉计算机控制系统使用 WinCC 组态软件设计监控界面，根据项目对监控系统的要求，监控界面的总体框图如图 6.46 所示。

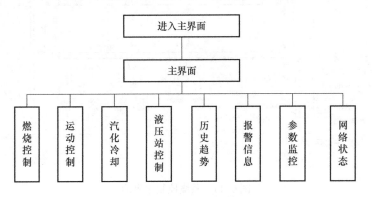

图 6.46　监控界面的总体框图

监控系统的进入界面如图 6.47 所示，需要输入正确的用户名和密码才能进入监控界面。

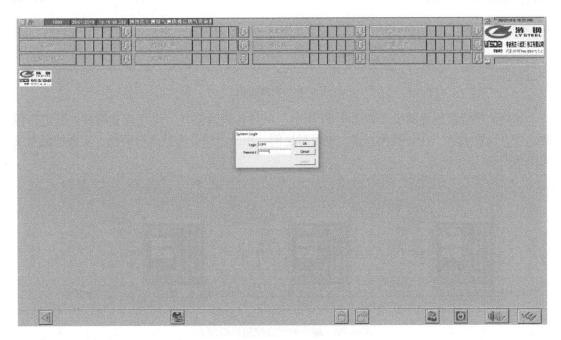

图 6.47　监控系统的进入界面

主界面包括整个计算机控制系统，在这里可以看到整个燃烧系统的运行状况，会有实时报警信息弹出，燃烧控制主界面如图 6.48 所示。

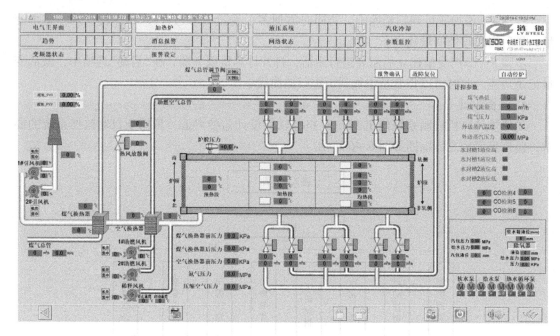

图 6.48　燃烧控制主界面

WinCC 具有微软强大的数据库，拥有大量图形库，可以通过静态文本、按钮操作等功能实现样本库中没有的图形。对不同画面实现切换，可通过在画面中设置控制按钮完成，切换按钮如图 6.49 所示。

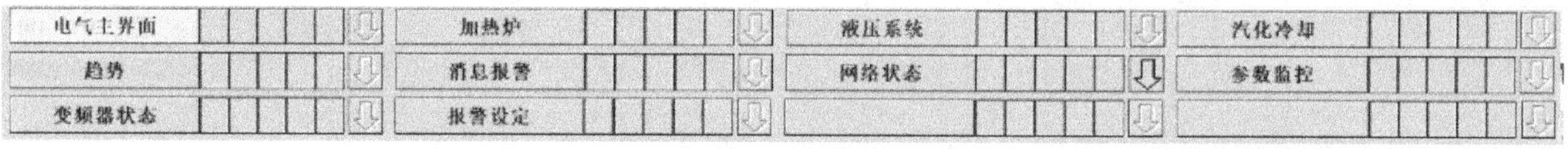

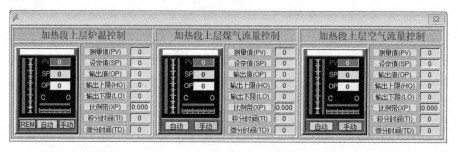

图 6.49　切换按钮

加热炉燃烧控制界面组态如图 6.50 所示，可对各段的空气、煤气调节阀及炉温进行控制，可以设置手动、自动两种方式，也可对比例、积分、微分参数进行调整，实现炉温双交叉限幅控制。

图 6.50　加热炉燃烧控制界面组态

电气主界面主要包括步进梁运动趋势、上料台架及运料辊道状态、液压站系统状态指示等，如图 6.51 所示。在此界面中，操作人员需时刻关注运动机械的运转状态，尤其是在坯料运动过程中，防止出现意外状况。

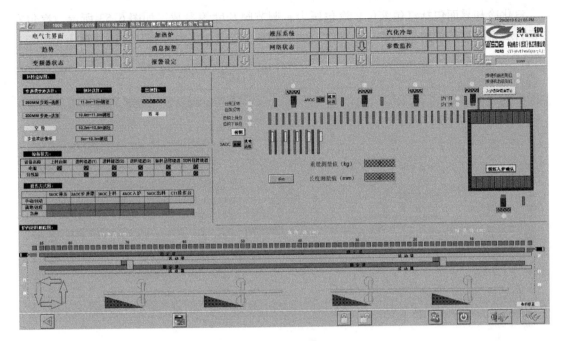

图 6.51　电气主界面

步进梁运动界面设计如下：步进梁运动主要包括两个方向的运动，水平方向运动和垂直方向运动，其位置信息主要由两个位移传感器确定。当步进梁发生运动变化时，画面上的步进梁也随之改变。其控制通过改变步进梁坐标变化实现，当发生水平方向位移变化时，其控制命令如图 6.52a 所示；当发生垂直方向位移变化时，其控制命令如图 6.52b 所示。

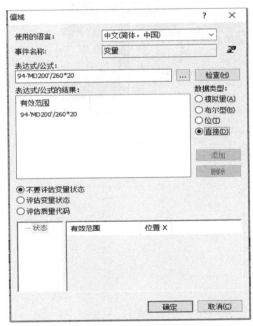

a) 步进梁水平运动控制命令　　　　　　　　b) 步进梁垂直运动控制命令

图 6.52　步进梁运动控制

汽化冷却界面包括汽包液位、汽包压力、调节阀开度等参数，如图 6.53 所示。汽包安全运行关系到加热炉的生产安全，操作人员主要需注意汽包压力控制和汽包补水状况。

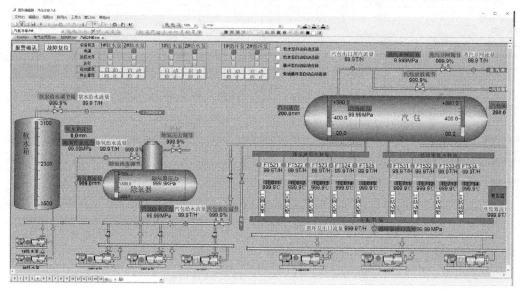

图 6.53　汽化冷却界面

汽包液位动画设计过程如下：在汽化冷却界面上双击"汽包液位"按钮，弹出该对象的对象属性，如图 6.54 所示。选择对象属性-属性-条形图-其他-过程驱动器连接，在动态中直接将汽包液位变量输入给 PLC，更新周期选择 2s，完成汽包液位动画连接。此时汽包液位高度与汽包液位实际显示数值相同。

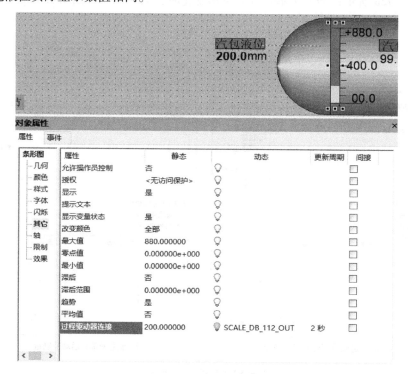

图 6.54　"汽包液位"属性

历史曲线通过使用报表编辑器进行归档生成，多个归档变量可以同时展示，主要包括炉膛温度、炉膛压力、煤气压力及流量等参数。煤气流量历史曲线如图 6.55 所示。

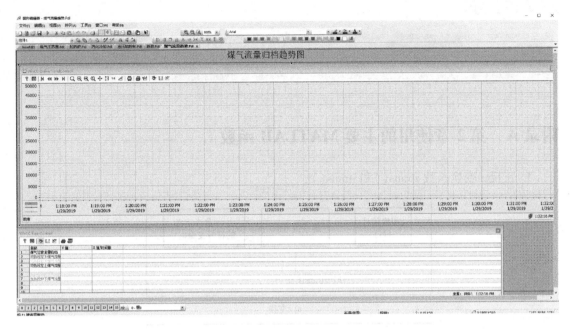

图 6.55　煤气流量历史曲线

历史曲线记录加热炉生产过程，当系统发生故障时，可通过历史曲线查找故障原因，解决现场实际问题，保证加热炉安全生产。

6.5　本章小结

本章主要介绍计算机控制系统的设计方法与步骤，包括：计算机控制系统设计需要具备的知识和能力、系统设计的一般原则、系统设计的步骤(设计控制系统总体方案、选择相应工业计算机、确定控制策略，以及系统的硬件/软件设计)等。分别以工业控制计算机、嵌入式系统和 PLC 为核心，给出了温度计算机控制系统、固态分层发酵计算机控制系统、步进梁加热炉计算机控制系统的应用实例。

习题与思考题

1. 计算机控制系统的设计原则有哪些？
2. 简述计算机控制系统的设计步骤。
3. 计算机控制系统硬件总体方案设计主要包含哪几个方面的内容？
4. 简述计算机控制系统调试和运行的过程。

附录

附录 A 第 2 章使用的主要 MATLAB 函数

1. 正反 z 变换函数 ztrans( ) 和 itrans( )

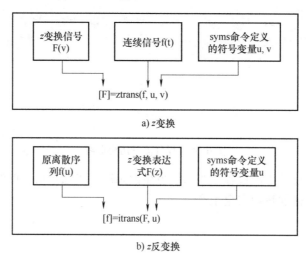

a) z 变换

b) z 反变换

2. 被控对象的传递函数 tf( )，zpk( )

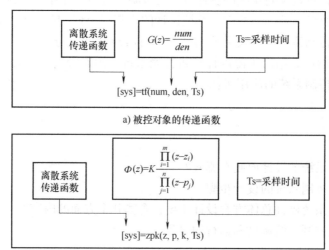

a) 被控对象的传递函数

b) 控制系统的零极点模型

3. 连续系统与离散系统的相互转换

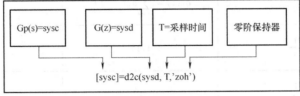

a) 传递函数离散化

b) 离散系统的连续化

4. 单位阶跃测试函数 dstep( )

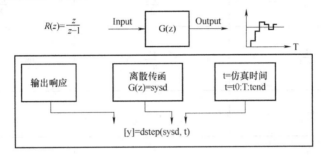

5. 闭环系统的传递函数 feedback( )

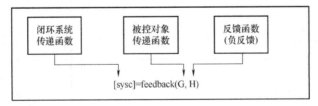

6. 绘制闭环系统的零极点图 zplane( )

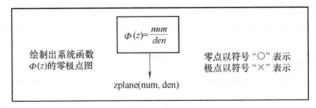

7. 绘制系统的根轨迹图 rlocus( )

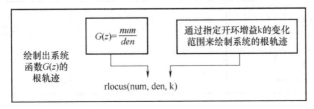

附录 B 常用函数 z 变换表

序号	拉普拉斯变换 $F(s)$	时间函数 $f(t)$	z 变换 $F(z)$
1	1	$\delta(t)$	1
2	$\dfrac{1}{1-\mathrm{e}^{-Ts}}$	$\delta_T(t)=\displaystyle\sum_{n=0}^{\infty}\delta(t-nT)$	$\dfrac{z}{z-1}$
3	$\dfrac{1}{s}$	$1(t)$	$\dfrac{z}{z-1}$
4	$\dfrac{1}{s^2}$	t	$\dfrac{Tz}{(z-1)^2}$
5	$\dfrac{1}{s^3}$	$\dfrac{t^2}{2}$	$\dfrac{T^2 z(z+1)}{2(z-1)^3}$
6	$\dfrac{1}{s^{n+1}}$	$\dfrac{t^n}{n!}$	$\displaystyle\lim_{a\to 0}\dfrac{(-1)^n}{n!}\dfrac{\partial^n}{\partial a^n}\left(\dfrac{z}{z-\mathrm{e}^{-aT}}\right)$
7	$\dfrac{1}{s+a}$	e^{-at}	$\dfrac{z}{z-\mathrm{e}^{-aT}}$
8	$\dfrac{1}{(s+a)^2}$	$t\mathrm{e}^{-at}$	$\dfrac{Tz\mathrm{e}^{-aT}}{(z-\mathrm{e}^{-aT})^2}$
9	$\dfrac{a}{s(s+a)}$	$1-\mathrm{e}^{-at}$	$\dfrac{(1-\mathrm{e}^{-aT})z}{(z-1)(z-\mathrm{e}^{-aT})}$
10	$\dfrac{b-a}{(s+a)(s+b)}$	$\mathrm{e}^{-at}-\mathrm{e}^{-bt}$	$\dfrac{z}{z-\mathrm{e}^{-aT}}-\dfrac{z}{z-\mathrm{e}^{-bT}}$
11	$\dfrac{\omega}{s^2+\omega^2}$	$\sin\omega t$	$\dfrac{z\sin\omega T}{z^2-2z\cos\omega T+1}$
12	$\dfrac{s}{s^2+\omega^2}$	$\cos\omega t$	$\dfrac{z(z-\cos\omega T)}{z^2-2z\cos\omega T+1}$
13	$\dfrac{\omega}{(s+a)^2+\omega^2}$	$\mathrm{e}^{-at}\sin\omega t$	$\dfrac{z\mathrm{e}^{-aT}\sin\omega T}{z^2-2z\mathrm{e}^{-aT}\cos\omega T+\mathrm{e}^{-2aT}}$
14	$\dfrac{s+a}{(s+a)^2+\omega^2}$	$\mathrm{e}^{-at}\cos\omega t$	$\dfrac{z^2-z\mathrm{e}^{-aT}\cos\omega T}{z^2-2z\mathrm{e}^{-aT}\cos\omega T+\mathrm{e}^{-2aT}}$
15	$\dfrac{1}{s-(1/T)\ln a}$	$a^{t/T}$	$\dfrac{z}{z-a}$

附录 C　常用控制系统离散化方法

模拟调节器离散化的目的就是由模拟调节器的传递函数 $D(s)$ 得到数字控制器的脉冲传递函数 $D(z)$，从而求出其差分方程。常用的离散化方法有差分变换法、双线性变换法，以及零阶保持器法，且由于所选择的方法不同，离散化之后的结果并不唯一。

1. 差分变换法

其基本思想是：把原模拟调节器的传递函数 $D(s)$ 转换成微分方程，然后将该微分方程中的导数用差分近似，即将微分方程化成差分方程，将差分方程整理后，即可得到计算机编程实现的控制算式。

常用的差分近似方法有两种：后向差分和前向差分。由于在计算机控制系统中，必须要求有物理意义，前向差分方法需要用到未来时刻的值，而系统无法直接给出，所以该方法一般用在预估；后向差分方法只需要用到以前时刻的值，若系统给定初值，则可以利用递推关系，在计算机上通过迭代一步一步地算出输出序列。

令 $u(t) \approx u(k)$，则

$$\begin{cases} \dfrac{\mathrm{d}u(t)}{\mathrm{d}t} \approx \dfrac{u(k) - u(k-1)}{T} \\ \dfrac{\mathrm{d}^2 u(t)}{\mathrm{d}t} \approx \dfrac{u(k) - 2u(k-1) + u(k-2)}{T^2} \end{cases} \tag{C.1}$$

将式(C.1)代入模拟调节器的传递函数 $D(s)$ 中，即可求出数字控制器的脉冲传递函数 $D(z)$。

2. 双线性变换法

由 z 变换的定义可知 $z = \mathrm{e}^{Ts}$，利用泰勒级数展开可得

$$z = \mathrm{e}^{Ts} = \frac{\mathrm{e}^{Ts/2}}{\mathrm{e}^{-Ts/2}} \approx \frac{1 + Ts/2}{1 - Ts/2} \tag{C.2}$$

即

$$s = \frac{2}{T} \frac{z-1}{z+1} = \frac{2}{T} \frac{1 - z^{-1}}{1 + z^{-1}} \tag{C.3}$$

则可得数字控制 $D(z)$：

$$D(z) = D(s) \big|_{s = \frac{2}{T} \frac{z-1}{z+1}} = D(s) \big|_{s = \frac{2}{T} \frac{1-z^{-1}}{1+z^{-1}}} \tag{C.4}$$

3. 零阶保持器法

又称阶跃响应不变法，其基本思想是：离散近似后的数字控制器的阶跃响应序列必须与模拟调节器的阶跃响应的采样值相等，即

$$D(z) = Z\left[\frac{1 - \mathrm{e}^{-Ts}}{s} D(s) \right] = Z[H(s)D(s)] \tag{C.5}$$

式中，$H(s)$ 或 $\dfrac{1 - \mathrm{e}^{-Ts}}{s}$ 称为零阶保持器；T 为采样周期。

参 考 文 献

［1］SHU J, PAN T H, AHSAN M K. Development of smart stirred machine for vinegar solid-state fermentation using embedded system and cloud computing server［J］. American Journal of Engineering, Technology and Society, 2018, 5(1): 11-19.

［2］RICHARD C, ROBERT H B. Modern control systems［M］. New York: Prentice Hall Inc., 2002.

［3］FAN Z Y, PAN T H, MA L. Development of metal polishing dust monitoring system using the internet of things and cloud server［J］. International Journal of Online and Biomedical Engineering, 2019, 15(4): 53-68.

［4］付华, 任志玲, 顾德英. 计算机控制技术［M］. 北京: 电子工业出版社, 2018.

［5］高国琴. 微型计算机控制技术［M］. 北京: 机械工业出版社, 2008.

［6］李莉. 计算机控制技术［M］. 北京: 机械工业出版社, 2019.

［7］刘金锟. 先进 PID 控制 MATLAB 仿真［M］. 4 版. 北京: 电子工业出版社, 2016.

［8］罗文广, 廖凤依, 石玉秋, 等. 计算机控制技术［M］. 2 版. 北京: 机械工业出版社, 2019.

［9］潘天红, 蔡洋, 舒杰, 等. 基于云计算和移动客户端 APP 的固态分层发酵温度云监控系统及控制方法: 201710971039.1［P］. 2017-10-18.

［10］潘天红, 吴龙奇, 李领, 等. 一种步进梁加热炉传动送料装置及方法: 201910080578.5［P］. 2019-01-28.

［11］舒杰. 镇江香醋固态发酵自动化监测与翻醅控制系统研制［D］. 镇江: 江苏大学, 2018.

［12］王飞跃, 张俊. 智联网: 概念、问题和平台［J］. 自动化学报, 2017, 43(12): 2061-2070.

［13］王建华. 计算机控制技术［M］. 北京: 高等教育出版社, 2009.

［14］王青青. 基于触摸屏的多回路温度控制系统的研究和设计［D］. 镇江: 江苏大学, 2012.

［15］吴龙奇. 步进梁加热炉燃烧控制系统研究与设计［D］. 镇江: 江苏大学, 2019.

［16］周智勇. 木工艺仿形车床数控系统的研制［D］. 镇江: 江苏大学, 2017.

［17］范志曜. 金属抛光作业环境参数融合及其云服务管理系统研发［D］. 镇江: 江苏大学, 2019.

［18］于海生. 计算机控制技术［M］. 北京: 电子工业出版社, 2007.

［19］于微波. 计算机测控技术与系统［M］. 北京: 机械工业出版社, 2015.

［20］赵德安. 单片机原理与应用［M］. 3 版. 北京: 机械工业出版社, 2019.

［21］郑洪庆, 安玲玲. 单片微机原理与接口技术［M］. 北京: 机械工业出版社, 2019.

［22］刘翠玲, 黄建兵. 集散控制系统［M］. 北京: 北京大学出版社, 2006.

［23］朱玉华, 马智慧, 付思, 等. 计算机控制及系统仿真［M］. 北京: 机械工业出版社, 2018.

［24］李强. 基于工业以太网 Ether CAT 的多轴运动控制系统设计与实现［D］. 广州: 广东工业大学, 2019.

［25］郇极, 刘艳强. 工业以太网现场总线 EtherCAT 驱动程序设计及应用［M］. 北京: 机械工业出版社, 2019.